西南财经大学法学院

光华法学文丛

高晋康 主编

食品安全治理中的自律失范研究

——基于近十年我国重大食品安全事件实证分析

鲁篱 马力路遥
余嘉勉 李季刚 著

国家社会科学基金项目结项成果

图书在版编目(CIP)数据

食品安全治理中的自律失范研究 : 基于近十年我国重大食品安全事件实证分析 / 鲁篱等著. -- 北京 : 法律出版社, 2021

ISBN 978-7-5197-5924-7

Ⅰ. ①食… Ⅱ. ①鲁… Ⅲ. ①食品安全-安全管理-研究-中国 Ⅳ. ①TS201.6

中国版本图书馆 CIP 数据核字(2021)第183085号

食品安全治理中的自律失范研究
——基于近十年我国重大食品安全事件实证分析
SHIPIN ANQUAN ZHILI ZHONGDE ZILÜ SHIFAN YANJIU
—JIYU JINSHINIAN WOGUO ZHONGDA SHIPIN ANQUAN SHIJIAN SHIZHENG FENXI

鲁篱 马力路遥 余嘉勉 李季刚 著

策划编辑 郑导
责任编辑 郑导 曲杰
装帧设计 汪奇峰

出版发行 法律出版社
编辑统筹 学术·对外出版分社
责任校对 晁明慧
责任印制 陶松
经　　销 新华书店

开本 A5
印张 9.625　**字数** 217千
版本 2021年11月第1版
印次 2021年11月第1次印刷
印刷 三河市龙大印装有限公司

地址:北京市丰台区莲花池西里7号(100073)
网址:www.lawpress.com.cn
投稿邮箱:info@lawpress.com.cn
举报盗版邮箱:jbwq@lawpress.com.cn
销售电话:010-83938349
客服电话:010-83938350
咨询电话:010-63939796

书号:ISBN 978-7-5197-5924-7　**定价**:56.00元

凡购买本社图书,如有印装错误,我社负责退换。电话:010-83938349

马力路遥

女，1990年生，法学博士。中铁信托有限责任公司法律合规部部门总经理助理。西南财经大学中国经济法治研究中心助理研究员。已在《理论与改革》《西南民族大学学报》《财经科学》《天府新论》等期刊上发表数篇学术论文；并数次参与国家级、省级、银行业协会、信托业协会等课题研究。

余嘉勉

男，西华大学副教授，经济法学博士。先后在《中国法学》（英文版）、《宁夏社会科学》、《农村经济》等CSSCI期刊发表学术论文多篇，主要研究领域为慈善法、信托法和农村法治。

李季刚

男，南京森林警察学院讲师，经济法学博士。先后在《民商法论丛》、《北京交通大学学报（社会科学版）》、《新闻界》等核心期刊发表学术论文多篇，主要研究领域为市场秩序法、知识产权法。

目　录

摘　要

食品安全问题一直被认为是民生问题的头等大事而受到国家和公众的高度重视。本书通过对我国多年来食品安全重大事件的梳理以及食品安全事件中行业协会的运行情况的统计,意图呈现我国行业协会在食品安全治理中发挥作用的真实图景,力求对行业协会在这一过程中自律失范的现象予以现实考察和理论研判,并以此为基础,提出优化我国食品安全领域行业自治的思路。

全文共分为五章,每一章的主要内容如下:

第一章围绕我国食品安全治理中的政府监管模式及监管实效进行研究。首先对我国食品安全政府监管模式的制度变迁展开研究。从我国食品治理模式的变革切入,对 20 世纪

60年代至今我国食品问题政府监管模式进行了系统性梳理，探讨了我国机制设计从“卫生”到“安全”的制度变迁过程中，治理工作所面临的现实挑战。接着，针对政府在食品安全治理中的策略进行了检视与实效分析。重点对我国政府在面对食品问题时所采取的“重典治乱”、特定执法、标准制定、抽样检查、食品知识宣传教育等具体治理举措进行了微观层面的探析，力图更近距离地分析我国食品安全治理现状。研究发现：我国政府在食品安全治理中的主要举措并未能有效提升食品安全治理效率也未能有效改善食品业者生产高品质产品激励不足以及政府严格执法激励不足的情况。其原因在于食品安全领域存在严重的信息不对称，加上政府在具体制度设计以及治理举措方面的考虑不足，导致相关制度威慑不足，制度信任难以培育，政府在监督治理中力有不逮，相关规定对潜在违法者的规制效用不佳的现实困难，进而论证行业协会参与食品安全治理现实的必要性和正当性。

第二章主要对我国行业协会在食品安全治理中的应有角色予以分析。集中讨论了我国当下完善食品安全治理机制主要策略的可行性，主要包括三个方面的内容：一是对我国食品安全治理的整体趋势的总结和分析；二是对食品从业者自律激励的分析；三是行业协会在社会治理中的优势的分析。本章以我国2015年修订的《食品安全法》作为切入口，通过对上述食品安全治理策略的整体性分析和比较分析，得出当前我国公权力机构寄期望于结合重典及多元共治实现治理绩效的提升的结论，其中，政府、食品从业者、社会公众作为最为直观的主要共治主体被寄予厚望，因为囿于稀缺执法资源和繁重执法负荷，政府的食品安全治理成效已经难以仅凭自身实现较大限度的飞跃。而社会公众则由于信息不对称和已经形成的信任危机，也很难较好地担任重要的监督角色。因此，在政府治理绩效不足和公众监督威慑有限的背景下，难以寄希望于食品业者主动提供安全的食品。在此背景下，行业协会治理成为可行的突破口，因为行业自治具备突出的信息优势，能够极大限度地实现食品治理工作的高效运转，并且降低政府的治理成本。

第三章是以实证材料为基础展开对我国食品安全行业协会治理2005年至2020年基本情况的研究。本章的目的在于通过对我国食品安全治理中行业自治的现实考察情况进行分析和研判，来展现在我国真实的食品安全市场中，行业协会究竟扮演着怎样的角色、其面对我国当前种种食品安全问题又具体作出了哪些回应。对此，本章主要分为三个部分：一是对四川省内食品安全领域中的行业协会进行实践调研，通过实证性案例和材料的梳理和总结展示我国行业协会当前内部管理、资源获取等方面的真实图景，总结当前我国行业协会发展过程中表现出的七个特点。二是具体聚焦食品领域，通过对《中国食品安全报》有关食品安全事件的报道进行梳理，并着重考察这些重大安全事件中行业协会的回应情况，进而对食品类行业协会的决策行为作出了三个主要的推断。三是借助四个大型网络门户网站十多年来的食品安全事件报道，以数据图表的形式进一步对我国行业协会应对食品安全事件时的行为偏好展开研究，并从另一方面对前文的推论展开校验，以深入分析我国行业协会的应对行为偏好。根据前述研究发现，我国行业协会应对食品安全事件时呈现“选择性回应”、“被动性回应”、“非实质性回应”以及“区域性回应”的特征。当前行业协会缺乏为食品领域行业自律作出努力的激励，甚至其对于协会成员的过分偏袒，这一现象反映和展现了我国食品安全治理行业自治尚存在严重的失范现象。

第四章是对我国行业协会决策行为制度成因的分析和探讨。

在这部分中，我们希望探讨的是如今在实务界及理论界皆越发强调提升食品领域行业协会治理能力的情况下，是由于哪些具体因素导致当下我国行业协会面对食品问题时会做出“自律失范”的行为选择。为揭示我国食品安全治理中行业协会自律失范的原因，以“合法性”理论为分析工具，我们从政治合法性、行政合法性、社会合法性、法律合法性这四个截然不同却又紧密相关的视角，探析了我国行业协会面对食品问题时其行为选择的行为逻辑，并从理论上模拟了复杂决策情境下行业协会行为决策的博弈过程。从整体上看，我国食品行业协会在一些重大决策过程中会自觉地表现出“官方认同”态度，相较于行业协会和其他非营利组织发展较为成熟的国家，这可以说是我国行业自律环境最大的不同。具体而言，我们认为，食品行业协会种种自律失范行为背后制度性成因主要体现在以下的四个方面：第一，政府监管与行业协会权力配置错位。第二，行业协会自律行为归责制度缺失。第三，行业协会自律行为的社会监督机制匮乏。第四，行业协会内部治理的机制失范。

第五章是对行业协会在食品安全治理中自律机制的重构进路予以探讨。在这部分中，我们首先借助“合法性”理论和“角色冲突”理论工具，从学理层面对行业协会自律行为决策中影响因素的“失衡”现象和“角色冲突”困境展开相应的对策分析。无论是“合法性”理论路径下借助“法律合法性”介入对失衡现象之重塑的渴求，还是“角色冲突”理论路径下希望通过“角色规范”对行业协会呈现的各社会角色之面相进行明确以及对各角色的权力和义务关系进行规范。两种理论分析框架最终都指向了“规范性”的建设对于行业协会自律失范行为的矫正功能。内外不同的观测视角实际共同揭示了食品安全治理中行业协会自律失范的内因和外因两个方面。因此，在自律重构的改革建议与对策研究部分，我们认为，食品行业协会自律失范的改革进路应从外部监督重塑与内部治理优化两条路径同时展开，并从以下两个方面来着手：一方面，要采用“让空间、立标准、强监督”三步走的方式来逐步建立和完善“自律行为标准—自律责任追究—监督回应”的自律监督体系，再通过建立健全外部监督机制，促进和保障行业协会自律的规范运行。我们根据近几年在政府与行业协会脱钩改革中所推进的行业协会综合监管体制改革为着眼点，从如何加强和健全行业协会（当然也包括食品行业协会综合监管体制）予以了实践的检视和理论进路的深化研讨。另一方面，为保证食品行业自律运行的“质与效”，矫正食品行业协会的失范行为，强化对行业协会自身公信力的建设。为此，我们可以通过行业协会服务水平的提升、行业代表性的提高、内部治理结构的优化、激励手段的优化为主要手段的内部视角的改革路径，增强我国食品行业协会本身的民主性和代表性，提升行业自律的“质与效”。

第一章　食品安全治理中的政府监管及其实效分析

“王者以民为天，而民以食为天。”(《汉书》，班固)自古以来，农业生产是封建社会的统治基础。土地问题，归根结底也是食物问题，这不仅是历朝历代统治者所要面临的首要问题，也是引发王朝更迭的重要因素。时至今日，尽管食物原本承载的诸多文化意涵和社会价值伴随商品经济的到来而有所消解，但人们对于食品充裕性及健康性的期待却越来越高。这种期待自然很大程度上推进了我国从古至今的社会治理者对于食品安全问题治理的关注:《礼记》中“五谷不时，果实未熟，不鬻于市”是有史可察的我国古代最早关于食品问题治理的记载。《唐律疏议》则首次尝试以“重典”保障食品的安全卫生，“脯肉有毒，曾经病人，有余者速焚之,违者杖九十;若故与人食并出卖,令人病者,徒一年;以故致死者,绞。即人自食致死者,从过失杀人法”。而在清朝末期,清政府专门从巡警部独立分离成立“卫生司”,“下设‘保健科’、‘检疫科’和‘方术科’,其中,‘保健科’负责检查饮食物品,清洁江河、道路、贫民、工场、剧场等公共卫生”。①

事实上,无论什么时候,一旦食品出现安全卫生问题,人民群众对于统治者或者政府管理者的态度从来都是一如既往的严厉。因此,历朝历代的统治阶级或政府管理者都必定需要通过技术、礼法、律法等保障食品的丰裕和安全。在古代社会,由于生产技术条件落后,“食品问题”大多是指因天灾人祸等因素引起食物供给不能满足人们的生存需求,而极少涉及食品卫生安全问题。因此,我们更多看到的是我国古代统治者们在保障食品“数量安全”上的努力,最为典型的是统治者对“赈灾”制度的重视。有学者研究发现,我国唐代在应对自然灾害时,制定了赋税蠲免、移民就食、调粮救民等一整套专门的救灾制度体系,②用以解决食品供给数量短缺的问题。而在现代社会,由于生产技术的极大进步,“数量安全”显然不再成为食品治理的主要难点,人类食品随着生物、化学等科学技术的飞速发展而越发丰裕多样。但是,科技是把“双刃剑”,当代食品问题背后往往以“科技”为“助力”,但各种专业化学标准识和专业添加剂等已然构筑了外人难以进驻的“专业知识”壁垒——曾经普通老百姓通过色泽、触感等简单有效的食品品质鉴别经验已经不再奏效,食品“卫生安全”隐患逐渐凸显为食品治理的新挑战。

① 蒂莲:《晚清的警察:不仅要维持治安　还要管环境卫生》,载搜狐网,http://www.sohu.com/a/78473070_353233,2019年3月4日访问。

② 阎守诚主编:《危机与应对:自然灾害与唐代社会》,人民出版社2008年版,第299页。

近年来食品安全问题的屡禁不止和频繁爆发,从2008年举国震惊的三鹿集团"三聚氰胺"事件、到自2010年曝光后至今仍未得以彻底消除的"地沟油"隐患、再到近年来的"福喜过期肉""镉大米"和"速生鸡"事件……这一系列食品卫生安全事件表明,我国对于食品安全的相关监管机制确有进一步改革、提升和完善的必要。在这一背景下,如何回应人们对于安全健康食品的希冀与忧虑并建立起卓有成效的监督管理体系,是政府面临前所未有的艰巨挑战。

对此,本章希望厘清的问题是我国当前食品安全治理尤其是政府在这一领域的治理绩效。之所以首先聚焦于政府在食品安全治理中的绩效分析,是因为如前文所言,在我国这样一个从古至今强调"大政府"的国家,"食物"这一紧紧关乎社稷民生的问题"应当"由政府担负主要,甚至全部的治理和保障工作,早已成为获得社会广泛认同的"公理"。更何况,"食品安全"这一有着强烈正外部效应的领域,政府往往也的确难以推卸其在这一问题治理上的责任。正因如此,即便是在强调"社会共治"的今日,政府在我国食品安全治理中仍发挥不可替代的重要作用,且一旦出现严重的食品安全事故,政府仍需对民众负责。因此,对于我国目前食品安全治理情况的探讨,本章将主要围绕政府展开,而对政府行政执法措施的进一步追问在一定程度上将证成我国食品安全治理中行业自治参与的必要性和合理性。

具体而言,本章希望从下面展开阐述:第一,我国政府在治理食品问题时经历了怎样的监管模式更迭过程,并且这些监管举措的变更背后又折射着怎样的食品问题变化脉络;第二,当前我国政府在食品安全治理中的具体举措,是否有效地改善了我国食品安全情况,或者说,我们能否对当下政府的食品治理策略在提升食品安全这一问题上保持期待?如果有,这种期待应当是基于什么样的角色定位?

一、食品安全政府监管模式的世界经验

从20世纪80年代起，世界主要的发达国家先后对本国的食品安全监管体制进行了更适合本国实际发展的体制改革，以期适应全球化、现代化浪潮下食品安全发展的新挑战和新问题。总结分析世界上主要发达国家关于食品安全监管体制的改革经验和成效，有利于我们国家在结合本国国情的基础上进行相应的借鉴和移植。经过研究，我们认为，目前各国政府在食品监管模式上主要分为联合监管和统一监管两种模式。

（一）联合监管模式

美国和法国是采用食品安全多部门联合监管模式的两个突出的代表性国家。美国奉行执法、立法和司法三权分立的国家治理理念，食品安全监管也受此影响。联邦政府和各州政府具有监管职能的机构较多且互有重叠，其中主要有“食品药品管理局、食品安全检验局、动物植物健康检验局、环境保护局、海关与边境保护局。食品药品管理局主要负责除肉类和家禽产品之外的美国国内和进口的食品安全；食品安全检验局主要负责肉类、家禽产品和蛋类加工产品的监管；动植物健康检验局主要负责保护和促进美国农业的健康发展；执行动物福利法案以及处理伤害野生动植物行为的案件；环境保护局主要监管饮用水和杀虫剂；海关与边境保护局主要与联邦管制机构合作执法，确保食品相关货物在进入美国时都符合美国法规条例的要求”。[①] 多部门联合监管，一般来说，很容易出现部门之间的“监管真空”和“监管重叠”，“九龙治水”的格局

① 曾祥华：《食品安全监管主体的模式转换与法治化》，载《西南政法大学学报》2009年第1期。

必定存在一定的冲突和失灵，不能够尽善尽美。基于此类考虑，美国政府在行政体制上新设了"总统食品安全委员会"，以加强食品安全监管的综合协调和协同；同时，还成立了由卫生部门主导的"食品传染疾病发生反应协调组"，用来应急处理各种食品安全事件并负责各个食品安全主管部门之间的协调与联络。法国的各届政府对食品安全监管历来十分重视，法国的食品安全监管体系由农业部、经济工业部及卫生团结部等三大部门联合组建和负责。在食品安全监管的职权和职责划分方面，三个部门分别从食品原料生产、食品加工、运输和仓储、销售以及食品公共卫生安全等不同流通环节进行既独立又协同的协调配合工作，全方位实现对食品质量安全的全程监管。

在食品安全监管模式方面采用多部门联合监管模式的国家还有日本和西班牙等。在日本，食品安全监管由农林水产省及厚生劳动省联合负责；在西班牙，食品安全监管由农业部门和卫生部门共同负责，各司其职。

（二）统一监管模式

在西方发达国家中，食品安全监管体制方面采用统一监管模式最典型的代表国家是英国和加拿大。

英国是较早重视食品药品安全并制定和形成较完善法律制度体系的国家之一，其食品安全监管相关法律体系比较完善，监管机构的职权和职责明确，法律责任严格。英国政府早在 1984 年开始就分别制定了《食品法》《食品安全法》等一系列法律，并相继出台了《食品标签规定》《甜品规定》《肉类制品规定》等一系列专门性规定。[①] 英国政府为了强化食品安全监管，在 1997 年开始尝试讨论组建统一监管机构，后

① 张伟清、曹进、陈少洲、丁宏：《英美加三国食品监管法规及监督检查现状》，载《食品安全质量检测学报》2017 年第 2 期。

于1998年底颁布《1999年食品标准法》，并依据该《食品标准法》在2000年初成立食品标准局（Food Standards Agency，FSA）。[1] 食品标准局在立法上是独立的统一的食品安全监督机构，不隶属任何政府部门；全面负责食品安全的监管，制定食品安全监管的各种标准和制度，每年定期向英国国会提交该年度食品安全监督检查报告。

“加拿大政府在1997年颁布《食品监督署法》，该法案整合原来分属农业和农业食品部、渔业和海洋部、卫生部和工业部等多个部门的食品监管职能，重新再设立一个专门的独立的食品安全监督机构即加拿大食品监督署。食品监督署作为农业部下属机构，统一负责加拿大的食品安全、动物健康和植物保护的监管工作。”[2] 加拿大的食品监督署和英国的食品标准局性质一样，都是统一的、专门的、独立的食品安全监督机构，是食品安全监管体制统一独立模式最主要的载体。

除英国和加拿大外，其他一些超国家组织或地区性政府对食品安全监管也采用统一监管模式。例如，欧盟设立有独立的专门的食品安全权力机构，来负责整个欧盟范围内的食品安全监管工作，并协调各国政府对食品安全的监管。我国香港地区借鉴了英国的统一监管模式经验，香港特区政府设立了独立的食物环境卫生署，并由其全面的、独立的负责食品安全监管。

---

① 刘亚平：《英国现代监管国家的构建：以食品安全为例》，载《华中师范大学学报（人文社科版）》2013年第4期。

② 曾祥华：《食品安全监管主体的模式转换与法治化》，载《西南政法大学学报》2009年第1期。

二、我国食品安全政府监管模式的更迭与评析

(一)新中国成立至改革开放初期:计划经济背景下卫生部门主导监管模式

中华人民共和国成立后,我国食品安全治理存在一定“真空期”,食品治理领域长时间缺乏较高位阶的规范性文件。但是,相关行政管理部门仍然在履行相应的职责,只不过在计划经济时期,食品安全监管没有单独成为一个具有特殊意义的重要的政府职能,而是融合在政府各职能部门的日常工作之中。中华人民共和国成立后,虽然百业待兴,但各级政府较为重视食品安全和卫生工作,于 1949 年 11 月 1 日成立了卫生部,随后,“原长春铁路管理局成立了我国最早的卫生防疫站。随着我国食品卫生事业的发展,从 1950 年开始,我国各级地方政府开始在原防疫大队、专业防治队等基础上自上而下的建立起了省、地(市)、县各级卫生防疫站,内设食品卫生科(组)”。[①] 政务院在 1953 年 1 月的第 167 次会议上正式决定在全国范围内逐渐建立卫生防疫站,地方各级人民政府的卫生行政管理部门作为防疫站的主管机构,依据本地区实际情况,在防疫站内设置食品卫生科(组)并配备相关专业人员,具体负责本辖区内的食品卫生监督管理工作。这一时期的卫生行政部门主要通过发布与老百姓生活密切相关的粮、油、肉、蛋、酒、乳等大宗消费食品的卫生标准来开展食品卫生监督工作。这一时期的食品卫生监督工作的重心主要是应对当时社会环境中比较突出的卫生问题,如防止食物中毒和肠道传染病等。我国卫生部于 1953 年

① 刘鹏:《中国食品安全监管——基于体制变迁与绩效评估的实证研究》,载《公共管理学报》2010 年第 2 期。

颁布了《清凉饮食物管理暂行办法》，该办法是新中国的第一个食品卫生法规，在很大程度上迅速改变了那个时期因冷饮食物缺乏统一的国家卫生标准、卫生条件低下、卫生质量参差不齐等因素引起的食物中毒、肠道疾病暴发的状况。由于食品行业涉及部门范围较广，并且其在这一时期并不算是一个单独的产业，因此，基本上各个部门都有自己的食品生产、经营部门，正因如此，各个部门如轻工业部、卫生部、粮食部、农业部、化学工业部、商业部以及供销社等与食品行业相关的部门大都建立了一些保证自身产品合格的食品卫生检查、检验和管理机构，并会制定一些规章制度。1960年，我国卫生部、国家科委、轻工业部等部门联合制定了《食用合成染料管理办法》，这是我国较早的对于食品添加剂管理规定。该办法规定了我国食品行业允许使用五种合成色素，且只能使用这五种合成色素，并严格规定了使用方法和用量标准。1959 年至 1961 年期间，我国遭受了严重的三年自然灾害。这一时期的政治、经济、政策环境的巨大变化，严重地影响了刚刚建立起来的卫生防疫体系，许多地方政府进行机构撤并，将原本相互独立存在的卫生防疫站、专科防治所与卫生行政机构、医疗保健机构进行机构合并，导致地方上大批防疫机构工作停顿，技术人员流失严重。到 1962 年，党中央对我国卫生防疫工作提出了“调整、巩固、充实、提高”的全国卫生工作方针。随后，卫生部于 1964 年颁布实施了《卫生防疫站工作试行条例》，对我国卫生防疫工作进行纠偏，使其回到了正轨。该条例首次明确了卫生防疫站作为包括食品卫生监督在内的卫生监督体系的主体机构的性质、任务和工作内容，并规定了其组织机构设置和人员编制，对我国卫生防疫体系的发展尤其是食品卫生的发展起到了积极的推进作用。

国务院于 1965 年 8 月颁布实施的《食品卫生管理试行条例》是

这一时期颁布的立法层次最高的食品卫生管理法规,①是中国第一部国家层面的食品卫生安全管理法规。该条例虽然没有明确食品安全卫生的执法主体,但是明确了食品卫生监督主体,即明确规定"卫生部门应当负责食品卫生的监督工作和技术指导",同时规定食品生产、经营单位及其主管部门共同负责食品卫生安全的监督工作——"指定适当的机构或者人员负责管理本系统、本单位的食品卫生工作"。因此,"该条例正式确立了我国以卫生部门为主导、各食品生产经营者及其主管部门共同负责的食品卫生监督体制"。② 不过由于当时社会经济发展刚起步,解决广大群众温饱问题是食品行业和食品工作者的首要任务,食品数量充足比质量安全更为重要。"各级政府通过牢牢掌握食品工业,把保障食品供应作为一项政治任务来抓。食品企业生产经营基本处于政府的直接管控之下,政企合一的特征十分明显。"③这种计划经济管控模式下的政府和卫生部门直接主导的食品问题监管,在当时的特殊历史时期发挥了巨大的作用。

党的十一届三中全会以后,党和国家的工作重点转移到经济建设上来。由于我国农村经营体制改革的不断推进,我国农业生产获得大发展,粮食丰收充足。农业的快速发展带动了粮食的生产和加工的快速发展,并且随着城镇化发展,食品和餐饮服务在改革开放初期需求旺盛,而由于其具有门槛低、投资少、灵活便利等特点,因而成为政府放松管制、扩大就业的主要渠道,也因此迅速吸引了大批劳动力成为食品行业从业人员,整个食品市场随之呈

① 颜海娜、聂勇浩:《制度选择的逻辑——我国食品安全监管体制的演变》,载《公共管理学报》2009年第3期。

② 胡颖廉:《改革开放40年中国食品安全监管体制和机构演进》,载《中国食品药品监管》2018年第10期。

③ 胡颖廉:《食品安全"大部制"的制度逻辑》,载《中国改革》2013年第3期。

现数量飞速发展和质量鱼龙混杂的局面。“据统计,1982 年,我国食品卫生合格率仅 61.5%”,[①]食品事故主要是由于食物中毒现象的大范围出现——人为的质量安全和卫生安全问题因市场竞争和利益驱使集中出现,多地区出现甲醇兑成假酒销售导致中毒、失明甚至死亡的恶性事件。这一时期,我国产生食品卫生安全问题的主要原因在于生产经营技术如生产加工、包装、冷藏技术的落后,卫生条件和运输保管条件较差,再加上消费者和食品业者缺乏基本的食品卫生知识和消费观念,这是导致提高食品卫生质量、应对因食品卫生而产生的食物中毒事件,对食品安全问题重点治理的原因。因此,卫生部在 1978 年年初经国务院批准同意,以主管部门和主协调人的身份联合国务院其他有关部委共同组成“全国食品卫生领导小组”,并以“全国食品卫生领导小组”的名义组织开展食品污染综合治理,主要是针对我国农产品种养殖、食品生产、加工、流通等产业链环节存在的食品污染,重点涉及农药、疫病牲畜肉、工业三废、食品霉变等相关领域。这一时期的食品卫生监督工作取得明显进展,到 1982 年,我国食品卫生监测合格率已经达到 61.5%。

我国于 1979 年正式颁布实施《食品卫生管理条例》,该条例是在 1965 年《食品卫生管理试行条例》的基础上修改而来的。但是,受制于当时国家的基本情况,《食品卫生管理条例》的相关规定较为笼统,各部门职责职权不明确,法律责任缺失,实际操作较为困难。在监管对象方面,仍然是遵循计划经济体制的基本要求,仅将全民和集体所有制企业列为食品卫生监督管理对象,对新兴的私营企业、合资企业和民间个体组织有所忽略,这也就让大量食品生

① 旭日干、庞国芳主编:《中国食品安全现状、问题及对策战略研究》,科学出版社 2015 年版,第 502 页。

产经营者在市场上未被卫生行政监管，存在严重的食品安全隐患。这种情形的存在表明，面对当时我国社会经济的新发展和新形势，彼时的食品卫生监督制度已经在一定程度上制约了我国食品产业的健康快速发展。因此，1982 年 11 月 19 日，第五届全国人大常委会第二十五次会议审议通过了我国第一部食品问题治理法律——《中华人民共和国食品卫生法（试行）》（以下简称《食品卫生法（试行）》）并于 1983 年 7 月 1 日正式施行。《食品卫生法（试行）》虽然只是一部具有过渡、妥协、折中性质的试行法律，但是，在内容上取得了较大的突破和进步，在一定程度上可以说是初步建构了我国现代食品卫生法制的基本框架。这部法律对我国食品卫生标准和管理办法的制定和实施，食品卫生许可、管理和监督，从业人员健康检查以及相关法律责任等各个方面都有较为完善的规定，对食品、食品添加剂、食品容器、包装材料、食品用工具、设备等食品生产、加工、流通等方面也规定了详细的卫生要求。此外，《食品卫生法（试行）》正式规定我国实行食品卫生监督制度，明确规定“各级卫生行政部门领导食品卫生监督工作”，改变了各级政府非常设机构——食品卫生领导小组负责食品卫生监督管理的格局，明确“卫生行政部门所属县以上卫生防疫站或者食品卫生监督检验所为食品卫生监督机构”。与此同时，进一步明确规定食品生产和经营企业申请工商营业执照的前提是必须先行获得食品卫生许可证，并将卫生许可证的发放管理权赋予卫生部门，“从而从法律角度明确了卫生行政部门在食品卫生监管中的主体地位”。[①] 至此，卫生行政部门在食品问题治理中的主导性角色得到了法律层面的正式认

① 刘鹏：《中国食品安全监管——基于体制变迁与绩效评估的实证研究》，载《公共管理学报》2010 年第 2 期。

可。《食品卫生法(试行)》取缔了原本行政法规中极具计划经济特色的“食品生产、经营单位及其主管部门”的监督管理职能,而在法条中对食品卫生监督主体做了“唯一性规定”,①力图形成以卫生部门为主导的、更为简单直接的统一化的食品卫生管理体制。概括而言,这种单一主体监督模式反映出在改革开放初期以前的特殊经济发展时期,卫生部门作为主导性监督主体,能够较好地履行食品问题监督管理的主要职责。这种卫生部门主导下的食品问题治理模式较好地适应了该阶段我国食品市场情况。1993 年开始,轻工业部、纺织工业部等 7 部委被撤并。从食品行业的角度来看,从事粮油、乳业、肉制品、酒类、饮料等食品饮料制造行业的企业在体制上逐步与轻工业主管部门分离,打破了长期以来的政企合一体制,涉及食品饮料的卫生问题的监管逐步转移至卫生行政部门,为我国《食品卫生法》的实施提供了良好的契机。我国 1995 年颁布实施的《食品卫生法》虽然食品卫生监管权并没有完全授予卫生行政部门,但是,仍然进一步明确了卫生行政部门的主导地位,卫生行政部门依旧是食品问题治理的法定的监管主体。《食品卫生法》第 3 条明确规定:“国务院卫生行政部门主管全国食品卫生监督管理工作。国务院有关部门在各自的职责范围内负责食品卫生管理工作。”同时,《食品卫生法》明确赋予卫生部具体行使十项职能,整体上对卫生部门的职责职权进行了进一步的明确和细化。②

---

① 唯一性规定是指该法明确规定“县以上卫生防疫站或者食品卫生监督检验所”是食品卫生监督的唯一主体。

② 卫生部的十项职能分别为:制定食品卫生监督管理规章;制定卫生标准及检验规程;审批保健食品;进口食品、食品用具、设备的监督检验和卫生标准审批;卫生许可证审批发证;新资源食品及食品添加剂等新产品审批;食品生产经营企业的新、改、扩建工程项目的设计审查和工程验收;日常的食品卫生监督检查、检验;对造成食物中毒事故的食品生产经营者采取临时控制措施;实施行政处罚。

(二)20 世纪 90 年代至“大部制”改革前后:从卫生部门主导到分段监管

我国 1995 年颁布实施的《食品卫生法》标志着中国食品卫生管理工作正式进入法制化阶段,该阶段确立了较为适应经济发展需要的新管理体制,逐渐建立和完善了县、地(市)、省(自治区、直辖市)、国家四级食品卫生执法监督体系。1997 年 3 月,为了进一步加强食品卫生监督执法工作,卫生部颁布了与《食品卫生法》配套的具体实施和操作性的《食品卫生监督程序》,并在全国范围内组织开展监督抽检和专项整治工作。

2001 年 1 月 28 日,在日内瓦举行的第 53 届世界卫生大会上,参会国家一致通过了《食品安全决议》,该决议的内容包括具体的全球食品安全战略。《食品安全决议》将食品安全列为各国公共卫生的优先领域,明确要求各个成员国及时地制定和充分地实施相应的行动计划来全面整治各类食源性疾病,最大限度减少对公众健康的威胁。与此同时,作为全球性的指导决议,《食品安全决议》还制定了一系列指导准则,如食品安全应当包括食品表面卫生、营养成分、性质状态、生产、加工、流通等内容,必须涵盖从种植养殖到生产、加工、流通销售以及餐饮服务等全部产业链条。本次会议标志全球食品问题开始推进从食品卫生到食品安全治理的转变。此次会议后,我国卫生部发布了《关于印发食品安全行动计划的通知》(卫法监发〔2003〕219 号)文件,开展了一系列的集中整治活动。《食品卫生法》的颁布施行以及监管体系的构建和完善,极大提高了我国食品卫生和质量安全水平,使霍乱、痢疾、伤寒等那一时期严重危害人民群众健康的食源性传染病得到有效地控制,促进了中国食品工业持续、快速、健康发展。依据《中国卫生统计年鉴》的相关数据显示,我国 1982 年的全国食品卫生监测合格率约为 61.5%,1995 年全国食品卫生监测合格率约为 83%,到 2004 年,全国食品卫生监测合格率已经上升至90.1%。

这一系列食品监管工作成绩斐然，举世瞩目。但是，我们认为，我国将卫生行政部门作为主导食品问题监督主体的长期实践，并不代表这一机制设计毫无缺陷，只能说其一定程度顺应了我国具体时期内对于保障食品“卫生”的着重需求，同时也反映了我国政府当时对食品安全问题的认知。但事实上，由卫生部门主导食品监管工作的最大问题是“食品安全”被简化为了“食品卫生”，而随着科学技术和食品产业的不断发展，这之中可能产生的监管疏漏将是难以估量的。质言之，根据通说以及我国2015年《食品安全法》的概念，食品安全讲“从农田到餐桌”全链条的监督管理，从而保障人们最终摄入的食品“符合应当有的营养要求，对人体健康不造成任何急性、亚急性或者慢性危害”，[①]也就是说，食品“安全”的监督需覆盖从食品种植、养殖到初加工、运输、生产、储存和销售等全过程的所有环节，其除了强调食品“卫生”的保障外，亦对食品的营养、品质等有所要求，这就注定了食品“安全”的有效监管并不能仅关注对食品问题的事后规制，亦需尤为重视事前的综合性预防；[②]而根据我国《食品卫生法》的规定，食品卫生则主要是以结果衡量为导向的，且重在监管食品的加工与餐饮环节，并不过多关注食品生产源头的情况。[③] 这些显然都极大程度制约了以食品“卫生”为出发点治理食品问题的适用，因此，即便《食品卫生法》的大力推行已然有效促进了我国食品卫生水平的大幅提升，但消费者仍旧面临着不可忽视的食品

① 《食品安全法》第150条。

② 如我国最新修订的《食品安全法》即强调食品安全监督治理工作应当“预防为主”“全程控制”。

③ 如我国1995年《食品卫生法》第4条规定，“凡在中华人民共和国领域内从事食品生产经营的，都必须遵守本法”，而第54条关于该法用语含义的说明中则表示，食品生产“不包括种植业和养殖业”。

隐患。这一方面表现在随着化学工业水平的飞速发展，农药残留、重金属超标等新的食品风险隐患的随之出现，另一方面则由于食品业者在市场经济的推动下为谋取商业利益而不当竞争的行为不断增多，尤其在2000年前后，食品业者在生产、销售中故意掺杂使假甚至销售有毒食品的现象开始不断出现，这些都使食品问题的复杂性远非改革开放初期可比。一些食品安全问题甚至逐渐演变为社会影响极为恶劣的公共事件，给国家带来极大的不良国际影响。

在此背景下，“食品卫生”显然难以涵盖实践中我国食品市场的所有问题，卫生行政部门也难以独立担负起主导性的食品市场的治理工作。这不仅仅在于以是否“卫生”来诠释全部食品问题太过于偏狭，卫生行政部门的监督范围越发无法满足人们对于食品的正当需求，更在于社会分工的细化和科学技术水平发展带来的专业壁垒加深，令食品业者得以更为隐蔽地制售非安全食品，而随之而来的治理负荷和专业能力要求的提升，令卫生部门在主导食品安全治理重任的过程中往往难以有效监管。因此，随着我国面临的食品问题逐渐自“食品卫生”延伸至“食品安全”，食品问题“跨行政部门”的特征亦越发明晰，质检、工商、农业等部门开始逐渐渗透进入食品安全的治理工作之中，并承担着越来越重要的监管职责。经过长期的实践经验，随着这些部门对其分别领域的食品管理具有不可忽视的专业性知识与比较优势，“一个监管环节由一个部门监管”①的食品“安全”分段监管策略逐渐被正式确立。

2003年3月，我国成立了国家食品药品监督管理局，成立该机构目的是为了加强部门间食品安全监管的综合协调和协同工作，1978年成立的国家药品监督管理局就此结束了其历史使命。这一

① 参见《国务院关于进一步加强食品安全工作的决定》(国发〔2004〕23号)。

时期的国家食品药品监督管理局全面负责我国食品安全综合监管工作，承担着食品餐饮、药品管理、保健食品、化妆品、医疗器械等方面的审批许可和监管职能。2004 年 9 月，国务院印发了《关于进一步加强食品安全工作的决定》，该决定一方面确定了“一个监管环节由一个部门负责”①的监管原则，另一方面确定了采取分段监管为主、品种监管为辅的监管方式。换言之，该决定确立了我国食品安全监管体系内综合协调与分段监管相结合的监管体制，构建了由食品药品监督管理局主负责、其他部门分段监管的新体制。更进一步的是，该决定同时明确指出，地方各级人民政府对本行政区域内食品安全负总责，统一领导和协调本地区的食品安全监管和整治工作，建立健全食品安全组织协调机制。

中央机构编制委员会办公室（以下简称中央编办）在 2004 年底印发《关于进一步明确食品安全监管部门职责分工有关问题的通知》（中央编办发〔2004〕35 号），该通知主要内容为“细化了相关部门在食品生产加工、流通和消费环节的职责分工”。②

① 其中，农业部门负责初级农产品生产环节的监管；质检部门负责食品生产加工环节的监管；工商部门负责食品流通环节的监管；卫生部门负责餐饮业和食堂等消费环节的监管；食品药品监管部门负责对食品安全的综合监督。

② 具体职责分工为：质检部门负责食品生产加工环节质量卫生的日常监管，实行生产许可、强制检验等食品质量安全市场准入制度，查处生产、制造不合格食品及其他质量违法行为，将生产许可证发放、吊销、注销等情况及时通报卫生、工商部门。工商部门负责食品流通环节的质量监管，负责食品生产经营企业及个体工商的登记注册工作，取缔无照生产经营食品行为，加强上市食品质量监督检查，严厉查处销售不合格食品及其他质量违法行为，查处食品虚假广告、商标侵权的违法行为，将营业执照发放、吊销、注销等情况及时通报质检、卫生部门。卫生部门负责食品流通环节和餐饮业、食堂等消费环节的卫生许可和卫生监管，负责食品生产加工环节的卫生许可，卫生许可的主要内容是场所的卫生条件、卫生防护从业人员健康卫生状况的评价与审核，严厉查处上述范围内的违法行为，并将卫生许可证的发放、吊销、注销等情况及时通报质检、工商部门。

"2007年2月，国务院副总理吴仪在全国加强食品药品整治和监管工作电视电话会议上指出了食药监管部门在食品药品监管工作上存在的不足和问题：'监管工作思想有偏差，对政府部门工作定位不准确，没有处理好政府职能部门与企业的关系、监管与服务的关系、商业利益与公众利益的关系，单纯强调帮企业办事，促经济发展'。"①在这次会议上中央政府明确提出建立起完善的"地方政府负总责，监管部门各负其责，企业是第一责任人"的食品安全责任体系。

此后，2009年6月施行的《食品安全法》从法律的层面确定了农业、质量监督、工商、食药监和卫生五大部门按"阶段"划分监管权限的分段监管体制。至此，我国食品安全多部门分段监管时代正式到来。应当说，这一监管模式短期内的确有效化解了由卫生行政部门主导的、聚焦于食品"卫生"监管的治理方式在应对食品问题时的不足，并在很大程度上保障了我国整体食品质量水平。据统计，2006年全国食品质量抽查合格率为77.9%，②而在短短五年后的2011年，我国食品质量抽检合格率即高达90%以上。③

（三）"大部制"改革至今：从多部门分段监管到集中统一监管

我国《食品卫生法》（2015年修订）通过立法明确各行政部门依据产业进行分段监管，加强了产业链条各环节食品卫生的规范

① 吴仪：《在2007年全国加强食品药品整治监管工作会议上的讲话》，载中央人民政府网，http://www.gov.cn/wszb/zhibo9/content_521888.htm，2019年3月7日访问。

② 曹乐溪：《中国的食品质量安全状况》，载中央人民政府网，http://www.gov.cn/zhengce/2007-08/17/content_2615761.htm，2019年3月8日访问。

③ 刘育英：《质检总局：中国食品安全检测合格率超过90%》，载中国新闻网，http://www.chinanews.com/jk/2011/11-13/3456288.shtml，2019年3月10日访问。

管理，在很大程度上提升了我国食品安全和质量水平。但是，我国2015年修订的《食品卫生法》在立法规定方面尚存有一定的缺失，例如，缺少对农产品种植、养殖等初级生产环节的监管规定，缺少食品下架和召回制度的相关法律规定，缺少保健食品和食品添加剂的监管规定。与此同时，食品安全风险监测与评估、食品广告监管、法律责任尤其是行政执法与刑事司法衔接制度等方面都不同程度存在疏漏。这种多部门分段监管模式的构建初衷，一是为了深入对食品安全问题的认知，实现从食品卫生到食品安全理念的革命性转换；二是顺应政府部门专业化分工的组织格局，力图最大限度地发挥不同部门在自身领域的优势、提升执法效率。然而，这种“接力式”的分段监管模式显然对不同部门间行动的协调性有着较高要求，实际运行中各部门真正做到环环紧扣、取长补短却非易事。首先，不同部门都试图在各自的领域内追求利益最大化，而这就令其相互间的“合作”极易陷入“集体行动的困境”，一旦不同部门间的利益产生冲突，便容易出现相互推诿的现象。其次，实践中食品问题的监管本身也难以确切地划分为不同“阶段”并与具体监管机构形成一一对应，如对于乳制品的监管中，我们很难将“奶站”清楚地界定为“食品源头”“生产加工”环节抑或“流通”环节。而这种界定的模糊性导致了监管盲点的产生，最终酿成了2008年举国震惊的三鹿集团“三聚氰胺”事件。而与之相反，在该事件爆发后，对于问题产品的查封，工商、质检、卫生部门似乎又都有相应的管理职权，于是，重复执法现象丛生，浪费了本就稀缺的执法资源。因此，尽管这一治理思路在施行之初的确展现出了对食品安全治理绩效的重要提升作用，但鉴于多部门监管模式在监管覆盖面上可能造成的监管真空或盲点，频频出现严峻的食品安全问题，因此，政府监管模式变革具有必要性和紧迫性。

2008年开始,我国逐步加大力度推进国务院机构改革,这一时期的机构改革主题是"大部制"。改革的根本目的是为了维护公共利益,消除部门利益争纷,厘清监管职能和范围。而由于食品安全监管部门涉及公共利益、与百姓生活息息相关又相对中立,因此,被选择来推动本次改革。国家食品药品监督管理局首先在行政地位上被降级,从一个国务院直属、与卫生部平级的直属机构变为由卫生部管理的下属国家局单位。与此同时,国务院将两者的食品安全监管职能予以互换,即改革后的食品药品监督管理部门主要负责餐饮业和食堂等消费环节监管以及保健食品的监管。卫生部门作为综合监督机关,主要负责食品安全的综合监管与协调,食品安全标准的制定与修改,食品安全风险的监测、评估和预警,食品安全检验的机构资质、认定和检验规范,重大食品安全事故的查处,重大食品安全信息的发布等工作。而农业、质检、工商等行政部门在本次改革中仍延续原有的食品安全监管职责分工。

我国于2006年开始进行食品安全相关法律的修订工作,《食品安全法(草案)》于2007年初提交全国人大常委会讨论。2009年2月28日,第十一届全国人大常委会第七次会议通过了修订后的《食品安全法》,为与法律相衔接,2010年2月6日国务院成立国务院食品安全委员会,国务院食品安全委员会的正副主任由国务院领导担任,委员会成员涵盖了卫生、工商、质检、食品药品监管、改革、农业等15个部门的相关负责人员。国务院食品安全委员会作为国务院统筹食品安全工作的高层次、综合性的议事协调机构,在一定程度上跃过卫生部而成为更高行政层级的食品安全综合监管协调机构,依法全面统筹我国食品安全工作,分析食品安全形势,指导食品安全工作,研究提出重大政策措施,督促落实食品安全监管责任。

2010年国家食品安全委员会的成立已然凸显出政府对于食品安全治理中协调各部门工作的热切需求。2011年初,我国政府首次将健全食品药品安全监管机制作为社会管理创新的重点工作,以此健全和完善公共卫生安全体系。2013年国务院机构"大部制"改革进一步提出:"将国务院食品安全委员会办公室的职责、国家食品药品监督管理局的职责、国家质量监督检验检疫总局的生产环节食品安全监督管理职责、国家工商行政管理总局的流通环节食品安全监督管理职责整合,组建国家食品药品监督管理总局。"① 与此同时,在地方政府层面,国务院要求"省、市、县级政府原则上参照国务院整合食品药品监督管理职能和机构的模式,结合本地实际,将原食品安全办、原食品药品监管部门、工商行政管理部门、质量技术监督部门的食品安全监管和药品管理职能进行整合,组建食品药品监督管理机构,对食品药品实行集中统一监管,同时承担本级政府食品安全委员会的具体工作"。② 在2013年6月17日举行的"社会共治、同心携手维护食品安全"的全国食品安全宣传周主场活动中,时任国务院副总理汪洋在会议上明确提出:充分发挥社会主义制度优势和市场机制的基础作用,综合施策、内外并举,构建企业自律、政府监管、社会协同、公众参与、法治保障的食品安全社会共治格局。并进一步强调,实行食品安全的社会共治,落实企业的主体责任、政府的监管责任、社会的监督责任是关键,

---

① 《第十二届全国人民代表大会第一次会议关于国务院机构改革和职能转变方案的决定(草案)》,载中国人大网,http://www.npc.gov.cn/wxzl/gongbao/2013-07/18/content_1810917.htm,2018年9月10日访问。

② 《关于地方改革完善食品药品监督管理体制的指导意见》(国发〔2013〕18号),载中央人民政府网,http://www.gov.cn/zhengce/content/2013-04/18/content_4394.htm,2018年9月10日访问。

同时还应当有序推进制度安排,完善政策措施,完善管理服务机制,畅通公众参与渠道,强化激励约束机制,加强食品安全宣传教育。[①] 2018 年 3 月,《国务院机构改革方案》经第十三届全国人大第一次会议批准,在国家食品药品监督管理总局的基础上组建新的国家市场监督管理总局,并于 2018 年 4 月 10 日挂牌,原国家食品药品监督管理总局同时被撤销。

至此,我国食品安全自多部门共同监管开始向集中统一监管模式转变,2015 年 4 月 24 日修订的《食品安全法》亦从法律层面明确了要建立相对集中的食品安全监督体制。2015 年《食品安全法》明确食品安全工作坚持预防为主、风险管理、全程控制、社会共治,并建立科学、严格的监督管理制度。《食品安全法》还细化了社会共治和市场机制,确立了典型示范、贡献奖励、科普教育等社会监督手段,完善了信息公开、行刑衔接、风险交流、惩罚性赔偿等监管制度。党的十八大以来,我国政府根据食品问题监管的新形势,提出构建严密高效、社会共治的食品安全治理体系,将食品安全上升到公共安全和国家战略的政治高度,目标是用"四个最严"保障人民群众"舌尖上的安全"。

(四)讨论与评价

"国以民为本,民以食为天,食以安为先,安以质为本,质以诚为根。"食品产业关系着国民经济安全,食品安全监管是现代政府的基本职责之一。随着食品"卫生"概念无法全部,甚或较大范围地覆盖食品问题,食品"安全"的概念应运而生并得到迅速普及。

---

① 王子晖:《汪洋:构建社会共治格局　切实保障食品安全》,载新华网, http://www.xinhuanet.com//politics/2013-06/17/c_116178447.htm,2018 年 9 月 10 日访问。

然而,其作为我国十多年来的社会治理重点,政府一直苦寻治理绩效提升之法,从早期的卫生部门主导、到多部门共同监管(事实上,这一过程中还伴随着多部门"分段"监管到"品种"监管的调整)、再至如今监管权力集中整合的监管模式,频繁的治理模式更迭本身也一定程度反映出我国食品安全治理一直未能呈现出较为令人满意的治理成效,而近年来频频曝光的食品事故导致公众对食品安全的信心低下,也预示着我国当下仍尚未从根本上解决食品安全隐患。

现代国家理论普遍认为政府的一个基本职能是提供公共物品——直接提供市场可能供应不足的公共物品,并履行市场秩序维护者的义务。但是,由于信息不足、公共物品外部性以及政府的有限理性,使得政府在提供公共物品时难以满足人们的期许,这是因为政府在社会治理过程中也和市场一样存在"失灵"。"正如沃尔夫所说:企求一个合适的非市场机制去避免非市场缺陷并不比创造一个完整的、合适的市场以克服市场缺陷的前景好多少。换句话说,在市场'看不见的手'无法使私人的不良行为变为符合公共利益行为的地方,可能也很难构造出'看得见的手'去实现这一任务。"①现代社会,科学技术的飞速发展与行业分工越来越细,形成了诸多难以逾越的知识壁垒,社会公众对行业内的信息难以正确解码,这类现象在食品领域尤为明显,例如,微生物技术、化工合成技术在食品领域的大量运用,令消费者原本得以凭借一些众所周知的经验,或是较为直观的物理特性(如食品的色泽、口感)等较

---

① [美]查尔斯·沃尔夫:《市场,还是政府:不完善的可选事物间的抉择》,陆俊等译,重庆出版社2007年版,第34页;转引自鲁国强:《论自由市场与政府干预》,载《当代经济管理》2012年第1期。

低的信息成本即可对食品的安全性予以事前识别的策略不再奏效,再加之由于许多问题食品对人体的伤害是慢性的、潜在的,甚至可能因不同个体身体素质情况的不同而呈现不同的结果,因此,即便是"亲自食用"也常常难以令人们对食品的安全与否形成客观、准确的认知。由此,市场本身的优胜劣汰和消费者的"用脚投票"行为难以对食品问题形成有效的规制,在这一背景下,政府似乎"顺理成章"地扮演着越发重要的食品安全治理角色。然而,政府监督有效展开的前提,自然是被监管者的不当行为能够被及时地发现并施以惩罚,但食品领域的信息不对称困境显然并不仅仅困扰着一般社会公众,政府作为"外部监管视角"同样面临着难以便利探知食品行业内部信息的问题。对此,我们认为,食品领域信息费用的过于高昂正是当下制约政府监管绩效的本质因素,质言之,前述监管模式的种种变迁显然更多致力于政府内部协作模式的调整。而在经历了卫生行政部门主导——多部门分段监管——集中统一监管的监督模式变迁和完善后,我国食品安全治理实践表明,当前我国食品安全治理语境下,政府本身监督模式的调整在面对因信息问题带来的监管负荷繁重和监督资源稀缺的双重约束,已经呈现显著的边际效益过低的特征。因此,解决政府监督中的信息不对称障碍方是破局的关键。

具体而言,我国"食品产业链涉及各个环节,食品企业数量众多,尤其是小型企业甚至手工作坊手法隐蔽,从信息获取渠道和获取成本来看,政府可能不具有完全的优势",①更兼之化工技术和食品添加剂在食品中的广泛应用,更是加大了人们对食品信息进行

① 黎秀蓉:《〈食品安全法〉与食品安全机制构建》,载《人文杂志》2012年第2期。

有效解码的难度。因此,我国曾一度将食品安全监督分权于不同的部门,正是基于食品信息的获取和解读难度上的考量,期望能得通过将这一压力分散于不同部门,并最大限度地发挥不同部门在其专业领域的知识优势,提升政府对于食品安全治理所需信息的获取效率。只是规则制定者显然低估了不同政府部门间形成高效协作治理的难度,最终由于监管冲突、监管重叠造成的庞大效率损失,多部门食品安全监督模式走向了终点。类似地,从当下来看,集中监管模式虽然一定程度绕开了部门协调的难题,但仍未能真正意义上解决政府治理过程中对于必要信息的获取困境。事实上,信息成本过于高昂所造成的最大问题是治理负荷的直线上升——政府需要花费更多精力和资源用于相关信息的获取与解码,尤其基层政府层面作为直接与食品业者展开互动、监督食品安全的第一道防线,其监督人员的不足与监督任务的繁重体现得尤为明显。作为我国经济金融中心的上海市尚且忧虑“当前基层监管任务重、监管人员少等困难”,①更遑论发展程度较低的其他地区,以湖北省利川市为例,机构改革后,该市涉及食品药品相关监管对象共 13, 000 余家,“全系统人均肩负 140 余家的监管任务,人均监管面积达 50 平方公里”,②监管难度可想而知。

在信息不对称的背景下,稀缺的执法资源与繁重的执法负荷成为行政主导的食品安全监督的刚性约束和重要障碍,质言之,即

---

① 上海市食品药品监督管理局:《积极推进片区协作联动机制建设　提高基层食品安全监管工作效能》,载上海市食品药品监督管理局官网,http://www.shfda.gov.cn/gb/node2/yjj/xwzx/jcdt/userobject1ai40190.html,2014 年 5 月 19 日访问。

② 张德生:《切实加强食品药品监管工作建议》,载利川市食品药品监督局官网,http://www.lc-news.com/art/2015/10/30/art_4846_235757.html,2015 年 10 月 30 日访问。

使我们假定所有监督人员皆刚正不阿,然而囿于时间与精力都是稀缺资源,政府作为“外部监督视角”在获取食品治理信息时往往难以做到及时、全面。因此,我们会发现我国当下诸多举国震惊的食品事故,其爆发路径竟是惊人的一致:媒体曝光——舆论关注——政府处理(如三鹿集团“三聚氰胺”事件、双汇“瘦肉精”事件、福喜“过期肉”事件等皆是如此)。媒体的“曝光”而非公权力机构的监督竟成为诸多严重食品问题得以被发现的关键性环节,尽管其中或许存在政府本身在应对食品问题时的内部绩效激励不足、监管职权配置不合理等因素的影响,但在近年来我国政府对食品安全监督问题的关注不断加大的背景下,行政监管绩效仍迟迟未见提升、食品问题亦不断出现来看,其中势必亦不乏政府在面对食品安全治理绩效提升时“非不为也,实不能也”的无奈。

三、政府在食品安全治理中的策略检视与实效分析

如前所述,无论是分段监管还是统一集中监管都存在制度自身难以克服的疏漏。那么,监督执法部门是否能够通过一些与监管模式相得益彰的监督执法举措在一定程度弥补或是消解前者与生俱来的缺陷呢?在本章节的分析中,我们将探讨在现实世界中,在不断推进集中监管的同时,政府在食品安全治理中的一般进路与举措,进而分析这些举措是否能够有效地提升食品安全治理绩效。

需要特别说明的是,在食品安全领域,政府治理绩效的提升除体现在食品业者对制度的遵从外,食品消费者对于政府治理工作的信任亦是不可绕过的重要因素。换言之,公众(食品消费者)对政府治理举措的认同与否一定程度上影响着最终展示出的治理绩效情况。具体而言,在食品安全这一消费者处于绝对信息劣势的领域,再加之政府又是我国食品消费者心目中食品安全治理上总

负责的角色定位,假设消费者对于“政府”这一主要的食品安全治理主体的治理绩效都不认可,那么必然意味着在消费者看来,市场中的食品质量是令人堪忧的,而在这一心理下,消费者愿意为具体食品支付的费用必将低于正常市场中产品的均衡价格。长此以往,消费者和食品业者陷入“低质量—低信任”的逆向选择循环中,而在此背景下,食品安全态势将更加令人担忧。鉴于此,本节对于政府食品安全治理绩效的分析将并不仅仅从食品业者的角度展开,而同样会涉及社会公众对政府治理举措的制度信任。

(一)政府在食品安全治理中的一般进路与举措

具体的治理举措想要“有效”,首先需要的是在被治理者看来这些举措的惩罚威慑是可置信的,也即必须令被治理者相信其不合作的行为必将受到惩罚,且基于对惩罚力度的考量,其违法成本过于高昂,其对政府治理的不合作行为不存在任何合理性。因此,从这一层面上而言,政府社会治理的过程,事实上即是证成制度威慑可置信的过程。鉴于此,我们认为一般性情况下,政府推进制度威慑力的努力主要可从两个方面展开:

1. 在制度制定中确立严格的惩罚规则。在制度制定中通过不利责任后果的设置,把背离政府或者说社会“期望”的行为予以排除,从而稳定各主体的行为预期,这是构筑制度威慑力的基石。这就需要政府细致把握究竟哪些行为将对被治理者的制度信任造成不利影响,进而在惩罚责任中予以确立,尤其是当各主体信息甄别能力具有明显的差异时,政府应当针对信息优势者对其利用自身信息优势地位展开的不当利益攫取的行为在制度规定中予以排除,以提升信息劣势者与信息优势者间的合作激励。例如,“重典治乱”即是政府面临严峻的治理情势时最为典型的提升制度威慑可置信性的举措。政府显然力图通过“严刑峻法”的设置,提高各行为主体的违法成本,而当人们慑于违法的代价过高而只能选择"守法"时,主体的行为选择在第三方看来也就具有了"可预见性",各方间的合作由此得以达成。

2. 在具体监督执法过程中显示惩罚威慑的可置信性。在"纸面"的惩罚规则确立后,更为重要的是在"实然"层面的监督执法中政府务必证明相应惩罚规定是"可执行的",[①]如此各行为主体方能真正形成稳定的制度信任。这其中的逻辑在于,政府对于有悖于信任的行为的惩罚概率是证成制度威慑可置信性的关键,换言之,政府必须向各行为主体展示,实践中有悖于制度要求的行为将存在极高概率被发现、从而被有效地施以惩罚,由此才能令人们真正慑于"纸面"的惩罚规定而将选择遵从制度。在这一过程中,政府执法监督行为是否具有足够的覆盖面、是否能够产生恒常性的监督威慑、具体采用何种举措发现违反制度的行为(其成效如何)、具体惩罚要求在实践中是否能够有效执行等因素,都是政府在证成惩罚威慑可置信性时需要细致考量的方面。在此需要特别说明的是,执法监督过程对制度可置信威慑的彰显,除其本身可推进制度威慑力外,由于这一过程也是政府治理能力的有效佐证,因此,从提升政府公信力的角度而言该进路同样对相关行为主体的制度信任产生了积极的推进作用。

特别地,在各主体信息甄别能力尤为不对称的领域中,除上文所言的对于信息优势者施以严厉的惩罚威慑之外,如果能够同时围绕信息劣势者信息收集、甄别的能力提升设计适宜的制度,则是推进制度信任的重要辅助性策略。在这一过程中,政府一般可通

---

① Leonid Hurwicz, *Institutions as Families of Game Forms*, Japanese Economic Review 47, 1996, pp. 13 - 132.

过构建专门的信息沟通渠道、开展宣传教育等活动,强化信息劣势一方的认知能力,令其对于其他行为主体的策略选择倾向具有更为客观的认识,同时亦借此进一步削弱信息优势一方的“不合作”行为激励,促进“信任”更为迅速地达成。此外,如前所述,由于政府是制度的主要提供者,因此,政府公信力的提升也能够一定程度促进各主体的制度信任,故此,政府日常工作中对自身声誉的维护和彰显对于推进制度信任而言亦非常重要。

具体到我国食品安全领域中,我们希望探讨的是当下的食品安全制度规则和政府的治理举措是否有效地推进了该领域的制度信任?由于每一项制度规则和治理举措对于制度信任都存在或多或少的影响,但一一展开分析未免事倍功半且冗余繁杂,在此,由于消费者的“制度信任”一般可通过两方面构建:对制度本身可置信威慑的信任、对制度制定者(政府)的信任。就前者而言,制度制定的总体原则和政府选择的执行模式是否科学、是否富有效率,显然终局性地控制着制度威慑效力的高低,因此,本章对于政府推进食品安全制度信任的实效分析即首先围绕此两方面展开;而就公众对政府本身的信任而言,如前所述,政府治理的成效高低是决定公众信任强弱的关键,在这一过程中,政府如何界定食品的“安全”与否、政府的食品问题发现手段是否科学而高效,显然直接左右着最终向公众所呈现出的治理成效高低,因此,关于这两方面的分析是本章探析消费者制度信任情况的又一重点;最后,由于消费者自身的认知能力亦是影响其制度信任的重要因子,在这一过程中,食品安全知识宣传教育显然扮演了重要角色,因此,本章也将专门就我国食品安全知识宣传教育制度在提升消费者食品知识储备、进而促成制度信任方面的有效性展开分析。

（二）严法重罚，有法必依

食品安全问题的治理，我们认为必须是预防为主、惩治为辅。食品安全问题的治理举措想要“有效”，需要满足两个条件：一是对被治理者来说这些治理举措的惩罚威慑是可预期的和可置信的；二是让被治理者相信其不遵规守法的行为必将受到惩罚且惩罚是相当严厉的，违法成本是相当高昂的。因此，在一定程度上而言，政府社会治理食品安全问题的过程，也是证成制度威慑可预期和可置信的过程。鉴于此，我们认为，在一般性情况下，政府推进严法重罚、有法必依对于食品安全治理而言是十分重要的举措。

1. 法律制度制定中确立严格的惩罚规则

在制度制定中通过预先设置严重的不利法律责任后果，限制和排除被治理者的背离政府或者说社会“期望”的行为，稳定各主体的行为预期并建立严法重罚的可置信性，显然是构筑制度威慑力的基石。

例如，“重典治乱”是我国自古即有的治理理念，是政府面临严峻的治理情势时、最为典型的提升制度威慑可置信性的举措。在此，政府显然力图通过“严法重罚”的预先设置，提高各行为主体的违法成本，约束潜在违法者的行为。

世界各国在食品安全方面，都制定了相对严厉的法律规定。我国2015年实施的《食品安全法》在修订的期间，国务院总理李克强即明确提出“对于侵害公众食品安全的行为，要加大处罚力度”“要让违法犯罪分子承受付不起的代价”“让失职、渎职人员受到躲不掉的惩处”。[1] 2015年《食品安全法》通过完善食品业者主体责

① 刘晓凯：《食品安全，重典治乱》，载凤凰网，http://finance.ifeng.com/a/20140519/12356353_0.shtml，2016年10月28日访问。

任、加强对婴幼儿食品的全程质量监管、增设网络食品的第三方管理责任、统合监管权力、提升对失职渎职行为责任承担的严厉性等诸多方面,力图诠释"最严"的食品安全治理。因此,该法也被部分学者称为"史上最严食品安全法"。具体表现为:一是加大罚金力度。如"部分罚款处罚由旧法的2000元提升至50,000元;再如针对严重违法的食品生产经营行为(如在食品中添加食品添加剂以外的化学物质),最高处罚金额由过去的货值金额十倍提升为三十倍"。[①] 二是"增加了食品安全违法犯罪行为的处罚力度。新法对于一些严重违法的食品生产经营行为规定了行政拘留和吊销经营许可证的处罚;同时进一步规定因食品安全犯罪被判处有期徒刑以上刑罚的,终身不得从事食品生产经营的管理工作"。[②] 三是"建立食品业者食品安全信用档案。新法规定地方政府应当建立食品生产经营者食品安全信用档案,记录许可颁发、日常监督检查结果、违法行为查处等情况",[③]旨在以食品市场内的声誉机制为路径,规范食品行业从业者的行为。

2. 执法过程中彰显惩罚威慑的可置信性

在文本意义上的惩罚规则确立后,更为重要的是在法律实施和运行层面的监督执法中,政府务必证明相应惩罚规定是"可执行的"[④],如此才能够在各方之间的博弈中形成从应然到实然的制度信任。换言之,证成制度威慑可置信性的关键点是监督执法部门对于有悖于治理要求的违法行为的惩罚概率。所谓惩罚概率,即

---

① 《食品安全法》第123条。

② 《食品安全法》第135条。

③ 《食品安全法》第113条。

④ Leonid Hurwicz, *Institutions as Families of Game Forms*, Japanese Economic Review 47, 1996, pp. 13-132.

政府执法监督行为是否足够覆盖全部主体行为、是否能够产生恒常性的可预期的惩罚威慑、采用何种信息甄别和纠错行为及其成效如何、具体惩罚要求在实践中是否能够有效执行等因素的概率性。这些因素需要监督执法部门在证成惩罚威慑可置信性时细致考量并不断与时俱进地完善。执法监督过程既可以彰显制度可置信威慑并进一步推进制度威慑力，也可以证明政府治理能力的提高。

3. 我国食品安全领域中，“严法重罚”对推进食品安全信任的实效分析

“严法重罚”之所以能够规制博弈参与人的行为，其核心逻辑是令博弈参与人意识到，倘若其违反规则的行为被发现，其必定付出高昂的违法成本，且该成本比违反规则行为所获的利益更多、更不经济。与此同时，消费者亦是出于对制度威慑的信任，可以因为“严法重罚”而提前预判到此，从而相信食品业者会做出其所期待的符合法律规则的行为选择。

“严法重罚”的一个典型的案例就是三鹿奶粉“三聚氰胺事件”及其处理结果。2008 年 9 月 11 日，刊登在《东方早报》上的一篇新闻报道——《甘肃 14 名婴儿同患肾病疑因喝“三鹿”奶粉所致》，第一次将三鹿奶粉与肾病患儿联系起来，揭开了震惊中外的“三聚氰胺事件”的序幕。2007 年至 2008 年上半年，我国甘肃、湖北、江苏等多地出现婴儿患有肾结石的病例，随着病例的不断增多，越来越多的医生们发现一个共同的致病因素——患病婴儿的共同点在于没有母乳之后，都在食用“三鹿”奶粉。三鹿奶粉事件在当时引起国内外极大的批判和争议，最终导致三鹿奶粉直接破产。除此之外，毒奶粉事件所造成的恶劣影响极其深远，事发的 2008 年之前，国产奶粉市场占有率约为 70%，“三聚氰胺事件”之后，从之前的约 70% 市场占有率断崖式下跌，到 2015 年锐减至 30%，超过 80% 的

中国人不敢购买国产奶粉,世界上多个国家也禁止中国乳制品进口,中国制造商的公众形象遭遇信誉危机。

三鹿奶粉“三聚氰胺事件”的恶劣影响是深远的,法律责任也是极其严重的。2009 年 1 月 22 日,河北省石家庄市中级人民法院一审判处三鹿集团前董事长田文华无期徒刑,三鹿集团其他高层管理人员王玉良、杭志奇、吴聚生被分别判处有期徒刑 15 年、8 年及 5 年。三鹿集团作为单位被告,犯生产、销售伪劣产品罪被判处罚金人民币 4937 余万元。更有奶农张玉军、高俊杰及耿金平涉嫌制造和销售含三聚氰胺的奶源,被河北省石家庄市中级人民法院判处死刑,其他奶农:薛建忠无期徒刑,张彦军有期徒刑 15 年,耿金珠有期徒刑 8 年,萧玉有期徒刑 5 年。除此之外,与该事件相关的许多官员也被一一严厉处罚:河北省政府决定对三鹿集团立即停产整顿,并将对有关责任人做出处理,石家庄市委副书记、市长冀纯堂,石家庄市分管农业生产的副市长张发旺,石家庄市畜牧水产局局长孙任虎等政府官员先后被撤职问责。河北省委也随后决定免去吴显国河北省省委常委、石家庄市委书记职务。随之,国家质量监督检验检疫总局局长李长江引咎辞去局长职务,成为因此次事件辞职的最高级官员。毒奶粉事件在中国形成了一股“行政问责与司法问责风暴”。“三聚氰胺事件”及其“严法重罚”的处理方式,在事件发生以后的很长一段时期内直接影响了我国乳制品行业的发展,在乳制品安全治理方面,我国随即完善了相关立法和责任制度体系,推进了乳制品行业的规范发展的进程,也彻底改变了中国奶粉市场发展格局。但是,“严法重罚”的治理策略在实践中并不一定能够完全展示出其应有的威慑效应并有效规制食品行业者,有关乳制品安全问题的报道仍不时见诸报端,特别是在今年(2020 年),“三聚氰胺事件”发生的 12 年后,“大头娃娃”事件竟然再次发生:2020 年 3 月至 5 月,湖南郴州的很多家长称在孩子在服用当地医院医生推荐的一款特殊配方奶粉(名叫倍氨敏)后,逐渐出现了拍头、湿疹的症状,甚至有部分孩子的头颅异常发育、体重迅速下降,变成了和三鹿奶粉事件中类似的“大头娃娃”。此次“大头娃娃”事件一经媒体曝光,社会公众的神经立刻紧张起来,普通民众的愤怒值也在增加。对于很多家长来说,12 年前三鹿奶粉的可怕噩梦并不遥远,今天仍有许多人在为当年事件奔走和申诉——难道食品安全的噩梦再次降临?国家市场监督管理总局迅速介入,在 2020 年 5 月 13 日晚上发文称:市场监管总局高度重视将会进行彻查,依法从严从重处罚,并及时向社会公布调查结果。这也从另一个方面说明,虽然 12 年前三鹿奶粉“三聚氰胺事件”受到了严法重罚,影响深远,但是,食品安全事件仍然屡禁不止,“大头娃娃”事件再次发生,仍然与乳制品市场产品质量和安全相关,这一事件表明“严法重罚”对于食品安全治理的作用受到诸多因素影响,并不是一劳永逸的、万能的。

从理论上分析,我们认为,“严法重罚”对于提高食品安全治理水平、维系食品安全制度信任的有效与否主要由以下三项变量决定:查处概率、责任认定的准确性及惩罚的可执行性,因此,本节的分析即主要围绕此三方面展开。

(1)查处概率

根据威慑理论,查处概率与惩罚的严厉性是决定制度威慑力的核心变量。一方面,当查处概率不足时,惩罚严厉性的提升能够有效补足制度威慑;另一方面,惩罚严厉性的提升并不能直接提高查处概率,反而查处概率是惩罚严厉性的前置条件。查处概率直接决定了惩罚严厉性的实际可执行性。换言之,“严法重罚”本身的制度威慑性能够降低监督执法部门的“查处概率”的指标要求,但“严法重罚”必须以一定的查处概率为前提,没有查处率,何来严厉的惩罚。

然而,目前我国政府在食品安全治理中面临着执法资源不足和执法负荷繁重的双重约束,也正是在单纯政府执法常常呈现出无法全面兼顾的背景下,“社会共治”思路才应运而生,力图缓解政府执法压力。从这一层面上来看,囿于政府执法资源限制,我国食品安全问题查处概率仍多有不足,另正如前文所言,食品领域本就存在尤为严重的信息不对称问题,占据信息优势地位使食品业者具有更高的行为激励,而这对该领域违法行为的查处概率提出了较高要求。应当说,从目前我国仍时时发生的食品安全问题来看(尤其是其中不乏部分食品问题的发现与惩处是由媒体先行曝光政府再行跟进的方式),很大程度彰显了该领域查处概率不足的困境,这将会削弱“严罚”的威慑实效及其在稳定和提升人们制度信任上的功效。

(2)责任认定的准确性

查处概率的不足诚然影响着惩罚严厉性提升的威慑效力,这已经被诸多理论界与实务界的人士所关注。但是,即便大力提升查处概率,查处后关于食品安全事故责任认定的问题,即食品安全事故的具体原因和具体责任者的认定更是提高食品安全治理水平、维系食品安全制度信任的一大难点。所谓责任认定的准确性,主要是指当发现食品问题后,执法者是否能够准确识别问题发生的具体原因和具体责任者:是食品业者的故意还是过失以及是哪一食品环节的故意或过失,抑或是出于外生因素冲击造成了食品事故等。对问题发生根源进行准确判别,其意义在于食品业者相信相关违法行为一旦被发现,则其毫无侥幸逃脱的可能。

食品领域面临相较传统“信任品”市场更为严峻的信息不对称

问题，这种信息障碍当然并不仅仅针对消费者，新闻媒体、政府甚至不同行业的食品业者之间同样面临。而这种信息壁垒具体到政府治理过程中，则可能使食品事故的最终责任认定困难重重。很多时候，当我们谈及食品安全治理，被更多强调的是监管者及时“发现”问题，但我们很容易忽视“问题发现”后“责任认定”的重要性与难以查实责任主体的可能性，似乎问题的曝光即意味着违法主体的曝光。但至少在信息障碍严重的食品行业中并不如此简单，其症结根源可归结为信息成本过高，而更为直观和具体的原因可从以下两方面予以把握：

第一，食品供应链条较长为政府准确识别责任主体增加了难度，并且当政府和媒体报道对责任认定的准确性不足时，一味增强惩罚严厉程度反而会促使食品业者降低质量投资。

就国内近年来危及面较大且颇受关注的食品事件来看，极为常见的情形是舆论和新闻媒体矛头直指食品链条终端的大型销售企业，而最后作为事故始作俑者承担责任的却是上游要素提供商。例如，2005 年的“苏丹红事件”和 2014 年的福喜“过期肉事件”，媒体和舆论围绕的对象皆为肯德基、麦当劳等知名大型食品企业，而最终“官方”认定的责任承担者分别是广州田洋公司和上海福喜食品有限公司。类似地，2008 年轰动全国的“三聚氰胺事件”中，受到整个市场彻底驱逐的三鹿集团，其法律责任主要在于隐瞒和迟延通报信息，而调查结果显示真正往牛奶中添加“三聚氰胺”的是“不法奶农”。

由于影响食品安全的质量控制行为遍布于整个食品供销链条的各个环节，任一阶段的故意违法或疏忽大意皆有可能造成难以挽回的食品事故，更何况，几乎所有大型食品销售企业背后皆不乏小规模的上游原材料供应商，后者无论是质量控制能力还是事后责任分担中的谈判资源皆无法与大企业相提并论,而这自然对监督机构的执法能力提出了更高挑战。因此,上文提及的三起舆论矛头和最终责任承担者不同的食品事件,目的并不在于质疑政府可能存在的渎职或治理能力低下,而是旨在指出面对整个食品链条中地位、资源不同的诸多业者,事故责任主体的确认务必透明且谨慎。“透明”的意义在于,在我国社会公众对于政府执法效率已经存在信任危机的背景下,在食品事故的处理中借助“程序理性”获得公众的认可也就尤为重要,否则即如上述三项事件中,即便责任主体认定结果本身的确不存在任何问题,但由于公众并不清楚其中详细的调查过程和相关证据,再加上舆论矛头(食品企业)和最终责任承担者(上游要素提供商)之间确实存在资源地位上的悬殊,难免会出现民众对政府调查结果不信任的情形,进而降低政府的治理实效和社会认同度。而强调责任主体确认过程的“谨慎”,一方面是出于缓解民众对于公权力执法的不信任,另一方面则由于诚如前文所言,食品领域的信息障碍涉及每一个参与其中的主体,即使是食品业者自身,也不可能完全掌握或左右其所处食品链条从原材料到最终销售环节所有节点的质量控制工作。因此,倘若政府屡次出现“误判”事故责任人的情形,从食品业者的视角来看,即便其努力生产安全食品,政府一行为不仅不能为食品链条终端产品提供充分的安全保障,而且也不排除因执法者谨慎不足而导致业者分担本不应自身承担的责任的可能,因此,若此时政府大幅提升惩罚严厉程度,将反而促使食品业者因缺乏对于长期博弈收益的稳定预期而将策略转向“一锤子买卖”。

第二,专业壁垒的限制和过于充裕的私人信息使得政府在识别食品问题的最终责任承担者时较为困难,而这也一定程度消解了“严罚”所带来的威慑效应。

最为典型的事例即如 2008 年举国震惊的“三聚氰胺”事件。在事件曝光初始，仍有专家猜测可能是奶制品包装不善（而非业者主动添加）导致了食品中被检出“三聚氰胺”；[①]无独有偶，2011 年酒鬼酒“塑化剂”事件中，白酒中塑化剂成分来自生产或运输打包过程中的塑料制品更是成为酒鬼酒公司自我辩白的最大筹码，且诸多业内专家亦认为这一辩白具有合理性。[②]

显然，食品市场的“信任品”特征不仅使得食品业者在发现食品问题曝光后依凭信息优势进行狡辩，亦使“外部人员”很难判别事故发生的真正原因，成了当人们对于食品安全情况已经存在信任危机时，任何关于食品事故的辩白，尤其是辩称因外部因素导致食品事故的言论都会被视作诡辩。而当政府亦无法辨别事故是源于食品业者的故意、失误抑或外部因素干扰时，再加之法律对政府举证责任的要求，对这一问题的处理变得更为棘手。惩罚严厉性升级所期望带有的警示效应将由于业者总能够借助信息不对称巧言令色地逃脱处罚或者执法者无法分辨食品业者的质量投资是否充足而被不断消解。

（3）惩罚的可执行性

“惩罚的可执行性”意指在查处违法行为后，“严厉”的处罚是否能够实际地执行并让责任主体实际承担违法成本。我国《食品安全法》（2015 年修订）一个重要的改变就是大幅度提升了罚款额度，“以此希望提升制度的威慑效力。但执法实践中，自该法正式

① 陈强：《且慢断言牛奶加牛尿“不可能发生”》，载人民网，http://opinion.people.com.cn/GB/159301/18000596.html，2016 年 11 月 12 日访问。

② 刘一：《白酒“塑化剂”疑云》，载央视网，http://news.cntv.cn/china/20121125/102897.shtml，2016 年 11 月 14 日访问。

实施伊始便始终伴随着基层执法部门关于'执行难'的无奈"。[①]例如,2015 年《食品安全法》将大多数食品生产经营违法行为的最低罚款额度上调至 5 万元,但现实情况是在我国食品市场上存在数量庞杂的小成本经营者或者家庭式个体经营者,5 万元的罚款额度导致执行难的困境便不可避免地出现了。对此,"有食药监总局工作人员就此指出'最低罚款 5 万元'并非指向所有食品业者,2015 年《食品安全法》规定,食品小作坊、小摊贩由各省、自治区、直辖市制定具体的管理办法自行管理,因此,当明确区分有许可证的食品企业和食品小作坊、小摊贩后,法律规定中对于部分食品业者而言额度过高的罚款问题也就迎刃而解了"。[②] 但这种解读在现实执法监督过程中至少存在两方面困境:其一,当前我国法律规定中并未对由基层政府自主管理的"小作坊、小摊贩"予以明确的定义。目前我国八成以上地方政府未曾制定关于"小作坊、小摊贩"等业者管理办法的情形,或许应当一定程度归结为基层政府的"非不为也,实不能也"。例如,陕西省政府在启动相关地方立法工作时即因法律规定中缺乏对监管对象量化、明确的定义而遭遇困境,当地政府几经波折方将"小餐饮"的监管纳入条例调整范围,并通过反复调查研究自主划定了"小作坊、小摊贩"和"小餐饮"的具体涵盖范围。[③]

---

① 沙雪良:《新食安法罚款额高造成执行难》,载《京华时报》2016 年 7 月 1 日,第 6 版;贺勇:《新〈食品安全法〉执法落地难　小作坊等监管难度大》,载新华网,http://www.gd.xinhuanet.com/2016-10/26/c_1119792407.htm,2016 年 11 月 12 日访问。

② 吴斌:《食药监总局:新食安法最低罚 5 万没法执行,是"法律学习不到位"》,载南方都市报网,http://m.mp.oeeee.com/a/BAAFRD00002016092614166.html,2016 年 11 月 12 日访问。

③ 张丹华:《聚焦舌尖上的安全①:食品安全标准　如何落地生根》,载人民网,http://health.people.com.cn/n1/2016/0927/c398004-28742375.html,2016 年 11 月 12 日访问。

其二,当惩罚严厉性足够制约规模以上企业的违法行为时,对其他一般食品业者“执行难”问题的出现几乎是难以避免的,这也就无怪乎一些地区在基层执法过程中因起罚数额过高担心立案后处理不了而对情节不太严重的违法行为采取警告教育的规训方式。①

综上所述,由于监督执法主体无法持续支付高昂的法律施行费用,再加之“严法重罚”往往更易产生难以预见的外部效应,这便注定了“严法重罚”的使用时限势必是短暂的、非常规性的。

对于食品安全治理,由于执法成本和体系投入不足以致查处概率、责任认定准确性和惩罚的可执行性都存在一定程度的缺失和不足,“严法重罚”的治理策略在实践中并未展示出其社会各方所期待的应有之威慑效应并有效规制食品行业者。当消费者对于“严法重罚”实施成效的预期落空,消费者的制度信任在过于单纯强调惩罚严厉性提升的制度背景下并不能得到有效实现,将进一步恶化政府信任危机。

(三)食品安全标准制定

提高食品市场治理绩效、稳定公众制度信任的基础性制度设计应该是食品安全标准的制定。食品安全标准制定是基础性的、普适性的,比严法重罚更为重要。食品安全标准制定是政府降低食品安全政府治理成本、彰显政府治理努力和治理绩效的重要举措之一。一方面,政府通过法律、法规明文确立科学的标准,构建市场准入制度,确立安全合格的食品安全判断准线,把好市场准入关,坚决禁止不合格的企业进入市场;另一方面,在标准制定过程中,引导社会

① 贺勇:《新〈食品安全法〉执法落地难　小作坊等监管难度大》,载新华网,http://www.gd.xinhuanet.com/2016-10/26/c_1119792407.htm,2016年11月12日访问。

公众积极参与,保障社会公众的参与权和知情权,同时普及了食品安全标准的相关知识,提高公众对食品安全的科学认知水平,进而强化公众的制度信任及"用脚投票"在食品安全治理中的辅助作用。

那么,食品安全标准制定在我国目前的制度语境下是否发挥了其应有的功效呢?本书以市场准入许可为例来分析食品安全标准制定是否能真正提高政府食品安全治理水平和社会公众的制度信任。

1. 市场准入制度的具体制度安排

市场准入制度是政府食品安全治理的应有规制举措,而准入标准限制是作为政府食品安全监督的第一道门槛。在曾经很长一段时期,审查市场准入条件是我国监督执法部门的食品安全监督执法主要工作,其主要内容是颁发证照、年审和查无(巡查无许可证的食品经营者)以及对于无证照食品业者的惩处。

在具体的市场准入制度安排方面,2001 年我国初步建立起以"食品卫生许可证""食品生产许可证"和"营业执照"三证为核心的市场准入制度,其后由于 2008 年三鹿"三聚氰胺"事件的影响,2009 年修订的《食品安全法》又进一步增加了两项准入限制——"食品流通许可证"和"餐饮服务许可证"。

综观我国 2015 年《食品安全法》可看出,其对于市场准入标准限制的倚重。例如,《食品安全法》就婴幼儿配方食品的生产进行了特别要求,"对食品配方一改之前的'备案制'为'注册制',这表明婴幼儿配方食品的生产门槛被提高,需要经监管部门审核通过、领取相关生产证后才能生产"。[1] 同时,在市场准入标准提高的基

① 该观点由四川省食品安全专家委员会专家、四川大学教授卢晓黎提出。参见周伟:《新版〈食品安全法〉10 月 1 日起实施——哪些规定将影响我们生活?》,载《四川日报》2015 年 9 月 30 日,第 15 版。

础上，法律责任进一步严格，该法专门增加了吊销许可证的情形，作为提升制度威慑的重要举措。

我国监管机构对依靠市场准入标准的限制以改善食品安全情况的思维进路的热衷，一个重要因素是治理效率。不可否认的是，我国目前处在经法高速发展时期，但同时也是各地区发展不均衡的时期。我国幅员广阔、经济发展形势复杂，政府为了最大限度地管理我国幅员辽阔的治理疆域下难以计数的食品业者，以发放许可证、限制准入门槛的形式完成自身在社会治理中的权力控制。而这一举措在很大程度上提升了政府食品安全治理的全面性和效率，是符合我国现阶段实际发展需要的。但是，市场准入制度能否达成制定者的目标并稳定消费者的制度信任呢？

2. 市场准入制度的实效分析

我们不能否认市场准入制度在食品安全治理方面所起的基础件作用，毕竟一方面监督执法部门通过市场准入制度的实施能够较为全面的监督市场主体，另一方面能够极大方便社会公众对于“有证”和“无证”的鉴别从而提高食品安全意识。但是，我们同时认为，市场准入制度在食品安全治理方面存在一定的局限，尤其是制定较为严格的准入门槛规定来规制食品业者的行为并稳定消费者的制度信任预期的治理策略，在一定程度上并不是完全可行有效的。

首先，市场准入制度并未显示出应有的威慑效力。我们认为，与我国政府在准入门槛限制背后所投入的大量执法资源相比，市场准入制度在实际的食品安全治理过程中并未显示出预期的威慑效力。

市场准入制度建立的目标是从源头上规制食品业者的主体资格和行为，将不符合标准的食品业者直接阻挡在市场之外。不可否认，它具有全面的基础性制度的作用。但是，对于食品经营市场准入的强调以及配套投入的行政执法资源，对于整体的食品治理而言是不是有效，值得反思。一个重要的实证就是，尽管我国食品市场准入的门槛越来越高，但食品市场中仍存在形形色色的“无证”食品业者，而获得市场准入许可证照食品企业包括的大型或知名企业，也时不时发生食品安全问题。

事实上，早有学者以奶粉生产企业为样本，借助政府抽检数据建立模型进行分析指出，严厉的生产许可证制度并未有效规制企业违法添加三聚氰胺的行为；①而根据我们对某市食品安全治理情况的调研，也有部分监督执法人员认为，初始阶段具有市场准入资质的食品业者显然并不必然保证其在今后的生产过程中一直保持这一资质，日常监督执法工作的有效开展对于食品质量的保障更为重要。食品业者是否取得市场准入资格，一定程度上并不能对食品安全隐患存在与否产生决定性的影响。因此，我们认为，市场准入制度所获取的威慑效力并未达到预期的效果，尤其是在当前监督执法资源严重稀缺背景下。

其次，市场准入门槛的提升成为政府“自证清白”的廉价“信号”，这对于我国这样一个“三小”②食品业者必定长期存在的市场现状而言，并不利于执法工作的高效展开，也难以借此强化公众—政府间的信任。③

---

① 刘呈庆、孙曰瑶、龙文军、白杨：《竞争、管理与规制：乳制品企业三聚氰胺污染影响因素的实证分析》，载《管理世界》2009年第12期。

② 也即“小餐饮”“小摊贩”“小作坊”。

③ 以下部分见解借鉴于刘亚平（2011）的观点。为方便起见，不再一一进行说明。参见刘亚平：《中国式“监管国家”的问题与反思：以食品安全为例》，载《政治学研究》2011年第2期。

我国幅员辽阔、各地区经济发展不均衡，不同的经济发展状况和不同的消费者需求，决定了食品市场上仍会大量且持续存在短期内不符合市场准入资质的小规模、低成本食品业者。有市场需求就会有市场供给，过高的市场准入门槛要求对于这类业者而言因“无能为力”而显得毫无意义。

随着法律制度规定中对于食品业者市场准入门槛的提高，不可避免地产生一些负面效应：一方面，诚如前文所言，现实的食品市场中仍存在数量可观的无证食品业者，这表明围绕该制度规划、运行而进行的成本投入并不具备有效率性和威慑力；另一方面，如若市场准入制度具有高效率和威慑力，在一定程度上，政府将自然获得极高的“设租”激励，此时的政府将愈发倾向于提升准入门槛标准的路径选择。因为，市场准入门槛的提升首先是限制了进入市场的食品业者数量，一方面是政府更加容易管理已进入市场的食品业者，另一方面是因为主体资格限制了充分竞争使进入市场的食品业者更易获得较高的稳定的利润。当预见到稳定可期的收益，食品业者自然也就愿意为跨越所谓的市场准入门槛而进行“一锤子”买卖、投入更多的成本，而这政府自然具有获取更多“租金”的机会和动力；同时，市场准入门槛的提升还是一种廉价的“信号”显示，其“显示”政府对于食品市场的治理决心以及对于保障公众食品安全的努力等。

3. 标准制定过程的公众参与对推进公众监督、提高消费者制度信任的实效分析

（1）具体制度安排

我国2015年修订的《食品安全法》中，尤为强调“食品安全国家标准”的制定中应当给予一般公众主动参与的权利，并围绕此进行了较为细致的规定。具体而言，法律规定食品安全国家标准草

案需向社会公布并广泛听取各界意见，并且，“食品安全国家标准审评委员会”作为我国具体食品安全国家标准审查的主体，法律也要求消费者协会的代表需为其中的组成成员。① 同时，在《食品安全法实施条例》再一次强调了制定食品安全国家标准“应当”公开征求意见。

作为整个食品安全工作具体展开方向的重要指引，标准制定工作显然是保障食品安全的基石，因此，尤其在对食品“安全”与否的评价带有难以避免的主观性的背景下，强调标准制定过程的公众参与，显然是稳定一般社会公众制度信任必不可少的步骤。

（2）实效分析

从2015年《食品安全法》对于国家标准制定中公众参与权利的专门强调来看，我们当然能够感受到政府对于该过程引入公众参与的必要性的认同。但对比实践中政府的意见征集工作的开展情况，我们认为现有制度规定尚存在以下几方面的疏漏：

第一，忽视了公众往往并不能完全、有效地把握政策文件的全部涵义。

当下我国征求公众意见的方式主要是以网络为媒介进行公开征集，这从我国自食药监总局至几乎各地方食药监官方主页上醒目的“征求意见”栏即可见一斑。这一征集方式借助互联网信息传播无与伦比的实时性与我国网民规模、互联网普及率不断攀升②的

① 参见《食品安全法》第28条。

② 根据中国互联网络信息中心的统计，我国互联网普及率近年来增长稳健，截至2016年6月，我国网民规模达7.10亿、互联网普及率达51.7%，与2015年底相比提高1.3个百分点，超过全球平均水平3.1个百分点。中国互联网络信息中心第38次《中国互联网络发展状况统计报告》，载中国互联网络信息中心网，http://www.cnnic.cn/gywm/xwzx/rdxw/2016/201608/t20160803_54389.htm，2016年11月15日访问。

现实境况，最大限度提升了意见收集过程的速度和便利性，但同时，这一信息搜集渠道虽符合互联网时代的要求，但却因之而减少了信息收集双方面对面深入交流、解释的可能。特别是食品安全标准制定往往包含大量的专业术语和知识，一般的社会公众在面对仅仅附上需要征求意见的正式文件全文，而缺乏详细解释且又无可供咨询的便利渠道时，对于制度内容尚且难以做到全面的理解，更遑论提出真正有价值的建设性意见。

第二，对政府的意见征集中的信息披露和结果反馈缺乏强制性的规范化约束。

从全国食药监总局和地方各食药监局的官方主页来看，“征求意见”一栏事实上并不仅仅围绕标准制定过程征求公众意见，而是涵盖了涉及食品安全治理的各个方面。[①] 这对于鼓励公众更为全面、广泛地参与制度规划，具有积极的意义。但与此同时，我国当前却并无正式的法律文件或政府规定对这些意见征集过程予以必要的规范。譬如，政府需要公开哪些资料（从尽可能高效广泛地获取公众意见的角度，是否仅需公开所需征求意见的稿件全文）、具体以什么渠道征集、最短/最长征集意见时限是否科学等，当前皆无公开的正式文件予以规范或指导。而在此处本书尤为强调“公开”二字，因为对于意见征集过程的规范，其意义并不仅仅在于令政府自身了解相关工作的具体内容和展开方式，而更为重要的是，令作为相对参与方的社会公众，通过这些正式文件了解其所具有的权限、同时对政府相应行为予以监督，从而提升公众参与激励和

① 例如，湖北省2016年5月关于该地区试行的食品安全问责办法征求公众意见；四川省2016年7月就该地区食品药品违法行为举报办法公开征求意见；而国家食药监总局亦就《食品安全法》和《食品安全法实施条例》广泛征求各界意见。

制度信任,因此,即使政府内部存在关于意见征集工作的具体规范要求,从制度信任与激励的角度考量,也是远远不够的。

此外,尤其遗憾的是,对于公开的意见征集,我国目前尚缺乏结果反馈方面的硬性要求,与之相对应,当前实践中我国自中央至地方政府尽管在草拟正式法律文件的过程中已经开始普遍征求公众意见,但意见征集后社会公众能收到来自政府关于意见内容方面的全面公开。具体到食品安全领域中,从食药监总局到地方食药监局,"意见征集"之后便再无回音的现象亦比比皆是。对此,笔者随机选取了四川、广东、湖北、上海、北京五省、市的食药监局和全国食药监总局的官方主页进行了探查,其中,四川、广东、上海三省、市地的食药监局和国家食药监总局并无公开的意见征询结果反馈;湖北、北京的食药监局尽管在意见征集页面中含有"查看结果"按钮,但前者页面点开后并无相关内容,后者点开后系统呈现"无法显示网页页面"的提示。① 因此,这一"程序空白"最大的弊端在于,公众无法确定地相信意见征集程序的"名副其实",无法确切了解其所提出的意见是否得到了应有的关注与考量。毕竟,从成本—收益的角度分析,政策参与之于一般社会公众而言并不是一个理性的抉择,因为人们需要就所参与的具体议题花费时间和精力细细研读、思考,进而提出建设性意见,然而最终成型的政策

---

① 关于以上五省、市和国家食药监总局"意见征集"一栏具体情况,详见四川省食品药品监督管理局官网,http://www.scfda.gov.cn/CL3366/;广东省食品药品监督管理局官网,http://www.gdda.gov.cn/publicfiles//business/htmlfiles/jsjzz/s8813/index.htm;湖北省食品药品监督管理局官网,http://www.hubfda.gov.cn/survey/list.jsp? cat_id=9d215c87-49c9-40bc-87e2-e12550baa95b;上海市食品药品监督管理局官网,http://www.shfda.gov.cn/yaojian/Lawlist.aspx;北京市食品药品监督管理局官网,http://www.bjda.gov.cn/bjfda/gzhd/myzj/index.html,2016年9月17日访问。

法规所带来的收益却是由全社会共享。因此,站在一般社会公众的角度,其愿意参与这类意见征询活动更多的是出自一种社会荣誉感或者说心理满足,这就要求意见征集程序本身的“名副其实”必须具有充分的可置信性,使不特定公众相信其花费时间精力、兢兢业业提出的意见将得到应有的尊重。因此,若整个意见征询过程只是公布文件内容和截至时限然后便杳无音信,制度性信任将无法形成,人们的参与激励也将由此被严重抑制,进而更是加重了社会公众对政府的信任缺失。

第三,缺乏严厉的责任追究机制。

在法律明确赋予公众制度参与权利的背景下,对于在实践过程中未能兑现该承诺的政府机构,原本应当给予严厉且具有可施行性的惩罚。因为毕竟政府与一般社会公众资源地位的悬殊令前者能得便利地架空公众的政策参与权利,①实际的标准制定过程仍是政府的“一言堂”,这就需要法律文件提供足够严厉的惩罚威慑,然而我国当下相关法律规定对于这一方面并无刚性的追责制度。

当博弈参与的承诺方具有绝对的信息优势之时,法律追责机制就成为不可或缺的承诺可置信性的制度保障,否则,信息劣势的一方将因预见到政策的不可置信而采取不遵从策略。这一点在食品安全领域标准制定过程的公众参与方面展现得尤为明晰:尽管正式法律文件已经明确赋予公众政策参与权利,并明言鼓励公众积极参与其中,但权利的赋予并不意味着权利的自动实现,政府对于信息反馈工作的普遍忽视无异于释放政府轻视和忽略公众意见

① 例如,无正当理由忽视公众意见,“意见征集”过程徒有其名,并未真正得到政府的充分关注等。

的强烈信号,更为重要的是,由于政府利益与公共利益并非完全一致,因此,就更需要对于政府忽视公众政策参与权利的种种潜在违诺激励,设置有效的法律追责机制。否则,站在一般社会公众的角度,基于制度信任的严重缺乏,自然亦不会花费精力主动地参与到政策制定的过程中来。而“纸面”上的标准制定公众参与激励,亦无法真正缓解消费者的信任危机。

(四)抽样检验

在食品安全监督执法中,抽样检验是监管部门获取质量信息、发现食品问题的一个重要的具体监督策略。无论日常监督检查还是基于特定执法的专项整治、应急处置等活动的有效开展皆需依赖于对食品(包括食品添加剂、保健食品)的抽样检验。抽样检验能够为政府执法监督行为的进一步展开提供数据支撑并指明方向。从社会公众的视角来看,即便社会公众并不完全信任政府的执法监督能力,但是,政府执法机关的抽样检验结果和数据在某种程度上作为唯一的“官方”数据,在很大程度上将影响人们的行为抉择,特别是负面的抽检数据往往能够迅速启动公众的抵制购买(甚至针对整个相关行业的抵制购买)行动。鉴于此,本节的分析将沿着如下逻辑脉络层层展开关于“抽检”对稳定食品安全信任的实效分析:“抽检”的具体制度安排——“抽检”的现实绩效考察——“抽检”对消费者行为预期的影响。

1. 具体制度安排

国家食药总局制定的《食品安全抽样检验管理办法》中详细规定了“抽样检验”。2015 年修订的《食品安全法》对“抽样检验”规定的更加科学、合理、明确和具有可操作性。

第一,废除“免检”制度。监管机构设立“免检”制度的初衷在于提高监管效率,减少重复检查。但是,随着食品安全事故频发,而"免检"制度存在很大弊端,由此废除该制度成为食品安全监管的趋势,并在新修订后的《食品安全法》中明确规定"不得免检",废除免检制度在一定程度上有利于强化消费者制度信任。

第二,强制性公布检验结果。2015 年修订的《食品安全法》新增了要求政府"公布检验结果"的规定,《食品安全抽样检验管理办法》和《关于做好食品安全抽检及信息发布工作的意见》也对公布检验结果有着更为细致的规定。因此,"公布检验结果"也就成为法律、法规规定的强制性要求,监管部门必须及时履行法定职责。

同时,食品安全监管还通过关于抽检费用、复检等相关制度设计,以期保障抽检结果的客观公正性,强化消费者的制度信任。然而,各地政府连年合格率极高的抽检结果,并未能有效强化消费者的制度信任。否则,当出现突发性食品安全事故时,消费者不应当呈现出普遍的"连坐"式的"有罪推定",而我国目前的抽检制度能否弥补消费者的信任裂痕?

2. "抽检"工作的实证考察——基于对 Y 市的实证分析

为了更为透彻地探究抽检制度的现实成效及其对消费者信任的影响机理,笔者统计分析了 Y 市政府对该市 2015 年与 2016 年所有食品抽检数据的统计分析结果。① 本章节围绕 Y 市进行实证探究,希望通过对 Y 市抽检工作具体展开策略及其成效的实证分析,为抽检制度的完善提供一定的分析建议。

(1)"抽检"绩效的实证考察

具体到 Y 市相关抽检数据来看,2015 年全年与 2016 年全年抽

① 在此需要首先澄清的是,本书的实证资料尽管仅围绕 Y 市,但并不意味着文章认为该市的政府抽检工作即能代表全国自中央至各个地方政府抽检工作的全部内容,事实上,由于我国各地区经济发展、政府资源、饮食习惯等差异,不同地域的具体抽检工作展开方式势必有所区别。

检监测总体情况如表 1－1 所示。①

表 1－1　Y 市食品安全抽检合格率总体情况

产品类别	2016 年全年		2015 年全年	
	监测批次	合格率(%)	监测批次	合格率(%)
粮食及其制品	2371	91.02	3243	95.00
食用油、油脂及其制品	726	97.66	1906	98.74
肉及其制品	3222	98.23	4215	97.84
蛋及其制品	242	96.69	258	99.61
蔬菜及其制品	3293 (1069)②	86.58 (65.90)	3719	98.95
水果及其制品	1136	97.01	2106	99.34
水产及其制品	1436	97.42	1171	97.35
饮　料	457	93.00	626	99.20
调味品	1688	99.17	3152	98.64
酒　类	1172	96.59	1528	94.90
焙烤食品	935	97.33	1605	98.13
薯类和膨化食品	325	100.00	329	99.09
糖果及可可制品	304	100.00	463	99.78

① 在此需要说明的是，由于此处笔者的主要目的在于对不同时段的抽检数据进行对比，因此，表 1－1 的产品类别细目仅列出了两个年度均被抽检到的食品品类，对于仅其中一个年度进行了抽检，而另一年度未进行抽检的产品情况则并未列出（如除表格中所呈现的抽检产品类别之外，2016 年 Y 市政府还抽检了“水发食品”“方便食品”等）。

② 为了更为细致地考察政府抽检工作绩效，本书亦对 2016 年上半年的抽检数据与该年度全年的数据进行了比对，括号中的数据即是上半年具体产品的抽检批次或合格率（下同），在此，为了尽可能简洁并突出重点，本书仅呈现了两个时段合格率差距 10% 以上的抽检项目以及 2016 年上半年总抽检批次和合格率的数据。

续表

产品类别	2016 年全年		2015 年全年	
	监测批次	合格率(%)	监测批次	合格率(%)
炒货食品及坚果制品	176	98.30	253	97.23
豆类及其制品	525	97.52	1143	98.86
蜂产品	257	92.61	310	92.26
乳及其制品	1846	99.95	2412	95.40
餐饮具及餐饮加工食品	5401(227)	85.00(62.10)	614	83.71
保健食品	1032	97.00	1001	99.90
其他食品	179	99.44	962	99.38
茶叶及其制品、咖啡	305	99.34	791	99.49
冷冻饮品	273	98.90	370	99.73
罐　头	54	100.00	156	99.36
特殊膳食食品	140	96.43	15	100.00
食品添加剂	72	97.13	218	98.62
合　计	28,512(10,837)	93.14(88.90)	32,612	97.57

从以上数据的对比中,笔者不禁产生如下疑问:

第一,从整体合格率来看,2016 年较之 2015 年略有所下降,不过仍保持在 90% 以上,但是,2016 年上半年的合格率却仅为 88.9%,与 2015 年相差近 9%。值得思考的是,为何在我国刚出台“最严食品安全法”的 2016 年上半年,整体食品合格率却较之上年度出现了短暂的下滑。

第二,对比两个年度的产品抽查细目,绝大多数食品的合格率皆保持在 95% 以上,不过其中“蔬菜及其制品”的合格率

(86.58%)较之上年度(98.95%)出现大幅下滑,2016年上半年"蔬菜及其制品"的合格率甚至跌至65.9%;此外,"餐饮具及餐饮加工食品"相较于其他项目而言,在两个年度的合格率都较低,甚至2016年上半年该项目的合格率仅62.1%。

对此,笔者不禁更为疑惑:如若将2016年上半年整体合格率和以上两项抽检项目合格率较大幅度的下降,归结为该阶段治理策略出现了失误,那么,抽检合格率的显著下降即应覆盖或至少大范围覆盖所有食品品类,何以仅"蔬菜及其制品"和"餐饮具及餐饮加工食品"受到波及?但若并非出于食品治理策略出现偏误,以食品业者违法激励上升,又是什么原因能得令"蔬菜及其制品"和"餐饮具及餐饮加工食品"的生产业者敢于在2016年上半年如此大范围地铤而走险(抽检样品中近四成出现不合格情况)?进一步地,如若以上问题确实与治理策略相关,那么,2016年下半年政府又是对治理举措进行了怎样的调整,从而令食品安全情况呈现好转?

笔者进一步总结分析了两个年度内"蔬菜及其制品"和"餐饮具及餐饮加工食品"大幅下滑的具体产生原因,以便能够从中发现抽检制度存在的不足之处。

如图1-1和图1-2所示,本书根据不同原因所引发的食品不合格数目占该时段所有不合格食品数目的比重高低,着重展示了两个时段造成食品不合格的前三项原因。从图中能够明显看出,滥用食品添加剂、微生物污染和品质指标[①]不合格是两个时段共

---

① 所谓"品质指标"不合格,主要指食品的掺假售假和产品质量问题,譬如肉类及其制品的品质指标主要包括动物源性成分、水分和酸价,其中动物源性成分不合格最典型者即如以相对廉价的鸡鸭肉冒充牛羊肉出售,而水分超标则大多为人们所熟知的"注水肉"造成,酸价产品则更多可能出现于食品制品中,由于加工贮存不当或使用酸败的油进行加工造成了酸价过高。

同排列前三位的食品不合格因素。在食品安全治理这一势必需要长期持续进行、逐步推进的领域中，相邻时段引发食品不合格的主要原因的趋同自然是合于逻辑的，但是，进一步细究即会发现其中仍存在不合常理之处，2015 年滥用食品添加剂和微生物污染所分别引致的食品不合格数量与其他所有因素一起构成了该年度食品不合格原因的“三分天下”之势，但到了 2016 年，尽管品质指标不合格情况较上一年度变化不大，但微生物污染和滥用食品添加剂造成的不合格问题与上年度相比出现了明显的变化：前者引发的食品安全问题呈现显著下降的趋势，而后者引发的食品安全问题则从 2015 年的三成左右跃升至 2016 年的六成以上。

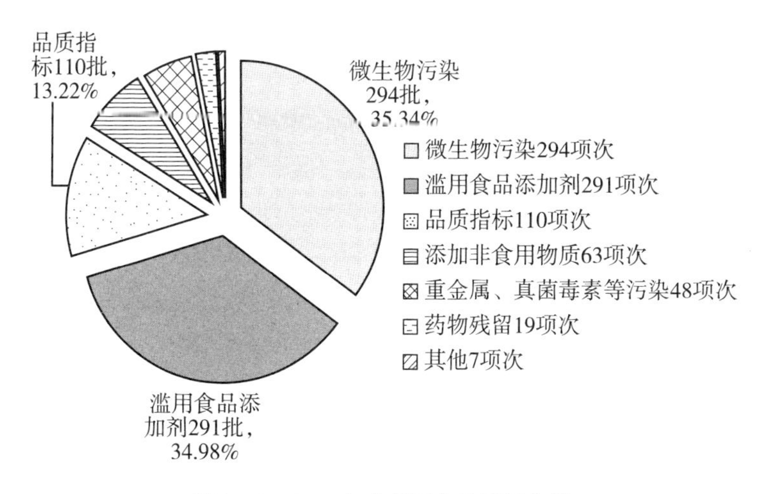

图 1－1　2015 年食品不合格原因分类

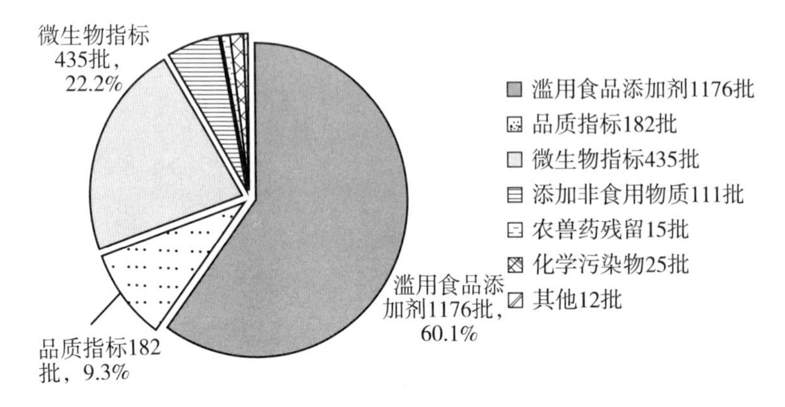

图1-2　2016年食品不合格原因分类

按照正常的逻辑，面对一个需要长期持续治理的领域，当相关工作得到了治理者的足够关注，整个治理工作的成效尽管并不必然总是呈现稳步的上升趋势，但至少相邻各个时段不应出现毫无章法的剧烈上升或下降。具体到食品安全领域中，近年来我国政府对于该领域治理工作的高度关注和不断改善的努力的确是有目共睹的，在这样的背景下，即便短期内执法绩效未能显现出持续的大幅提升，但至少应当很难出现严重的滑坡（表现在2016年食品抽检工作中，即是“蔬菜及其制品”和“餐饮具及餐饮加工食品”的抽检合格率出现大幅下降以及滥用食品添加剂问题的愈为严峻）。因而即便2016年上半年Y市政府治理策略出现了重大偏误造成了以上问题，但这依旧无法解释譬如为何微生物污染情况较之上年度得到了显著改善以及两个年度总合格率相差不大且皆维持在较高水平等类似矛盾，或者是鉴于2015年微生物污染因素是造成食品不合格最为首要原因，因此，在2016年的监督检查工作中为杜绝微生物污染，政府专门投入了更多精力，以致对滥用食品添加剂问题的关注力度显著减弱，从而引发了食品业者的策略性应对？

由此所引发的理论关注在于在政府执法资源有限的前提下,政府对某方面问题的重点整顿有可能引发治理对象投机性的策略应对。

(2)"抽检"制度绩效不足的症结分析

根据两个时段抽检合格率和不合格原因相关数据统计分析,我们可以发现上述不合理的大幅下降和上升情形,根本原因在于抽样检验工作的覆盖面严重不足:

第一,抽检工作覆盖面不全削弱了数据结果的代表性。

这一结论亦得到了 Y 市食药局抽检工作负责人的认可,也即由于抽检工作未能大范围覆盖整个食品行业,极大限度地削弱了抽检结果对于具体地区整体食品安全情况的解释力。具体而言,是由于政府执法资源有限和执法负荷繁重,由此,Y 市该抽检工作负责人指出,实践中我国政府的监督抽检工作往往划分为两类:一种是日常"问题导向式"抽检。也即在日常抽检工作中,政府会以既往监督经验、公众投诉、上级政府指导意见等为指引确定抽检工作的"重点"领域,以此展开侧重性显著的抽检工作,此类抽检工作是辅助政府发现食品安全问题的关键举措。另一种是评价性"抽检。"由于社会公众总是希望能够得到'官方'的食品安全评价"(语出自 Y 市食品抽检工作负责人——笔者注),但"问题导向式"抽检由于"靶向性"太强显然难以表现整体的食品安全情况,因此,政府每年在问题导向性抽检之外,亦会在整个地区范围内进行一定批次的随机食品抽检,以此便于给出该年度食品安全整体情况以及治理绩效的总结与"评价"。

由于日常"问题导向式"抽检本就致力于"发现问题",因此,其合格率并不能帮助我们评估相关行业食品安全情况,这是以上数据中不同时段产品合格率呈现出任意性波动的核心原因;而"评价性”抽检工作由于样本选取量过少，以2016年为例，Y市该年度仅进行了3320项产品批次的“评价性”抽检，其结果显然亦无法代表当地整体食品安全情况。

第二，抽检覆盖面不足很大程度削弱了政府监管的威慑力，这也是违法行为未能得到持续性抑制、不同时段抽检数据呈现出“随机式”波动的深层成因。

具体来说，尽管制度的威慑力取决于惩罚概率与惩罚严厉程度两项核心变量，但严厉的惩罚未必总能弥补惩罚概率不足所造成的效率损失，人们的侥幸心理必须以一定的惩罚概率为基础方能有效抑制。因此，当食品抽检工作的覆盖面严重不足时，食品业者也就拥有了更为便利和高涨的策略性应对机会与激励，也即由于监管漏洞较多，面对可观的违法收益，“上有政策，下有对策”相较于提升质量投入成本以正面应对政府监督而言就显得更为可行，因此，反映在最终数据上则自然是不同时段毫无逻辑可循的剧烈波动。

综上所述，我们认为，监管覆盖面的不足以及由此引发的食品业者策略性应对，最大的问题在于使得政府无法自证自身在食品安全监管工作中所投入的努力。社会公众原本就无法从监管部门日常详细的每个监管“过程”中了解政府的投入和努力，会对政府常常合格率极高的抽检工作持怀疑态度。如果抽检合格率能持续维持在较高水平则罢，一旦抽检合格率出现显著下滑，社会公众就会自然怀疑政府的食品安全治理能力和努力，从而加剧我国食品安全治理的信任危机。

3.“抽检”制度在推进食品安全制度信任中的实效分析

政府监管工作包含着两个重要变量：监管覆盖面与监管技术水平。而我国抽检相关制度安排中，相较于技术水平方面的规定，关于提升抽检覆盖面的要求却并未受到足够的重视,例如,《食品安全抽样检验管理办法》(国家食品药品监督管理总局令第11号)明确提出抽样检验工作应当以“问题为导向”,显然,在政府看来,技术水平方面的提升与“靶向性”抽检能够较好地实现抽检制度的可置信威慑。事实上,尽管《食品安全抽样检验管理办法》才第一次明确提出“问题为导向”的抽检工作要求,但在此之前,这一工作原则已被各地方政府广泛地采用。[①] 类似地,在笔者对Y市食品抽检工作负责人员进行采访时,其一方面承认了由于有限的执法资源与我国尤其丰富的食品品类,再加之十人以下食品生产小作坊占据我国登记注册的食品经营者的八成以上,更不提消耗了大量执法资源的无证“三小”[②]问题,使抽检工作的覆盖面不足问题难以得到实质解决;但另一方面,该负责人亦肯定了政府从抽检技术水平提升方面缓解覆盖面不足所取得的成绩,并指出,尽管评价性抽检数据并不具有统计学上的显著性,但每年各地评价性抽检结果的普遍较高,应当说一定程度反映出政府的各治理举措总体而言的确起到了较好的市场威慑作用,我国食品安全情况整体向好。

显然,在政府看来,监管技术水平的提升(在实践中除表现为上文所提及的“以问题为导向”展开抽检外,亦体现在专业检验技

---

① 参见佚名:《新余市坚持问题导向提高食品抽检“五率”》,载南昌市食品药品监督管理局官网,http://www.ncfda.gov.cn/News.shtml?p5=7594734,2016年10月26日访问;佚名:《浙江推进食品安全信息公开　抽检强化“问题导向”》,载浙江在线网,http://mpnews.zjol.com.cn/system/2015/01/31/020491742.shtml,2016年10月26日访问;佚名:《东营市食品药品监管局坚持问题导向切实加强风险防控工作》,载四川德阳市食品药品监督局官网,http://www.dyfda.gov.cn/CL0024/5949.html,2016年10月26日访问。

② 也即“小餐饮”“小摊贩”“小作坊”。

术层面的提高)能够很大程度上弥补抽检覆盖面不足所可能造成的制度威慑下降问题进而提升公众的制度信任与激励公众的制度参与。理论上而言似乎的确如此:若社会公众预见到尽管因监管覆盖面不足不能使每一个食品业者都“确定性”地受到监督,但不端食品业者有“相当可能性”被查处(出于“问题导向性”的提升),并且其一旦被抽检则侥幸逃脱惩罚的概率正不断下降(出于检验工作专业性的完善)。从这一层面来看,监督覆盖面不足所造成的效率损失的确是能够被弥补并为公众所宽容的。那么,具体到我国现实情境下这一策略进路是否能够如此所述顺遂地展开呢?我们对此有所质疑,理由如下:

其一,在监督覆盖面得到提升前,政府监管技术水平的单独提高之于稳定公众食品安全信任意义不大。即便假定公众相信只要被抽检则政府必定能够抓住不端食品业者,但鉴于未被政府抽检覆盖到的更多食品业者被消费者普遍定义为“漏网之鱼”,整个食品安全情势在公众认知中依旧是令人忧虑的。

为了更为形象地解释这一情形,我们不妨假定政府抽检工作的覆盖面不足而技术水平足够高,一旦被抽检到即绝对不会令不端食品业者侥幸逃脱,此时考量消费者的行为预期我们会发现:首先,当抽检结果公布后,消费者会相信政府所公布的被抽检到的具体食品的确如抽检结果所言是安全/不安全的,而对于未被抽检到的食品,消费者会猜想其既可能是安全的亦可能是不安全的。其次,鉴于我国消费者—食品业者的信任断裂,也即在消费者看来我国食品业者普遍唯利是图,在这一背景下,面对政府抽检数据中未被提及的食品业者,消费者自然会更倾向于认为其更大可能是不安全食品的制售者,并且只要政府抽检工作未能对特定食品业者予以持续的追踪,那么,即便曾被检验为合格的食品也并不意味着在公众心目中将被永远定义为安全食品,特别是在这一公众信任危机尤为严重的语境下,人们对于被曾经检验为“安全”的食品的“认知保质期”亦会相应缩短。最后,当抽检覆盖面尤其低时,未呈现于政府抽检数据中的食品业者自然将占绝大多数,此时则意味着消费者的信任危机将遍布于大半食品业者,消费者—食品业者信任断裂的情况被进一步“巩固”。

其二,当抽检覆盖面不足且市场中确实存在较多不端食品业者时,太过强调技术水平的提升反而会诱使更多食品业者倾向于制售非安全食品。

因为技术水平的提升必然意味着被抽检到的食品业者“侥幸过关”的可能性降低,因此,抽检合格率将随之存在一定程度的下降,而这自然反过来加深了消费者对于整个市场食品安全情况的担忧,尤其是针对未被政府抽检到的食品,消费者对其安全情况的质疑将更为严重,而低覆盖面的抽检工作显然难以及时为制售安全食品的业者“正名”。因此,面对不端行为的诱人收益与低惩处概率以及消费者信任危机使得诚实的食品业者难以凸显自身质量以获得较多盈利机会,此时,降低质量投资之于食品业者而言便成为可行的策略。而这一策略反过来无异于在现实层面印证了消费者原本对市场中食品质量普遍较差的负面猜想,如此,整个市场将更加陷入两败俱伤的低质量—低信任互动格局。

除此之外,“抽检”覆盖面的不足亦是推助我国“媒体先行—政府跟进”式食品问题发现模式盛行的重要原因,并且由于媒体的食品监督覆盖面更为不全,这一问题发现模式进一步加深了公众的信任危机。

自震惊全国的“三聚氰胺”事件爆发以来,回顾历次重大食品安全事件的爆发起源可以看出,几乎皆是由媒体首先对问题产品予以前期报道、继而政府方介入调查的问题的发现—调查—解决流程。[①] 近年来,尽管“三聚氰胺”一类涉及面广、手段尤为恶劣的食品事故较少发生,且政府通过抽检信息公开、加大惩罚力度等手段亦不断有意识地彰显其在食品治理中的努力,由此一定程度淡化了媒体在食品问题发现的突出作用,但无可否认的是,政府监督工作覆盖面不足是造成其应对食品事故总是较之媒体“慢半拍”的重要原因。因此,只要政府监管覆盖面不足的问题未曾得到解决,那么,重大食品安全事故隐患就仍然存在,且其最终由媒体首先发现—政府随后跟进的曝光程式就仍然有可能重复上演。

“媒体先行—政府跟进”式的食品问题发现程式最大的问题在于:媒体出于资源有限和对“眼球效应”的追逐,其对于食品安全的监督覆盖面更不完全。具言之,关注“热点问题”的新闻媒体一方面并不可能仅围绕于食品安全进行关注和调查,其目光是应时势而变动的;另一方面则出于媒体对新闻即时性和报道主题吸引力的追求使然,注定了当新闻媒体发现某一企业具有食品问题时,必定将第一时间进行曝光而非更进一步的针对该企业甚至整个相关

---

① 例如,2008 年三鹿集团“三聚氰胺”事件,赵生祥:《“三鹿”奶粉惊爆三聚氰胺事件》,载新华网,http://www. zj. xinhuanet. com/df/2008 - 09/16/content_14405911. htm,2016 年 10 月 31 日访问;2011 年双汇“瘦肉精”事件,李悦:《双汇“瘦肉精”事件始末》,载新浪网,http://qcyn. sina. com. cn/news/shwx/2011/0811/14384248245. html,2016 年 10 月 31 日访问;2012 年酒鬼酒“塑化剂”事件,李耳:《酒鬼酒致命塑化剂 毒性超三聚氰胺 20 倍》,载搜狐网,http://business. sohu. com/20121119/n357996650. shtml,2016 年 10 月 31 日访问;乃至 2014 年福喜过期肉事件,佚名:《麦当劳肯德基原料供应商被曝使用过期劣质肉》,载新浪网,http://sh. sina. com. cn/news/b/2014 - 07 - 20/2008102733. html,2016 年 10 月 31 日访问。皆是由媒体通过收到内部人员举报、记者卧底调查等方式发现可疑食品,继而予以曝光、引发民众警惕,而政府继续顺着媒体曝光所提供的重要线索进行针对性的调查的方式,从而清查、整改相应企业甚至行业。

行业进行深入的调查。而媒体调查覆盖面严重不全的特性社会公众显然亦是清楚的，由此自然与政府监督覆盖面不全造成的负面影响一样，进一步强化了消费者的信任危机，并且由于新闻媒体的监督覆盖面不完全的程度显然较之政府更甚。因此，食品事件、特别是重大食品事件中的“媒体先行—政府跟进”模式在公众看来才更加暴露出政府监督的低效甚至动力不足（否则为何作为“外行”且并非全部精力投入食品安全问题监管的新闻媒体，往往能够较之政府更先发现问题），而以此为背景，在单个企业爆发食品问题后，出于对媒体和政府同样存在的监督覆盖面不足问题以及对政府治理能力和动力的怀疑，理性的消费者自然会进一步将原本应当仅仅针对单个企业的不信任延展至整个行业层面的信任危机，消费者—食品业者信任断裂局面再度加深。

按照社会共治理想的制度安排，新闻媒体作为“共同治理”体系的重要一环，其迅捷的问题报道能够第一时间引发社会的大范围关注和政府监督有的放矢地展开，无异于食品安全治理中重要的效率补充机制。然而，当消费者发现其心目中作为食品安全治理“主角”的政府存在严重的监管漏洞时，媒体的“太过高效”自然会削弱公众—政府的信任纽带，在这一背景下，由于媒体监督相较于政府监督的覆盖面更为狭窄，面对庞大数量的未被政府尤其是媒体检查的食品业者，消费者自然难以相信其均为安全食品的提供者。从这一层面上而言，政府监管覆盖面扩大而非监管技术的提升才是解决当下消费者严重信任危机的关键（当然，亦是破解食品事故总是“媒体先行”的关键）。

（五）运动式执法

1.“运动式执法”理论相关文献综述

与一般性执法或制度性执法相对应，运动式执法在社会公共治理中时常出现，又称之为“运动式治理”。关于“运动式执法”的概念和内涵，许多学者都对此进行了阐释。罗许生认为：“行政执法是行政权力的表达形态。所谓行政执法是指行政机关及其行政执法人员为了实现国家行政管理的目的，依照法定职权和法定程序，执行法律、法规和规章，直接对特定的行政相对人和特定的行政事务采取措施并影响其权利义务的行为。由于受‘运动治国’思维模式的影响，人们习惯于将‘运动’思维运用于法治活动中。在治理活动中则通常以集中检查、专项整顿、专项执法等形式出现。治理机关通过集中优势人力、物力、财力，对各种违法行为形成‘拳头’攻势，进行集中治理的行为。”①周雪光认为，“运动式执法”在中国社会发展史上是一个突出的、时隐时现的、明晰可见辨的政治现象，是从古至今我国国家治理逻辑的一个重要组成部分。作为一种特殊的治理方式，“运动式执法”具有突出的特点，即突然暂停原有的科层官僚体制，以全体动员、集中全部力量的方式来执行或者完成某项工作。② 朱晓燕、王怀章认为，“运动式执法”有着深远的历史渊源和现实合理性依据，已经成为行政执法部门的通行执法方式，已经成为行政执法的常态存在。除此之外，“运动式执行”在各种执法活动中的内涵也有所区别：在刑事执法活动中，以严打最为典型；而在行政执法活动中，则常以专项整治的形式出现。行政执法领域中的运动式执法，是指政府的市场监督管理部门在一定时间内集中力量对市场上的某种经济违法行为“从重、从严、从快”地进行治理的执法方式。这是我国现阶段打击违法经营行为、

① 罗许生：《从运动式执法到制度性执法》，载《重庆社会科学》2005年第7期。

② 周雪光：《运动型治理机制：中国国家治理的制度逻辑再思考》，载《开放时代》2012年第9期。

维护市场经济秩序的手段之一，是行政执法部门常用的市场监管方式。①

关于“运动式执法”的产生原因，吴元元认为，“在我国当前公共安全风险治理实践中，运动式执法是政府的惯常选择。作为一种特殊的执法方式，运动式执法本是行政科层制在原有的规则治理机制失灵时，为应对未曾预期的突发事件而采取的权宜性举措，是科层执法的例外；但在我国当下的社会转型期其却被异化为一种常规执法形态，成为一种制度化的执法实践，并已经普遍化为社会公众、执法主体、上级部门等各方习以为常的‘共有知识’。”②周雪光认为，“运动式执法”治理行为的启动一般表现为因为某个特殊事件或者特殊时期而引发的自上而下的行政指令，有时候甚至源于某个领导的主观意志。但是，“运动式执法”不是任意发生的，“而是建立在特有的、稳定的组织基础和象征性资源之上。我们把这一类现象背后的制度称为‘运动型治理机制’”。“运动型治理逻辑的产生和延续反映了中国国家治理面临的深刻挑战和困难，反映了特定制度环境中国家治理的制度逻辑。面对国家的治理规模和多样性，官僚体制基础上的常规型治理机制难以胜任。因此，运动型治理机制在中国历史上反复出现，不是偶然的或个人意志所为，而是有着一整套制度设施和环境，是国家治理制度逻辑的重要组成部分”。③ 同时，周雪光将运动式治理作为权威体制与有效治

① 参见朱晓燕、王怀章：《对运动式行政执法的反思——从劣质奶粉事件说起》，载《青海社会科学》2005年第1期。

② 吴元元：《双重博弈结构中的激励效应与运动式执法——以法律经济学为解释视角》，载《法商研究》2015年第1期。

③ 周雪光：《运动型治理机制：中国国家治理的制度逻辑再思考》，载《开放时代》2012年第9期。

理之间基本的应对机制之一,分析并总结了其四大特点。郑春燕认为,行政与政策密切交织是运动式执法的产生原因,政策考量的偏颇与行政裁量存在怠惰行为,是运动式执法存在的突出问题。行政执法活动是履行法律规范赋予的行政职权。界定行政职权的法律规定和法律概念是抽象的、不确定的,并不是固定的、一成不变的,其总是随着特定时期具体行政任务的变化而变化。行政机关对规范层面的行政职权的理解,除了追溯立法者的原意、恰当地运用法律解释方法外,还须将法律概念置于执法者所在的独特规制环境和规制结构中,以动态的视角和功能主义的方法解读法律规范。①

在"运动式执法"的功能方面,叶敏认为,运动式执法是地方政府及其执法部门广泛使用的治理方式,通过高位推动的全体性动员,有助于克服政府内部碎片化,形成一种基层治理和行政执法的暂时性合力。面对复杂的城市基层治理形势,运动式执法这种治理方式可以视为城市基层执法走向现代化的一种过渡方式,其合理性在于能够在具体公共事件的处理过程中通过高位推动的整体性、集体性、动员性来实现高效率的合力治理。但是,其功能限度则在于这种执法合力不仅是暂时性的、高成本的,还缺乏可持续性。② 郁建兴、向淼认为运动式治理作为富有中国特色的治理机制,常被认为是我国调适性治理能力的重要内容。未来的运动式治理既有向法治"转型"的面向,又有与常规治理相互"调适"适用范围和具体形态的面向,运动式治理与常规治理可以在符合效率

---

① 参见郑春燕:《行政裁量中的政策考量——以"运动式"执法为例》,载《法商研究》2008年第2期。

② 参见叶敏:《从运动式治理方式到合力式治理方式:城市基层行政执法体制变革与机制创新》,载《行政论坛》2017年第5期。

和法治标准基础上共存。运动式治理的法治化视角强调运动式治理与法治的兼容以及效率与正当性的平衡，因此，应当以法治作为运动式治理转型或调适的实质标准，这对于理解运动式治理的前景以及中国国家与地方治理的秩序转型具有启示意义。① 程琥认为，“运动式执法”应当纳入司法规制，运动式执法的司法规制是我们国家治理现代化与法治化必须直面解决的重要课题。为有效规范政府与市场、社会的良性互动关系，需要通过行政诉讼制度的合法性审查，防止行政权越权和滥用，促进政府与市场、社会的理性归位，推进法治国家、法治政府、法治社会的建设。②

2. 运动式执法在食品安全治理中的运用

“运动式执法”极为精练地概括了我国食品安全政府执法偏好。“运动式执法”一般有如下的逻辑轮回：发生重大社会影响的恶性集体事件，如食品安全或环境污染——相关领导作出重要指示——政府有关部门召开紧急会议，出台“从重、从快、从严”打击违法行为的专项整治文件，部署专项整治行动——执法部门雷厉风行地在全行业或全地区开展声势浩大的执法行动——加大执法力度、扩大执法层面、严格执法——统计执法成果，总结经验。这种运动式执法在政府食品安全治理过程中最为明显，甚至在政府策略选择中常常替代一般执法成了应对食品安全治理的优先选择。最为典型的如针对特定节假日期间的食品安全风险警示和专项检查活动，已经成为我国自中央至地方食品治理机构的执法“惯习”，各级政府甚至会出台专门文件以强调对“重点时段”需展开特

① 参见向淼、郁建兴：《运动式治理的法治化——基于领导小组执法行为变迁的个案分析》，载《东南学术》2020 年第 2 期。

② 参见程琥：《运动式执法的司法规制与政府有效治理》，载《行政法学研究》2015 年第 1 期。

定执法。特别是我国最为重要的传统节日——春节，特定执法活动年年上演，食药监总局连年发布春节期间食品安全“风险防范提示”，更不提各地方政府在食品安全治理过程中对该特定时段的重点关注；①类似地，每次重大食品安全事故后，政府也会进行大规模的专项检查、紧急清查、甚至法律变更等活动。例如，2008 年“三聚氰胺”事件，全国不仅展开了全面清查含“三聚氰胺”乳制品的紧急行动，政府更是专门就乳品行业的食品安全保障发布了一系列相关文件，并且，该事件还一定程度推促了 2009 年对《食品安全法》的修订。类似地，2011 年双汇“瘦肉精”事件、2012 年酒鬼酒“塑化剂”事件、2014 年福喜“过期肉”等事件发生后，皆出现了政府紧急针对事件发生相关行业展开的全面清查、封存等行为。再如，2019 年 3 月 13 日成都市温江区七中实验学校食堂发生的食品卫生事件，国家相关部委随机在全国开展中小学食堂卫生执法检查工作，四川省和成都市也相继出台一系列文件，开展专项执法工作。在一定程度上，监督执法部门针对特定节假日期间的食品安全风险警示和专项检查活动，已经成为我国自中央至地方食品治理机构的执法的重要工作内容。

---

① 例如，国家食品药品监督管理总局 2016 年在其官网发布的《春节期间食品安全风险防范提示》，载国家食品药品监督管理总局官网，http://www.sda.gov.cn/WS01/CL0051/143104.html；2015 年在其官网发布的《春节期间食品生产经营风险防范提示》，载国家食品药品监督管理总局官网，http://www.sda.gov.cn/WS01/CL1680/113989.html，以及相应开展的《春节期间食品安全联合督查》，载国家食品药品监督管理总局官网，http://www.sda.gov.cn/WS01/CL0051/114260.html；再如，2016 年湖南省副省长就春节期间需着重保障食品安全作出了专门强调，载国家食品药品监督管理总局官网，http://www.sda.gov.cn/WS01/CL0005/144105.html，2015 年四川省食品药品监督管理局在其官网印发的《全省 2015 年春节食品药品安全专项检查工作方案》，载四川省食品药品监督管理局官网，http://www.scfda.gov.cn/CL2434/97240.html。

针对特殊事件、特殊时期展开特别的执法监督活动原本无可厚非,但关键在于,当目前的食品市场治理已经展示出政府面临执法资源和效率的严重不足时,再分割出不菲的资源以应对这诸多"特殊"事件或时段的治理工作,那么更大范围食品市场的常规化执法监督活动能否正常地运行?而这一主要针对特定时期的强大动员力与实施成效,又是否能够有助于稳定消费者的制度信任呢?

3. 运动式执法的诱导机制

第一,公共问题的多样性与决策问题界定中的政府偏好。"公共政策制定的第一步工作是明确界定政策问题。"①随着社会经济的发展,需要政府治理的社会问题越来越多,这些社会问题具有复杂性、异常性和相互依赖性的特点,使准确界定政策问题存在困难。同时,什么样的问题能够进入政府决策议程,政府又将通过什么程序、采取什么政策工具来解决这些问题,受到很多方面因素的制约,而这些因素也并没有统一的或者明示的标准来确定。当一些社会问题和矛盾越来越突出,甚至发生了具有区域性或者全国性影响的突发事件,政府面临来自公众越来越大的压力和质疑时,这些问题就容易进入政府议程,进行运动式执法。否则机会稍纵即逝,会错过解决问题的时机。

第二,执法资源不足。"从经验上看,执法资源的丰裕程度常常与执法的规则化紧密相关,前者越是充分,日常监管就越是到位,反之则日常监管越是缺位。"②"这种常识很容易让解释者产生先入为主的刻板印象,认为运动式执法是行政科层应对资源短缺

① 唐贤兴:《中国治理困境下政策工具的选择——对运动式执法的一种解释》,载《探索与争鸣》2009 年第 2 期。

② 唐贤兴:《中国治理困境下政策工具的选择——对运动式执法的一种解释》,载《探索与争鸣》2009 年第 2 期。

的一个必然选择。”①由于各区域、各行业发展不均衡，相应的执法机制和执法资源也存在不均衡和不足，有限的执法资源限制着政府多元执法策略的施展。一般来说，一般执法与运动式执法间的资源投入是一个此消彼长的关系。如果执法人员懈怠，监督执法不到位，一般执法不全面，那么，运动式执法必然是补充性选择。

第三，“监督执法部门有意选择‘运动’模式，以便对治理对象进行轻重缓急的排序，实现预设的政治、经济、社会发展目标”。②尤其在面临公共安全风险事件时，政府部门不得不主动选择运动式执法，以平息社会公众的质疑和信任怀疑。与此同时，每次运动式执法以后，执法部门会大张旗鼓地宣扬其执法绩效，通过数字、成果、表彰等彰显其治理能力和努力。

4. 运动式执法对提升食品治理绩效的实效分析

运动式执法最为显著的特征即是短期内因凝聚了大量执法资源以致制度威慑的迅捷提升，这种制度威慑的提升当然并非仅仅源于特定时期执法资源的全面汇集本身，更源于执法资源迅速汇集后所展示出的政府坚定的治理决心。换句话说，在运动式执法时期，政府的执法资源与行动力呈现前所未有的充足之态。因此我们能够非常明显地发现针对特殊时段的运动式执法时期，食品业者往往更多趋向于遵纪守法，这从新闻媒体以及政府公告中不约而同呈现出的重要节假日期间食品安全状况的良好即能窥其一二；而针对重大食品事故事后的运动式执法则亦体现出政府治理令人惊叹的效率性与严厉性，往往涉事食品业者的同行业其他违

① 吴元元：《双重博弈结构中的激励效应与运动式执法——以法律经济学为解释视角》，载《法商研究》2015 年第 1 期。

② 郑春燕：《行政裁量中的政策考量——以“运动式”执法为例》，载《法商研究》2008 年第 2 期。

法经营者皆会受到及时而全面的清查与惩处。具体而言,运动式执法对于食品治理绩效的提升有如下三点优势:

(1)针对性强。运动式执法往往具有极强的行业针对性,对于回应社会热点问题,特别是处理重大食品安全事件,应对公众舆论、处理负面舆情方面,具有极强的针对效果,可谓“对症下药”。例如,在三聚氰胺奶粉事件爆发之后,在乳制品行业展开的大清查,其执法成果一定程度上回应了社会公众对于政府治理作为的期待:三鹿乳业董事长以及党委书记田文华被判无期徒刑,副总经理王玉良15年有期徒刑,副总经理杭志奇被判处有期徒刑8年,总经理助理吴聚生被判有期徒刑5年,处理涉及官员30多位。

(2)组织性强。运动式执法往往通过按照“专案专办”的案件办理原则,以“专项行动办公室”的名义,在短时间内集结优势人力、物力,以有组织、有目的的形式在一定范围内开展执法活动。应对全国性的食品安全事件,这样高效率的人力、财力、物力的集结方式弥补了食品安全监督机关人、财、物方面的相对不充裕,为突发性的食品安全事件的有效应对提供了重要的保障。特别是在对全国性的影响恶劣的食品安全事件的应对方面,运动式执法的执法形式有其组织性强的优势,在现阶段仍存在适度开展的必要性。

(3)短期执法效果明显。运动式执法时期往往采用有专门人员、专门程序,以“快、准、狠”的集中整治、专项治理、严厉打击、清理整顿等高密度、严强度的执法方式,对特定执法对象形成高压态势,此时,面对更高的被查处率、更为严格的执法环境,在违法收益并未较平常明显提高的情况下,食品从业者们往往更倾向于选择守法的行为策略,因此,运动式执法的短期执法效果得到了保障,运动式执法期间的食品安全治理绩效得到了明显提高。

不过,基于以下几方面的考量,我们认为运动式执法是一种执法成本高、效率低的"奢侈品",只能满足一时之需,它并不能够有效规制食品业者的行为、继而稳定消费者制度信任并提升该领域治理绩效:

第一,运动式执法成本高、效率低。运动式执法因执法资源的高度汇集而造成制度威慑上升。但是,运动式执法自身存在执法成本高的缺陷,由于缺乏事先的科学研究和制度规划,盲目调动人力、物力、财力等执法资源,势必造成执法资源等的浪费,增加执法成本。同时,在运动式执法期间,由于社会公众的质疑压力和上级的行政压力,监督执法机关存在"宁枉勿纵、从快从严"等思想,很容易制造冤假错案(如责任认定不准确),增加错误成本。运动式执法由于存在执法成本高且错误成本突出,这种短期高强度的制度威慑并不能证成政府执法的高效率,从而令食品业者守法经营并提升公众制度信任值。

第二,运动式执法的短期威慑提升阻碍了市场主体"集体声誉"获得恢复的可能,从而进一步加深了消费者的信任危机。

在分析消费者的信任危机时,Tirole(1996)提出的"集体声誉"(collective reputation)理论框架常常是一个重要的分析视角,①该理论认为,由于信息不对称以及信息甄别能力差异,消费者面临的信息成本高昂,一般无法准确识别特定交易对象的声誉情况,而只能根据交易对象所处群体的整体声誉历史,来大致推测具体对象的声誉情况并相应作出策略选择。而反过来,如果社会公众已经形成了食品业者"集体声誉"普遍不高的心理前见,而又不能准确

① Jean Tirole, *A Theory of Collective Reputations*, The Review of Economic Studies 63(1),1996,pp.1-22.

识别不同食品业者的具体声誉时,一旦发生大范围的食品安全事故,社会公众自然对整个食品行业进行“有罪推定”。

因此,在一定程度上可以说,食品市场集体声誉和社会公众的信任是相辅相成的。提升食品市场的集体声誉能够缓解和消除消费者信任危机。对此,Tirole 提出“长期地”提升对违法行为的打击力度是恢复市场声誉的关键。而长期性的一般执法打击力度的提升之所以能够形成有效的规制作用,正在于其背后所折射出的持续性违法成本上升、迫使食品业者亦必须持续性地遏制潜在的违法激励。社会公众看到的即是政府执法力度提升和食品安全状况好转的积极过程,从而稳定了公众对于食品业者质量选择行为和政府执法能力的信任。

然而,反观运动式执法,一旦短期性的运动式执法行动结束,整个市场仍会回落到原来的“市场声誉下降——消费者信任危机——经营者更加缺乏声誉维护激励——市场声誉继续下降”的恶性循环中。因此,食品市场更多时段、持续性的执法威慑不足,继而自然会引发民众对于我国整个食品市场安全状况、对于政府执法能力乃至执法动力的质疑。

第三,“运动式执法”的“灵活性”无法给予公众稳定的制度信任。

运动式执法背后显示出的是政府内部的动员能力以及面对特定情形时应对策略的灵活性,但该灵活性特征是对法律稳定性的削解,运动式执法中常常出现的加快加重惩罚又经常引致冤案错案。作为一个稳定而刚性的约束机制,法律势必将限制政府解决问题的灵活性、成为政府权力行使的“牢笼”。虽然在此我们很难简单得出政府的灵活治理行为及其所可能导致的“各自为政、目标偏离”和刚性(并不完美)的法律规定下,政府依法办事可能形成的

“一管就死”和自主治理能力弱化以及在两者之间的权衡取舍。

但政府执法行为的过于灵活的确打破了法律原本给予公众的稳定预期,人们无法借助“纸面”的形式理性而对长期而言优良的制度规划中偶然的,甚或短期内持续的不利制度实施状况给予必要的宽容,而只能从眼下的、现实的市场治理情形中对于执法机构予以简单粗暴的优劣划定。因此,在这一背景下,一旦公众发现食品治理成效不彰,政府的能力将受到首先的质疑,并由此延伸至对食品业者道德情况的全面怀疑,如若这一过程中食品安全情况仍未得到大幅改善,很容易产生民众对政府的“信任危机”。

综上所述,我们认为,“运动式执法”不仅未能给予消费者稳定的食品安全预期,对食品业者而言,也的确无法产生可置信的制度威慑。

(六)食品安全知识宣传教育

在我国食品安全治理领域,由于食品安全宣传教育存在缺失、消费者信息不对称,长期存在我国消费者对于食品安全问题整体关注度高但普遍知识薄弱的反差现象。而且,人们的关注重点总是容易受媒体报道偏好的影响,容易被各种媒体舆论所影响和“消费”,而忽视日常生活中比较严重的常见的食品安全风险。例如,有学者实证研究发现,“消费者最为担心的食品隐患是‘地沟油’,但相较之下食物中的重金属超标、农药残留超标在我国当下而言才是更为普遍且风险难以把控、因而更需要重点监管的问题,但这些问题于消费者心目中的担忧程度甚至未能排至前三位”。[①] 这种普通大众对食品安全风险感知认识的偏差在一定程度上不但不利

---

① 旭日干、庞国芳主编:《中国食品安全现状、问题及对策战略研究》,科学出版社 2015 年版,第 528 页。

于改善公众的信任危机，反而在“人人都是自媒体”的网络传播环境下进一步恶化：一方面，由于普通大众因相关食品安全知识的缺乏或是认知偏误不能够凭借自身食品安全知识避免日常生活中的食品安全风险；另一方面，在信任危机的背景下，普通大众对食品安全风险感知认识的偏差也在一定程度加重了消费者对于整体食品安全情况和政府执法能力的低估。或许正是基于此，2015 年修订的《食品安全法》较之于 2009 年《食品安全法》，进一步强调了食品安全宣传教育工作的开展，希望能够由此提升消费者信息甄别能力，进而缓解食品领域信任危机。

1. 相关制度安排

我国《消费者权益保护法》中明确规定：“消费者享有获得有关消费和消费者权益保护方面的知识的权利。”①国务院食品安全委员会办公室在 2011 年出台了《食品安全宣传教育工作纲要（2011—2015 年）》（食安办〔2011〕17 号），对 2011 年至 2015 年食品安全宣传教育工作的展开方式和最终目标提出要求。在新《食品安全法》中明确规定各级人民政府和新闻媒体都是“应当”展开食品安全相关宣传教育工作的主体，同时新法鼓励社会组织、食品业者等私人主体共同参与相关宣传教育工作。与此同时，2015 年 7 月 16 日，国务院食品安全委员会办公室、国家食品药品监督管理总局、司法部、全国普及法律常识办公室联合印发了《国务院食品安全办等四部门关于加强食品安全法宣传普及工作的通知》，进一步强调了食品安全宣传教育工作的重要性。

2. 与消费者制度信任的逻辑关系

食品知识宣传教育能够提高政府食品安全治理效率，提升消

① 《消费者权益保护法》第 13 条。

费者的制度信任,这背后存在深刻的合理逻辑:

首先,食品知识宣传教育提升了消费者整体的食品安全知识水平和辨别能力,消费者的“集体理性”选择会大大地制约食品业者生产非安全食品的行为出现,进而在消费者—食品业者之间达成博弈平衡和安全信任的可能性被逐渐提升。具体而言,一方面由于食品市场自身存在专业技术知识壁垒和严重信息不对称,另一方面由于消费者群体食品安全知识匮乏、信息甄别能力差,因此一旦出现食品负面信息时,消费者—食品业者之间的信任逐渐瓦解,并进而降低对政府食品安全治理机制和制度的信任度。因此,一方面,食品安全教育宣传能够提升社会公众的食品安全知识水平,使其能够行驶“用脚投票”的权利,加强公众的“自保”能力,并形成制度威慑。另一方面,社会公众的食品安全知识水平的提高,使其能够客观冷静地审视食品安全问题,尤其是面对突发性食品安全事故时,有助于防范社会公众和食品业者之间信任链条的断裂。

其次,食品安全知识宣传教育在提升公众认知能力并推进公众—食品业者之间的信任的同时,还能够增强政府—公众的信任。具体而言,随着食品安全知识的普及,社会大众对于食品安全问题会逐渐具有更为客观和科学的认识,使其能够对政府食品安全治理的举措、治理效率和治理努力等进行较为客观和准确的评判。尤其是在出现食品安全危机时,食品知识宣传教育的加强有益于防范人们盲目的恐慌情绪,增进政府与公众之间的信任。

3. 食品安全知识宣传教育的实效分析

如前所述,食品安全知识宣传教育对提升食品安全治理绩效、缓解多方之间信任危机起着不可替代的重要作用。通过调研和法规梳理,我们能够明显感受到政府对食品安全知识宣传教育工作的重视，但是，我们同时认为目前食品安全知识宣传教育所受到的关注并不足够，相应的制度安排在一定程度上也并不能有效提高消费者的食品安全信任度，理由如以下两方面所述。

第一，相关法律法规对“应当”展开食品安全宣传教育工作的义务主体缺乏细化的职责安排。

从2015年《食品安全法》的具体规定来看，各级人民政府所承担的职责是“加强”食品安全宣传教育，但“加强”一词无疑模糊了政府在宣传教育工作中的具体职责，①并没有明确规定各级人民政府在加强食品安全宣传教育工作的具体职责和绩效考评，这使政府的宣传教育义务变得不确定。

与此同时，还有学者调查了部分政府官方网站平台和学校教育对食品安全宣传教育工作的展开情况，统计分析结果显示无论是相关主体对宣传教育工作的投入精力，还是具体宣传教育成效，皆不理想。②

第二，缺乏相应的激励机制和制度安排。

2015年《食品安全法》鼓励相关主体开展食品安全宣传教育工作，但相应的制度激励不足。

首先，法律层面缺乏对消费者层面食品安全宣传教育工作共同参与的权利赋予。出于对安全食品的渴望，消费者对于提升自身食品安全知识、加强自身食品信息甄别能力有着天然的追求。有实证研究在考察我国社会公众食品安全治理工作参与激励时发

---

① 关于《食品安全法》中“加强”食品安全的宣传教育造成的制度不确定性，参见应飞虎：《我国食品消费者教育制度的构建》，载《现代法学》2016年第4期。

② 应飞虎：《我国食品消费者教育制度的构建》，载《现代法学》2016年第4期。

现,主动"宣传食品安全知识",得到的被调查者(73.5%)的认同最多。[①] 但《食品安全法》中关于宣传教育工作的"共治"主体却仅提及社会组织、基层群众性自治组织和食品业者,直接忽视消费者和社会的参与权利,显然是一种退步。

其次,相关奖励机制并不足以激励私力主体积极参与宣传教育工作。我国2015年《食品安全法》新增了对在食品安全治理中作出突出贡献的单位和个人予以表彰、奖励的规定,[②]此规定旨在从法律层面为整个食品安全治理工作的高效展开提供切实的制度激励,但由于其只是概括性规定,目前尚无具体的实施细则,此时的激励机制和制度安排没有区分对待宣传教育工作的不同主体、缺乏激励对象认定和兑付的相关规定,缺乏公开透明的程序设定,亦缺乏明确完善的责任机制与之配套,这就使相关"奖励"承诺之于私力主体而言,并不具有足够的可置信性。

最后,公众对宣传教育工作的参与缺乏便利的参与渠道。在食品安全治理领域,消费者和社会公众一般具有较高的制度参与热情。但是,公众的制度参与并非一种法定义务,政府除了应当给予一定的外部激励和引导外,还更应当为社会公众主动参与提供尽可能便利的渠道。但当前关于社会公众有哪些参与方式、哪些参与权利、如何申请和开展以及如何救济和帮助等方面的制度规定显然是不完善的。

综上所述,随着一系列正式法律法规和政府文件的颁布施行,我国食品安全宣传教育工作取得了明显的进步。但是,由于激励

---

① 旭日干、庞国芳主编:《中国食品安全现状、问题及对策战略研究》,科学出版社2015年版,第539~540页。

② 《食品安全法》第13条。

机制和制度安排不完善、社会公众参与权力的缺失、社会公众参与渠道的阻滞，当前我国食品安全宣传教育工作仍然主要由政府一力承担，再叠加地方各级政府对食品安全宣传教育工作的重视不足以及缺乏具体制度规划等因素，食品安全宣传教育的制度安排，在目前并未能发挥应有的效用。

四、小结

本章从世界主要发达国家的食品治理监管模式的分析比较切入，探讨了我国食品治理模式的变革和制度变迁，总结出在我国食品安全治理中，无论是分段监管还是统一监管，各有优势，也各有弊端。在微观层面，我们进一步探讨了当下我国政府食品安全治理时的具体执法监督举措，并分析其绩效，力图从中更为近距离地分析我国食品安全治理现状。从本章研究来看，目前我国政府在食品安全治理中的主要举措并未能有效提升食品安全治理效率、降低该领域的消费者信任危机。这是因为，一方面，食品安全领域严重的信息不对称，政府食品安全治理效率不高，进而影响制度信任；另一方面，食品安全治理的制度安排、治理举措本身存在先天不足，导致制度威慑效力降低。政府在制度设计、治理举措上的考量不足，反过来影响了政府食品安全治理的绩效，弱化了其食品安全治理的努力，从而进一步造成了公众对政府食品安全治理能力的质疑和信任怀疑。

第二章　行业自治：食品安全治理新进路

如前所述，近年来，"从农田到餐桌"的治理逻辑成为全球食品安全管理机制的"大势所趋"：食品业的生产、制造、贩卖到消费被视为一个不间断的联合体，而监管目的，则是从食品安全的角度对以上各个环节形成"环环紧扣、步步为营"的管理。在此趋势之下，我国食品安全监督机制亦从改革开放初期强调"食品卫生"管理的模式逐渐过渡到 2009 年我国第一部冠名为"食品安全"的法律——《食品安全法》首次诞生（此前，我国食品领域的正式法律规范仅《食品卫生法》）后的"食品安全"管理模式，其间经历了组建食品药品监督管理局的"大部制"改革、形成多部门"分工合作"的监管格局、从"分段监管"为主到"品种监管"为主的治理理念转变等重大改革措施，及至 2015 年修正的《食品安全法》中,要求建立食品安全全程追溯体制,并对食品业者枉法行为的处罚力度再次加强等规定,均可看出国家对于食品安全这一与社稷民生密切相关的议题之关注与妥善治理的决心。然而,通过进一步的分析我们发现,作为“外部视角”的政府机构并不必然拥有天然的信息收集优势,这一点已在我国食品安全治理中呈现政府治理绩效不足且制度威慑力的严重削弱。因此,当前的治理模式显然存在较大的改善空间。对此,本章将通过梳理我国当下主要的食品安全治理绩效改进思路,分析其可行性,并希望由此找寻我国食品安全治理绩效提升的出路。对此,本章将主要通过两个层面展开分析:第一,从制度层面探讨当前我国公权力机构的价值偏好,质言之,我们试图通过制度拟定过程及其最终施行所侧重强调的方面切入,厘清我国当下力图通过怎样的食品安全治理举措推进治理绩效提升;第二,我们将分析我国公权力机构试图采取的食品安全治理制度完善措施,是否有效。结合以上两方面的分析,本章指出,为何引入行业协会推进自律治理在食品安全领域是尤为必要的,并且其何以成为当下推进我国食品安全治理绩效的重要进路之一。

一、我国食品安全治理的制度偏好及其分析

对于我国食品安全治理整体改善趋势,从第一章的分析可知,囿于繁重的执法压力和稀缺的执法资源,政府在我国食品安全治理中尚未体现出较高的治理绩效,那么,对于这一情形,我国公权力机构在制度层面作出了哪些努力进行改善呢?我们试图通过对《食品安全法》的修改思路及其修改前后内容的对比中所折射出的制度偏好予以解答。毕竟,法律作为以国家暴力为后盾的强制性行为规范,其内容往往代表了相关领域国家治理的总体方向和最高原则,因此,法

律修改前后内容的对比中,往往彰示了公权力机构对相应领域治理重心和具体举措的反思,并由此可反观具体领域治理未来的改进方向。因此,我们认为,探讨我国食品安全法律内容,尤其是法律修改前后的变化,有助于我们便捷而迅速地了解该领域所呈现的治理障碍与改进策略,特别是从实施过程来看,我国新《食品安全法》正是在经历了我国大型食品安全事故频繁发生之后不断尝试摸索而形成的较为稳定的版本,以该法的修改变化为切入点把握我国食品安全治理最新的脉络方向,也就具有了更为现实的意义。

(一)我国食品安全治理整体趋势

我国当前实施的《食品安全法》于2013年初由国家食品药品监督管理总局着手起草,历时两年,全国人大常委会曾多次专门征集了包含地方执法机构、业内专家、行业协会、食品企业、社会公众等多方利益相关者的意见,而全国人大法制工作委员会亦踏足多地就食品安全基层执法工作实际情况进行了调研,力图最大限度地保障法律内容的科学性与实施效果。最终,2015年4月24日,《食品安全法(修订草案)》提请第十二届全国人大常委会第十四次会议进行第三次审议,并获得高票通过。总体而言,新《食品安全法》的主要修改思路可概括为以下四方面:①

第一,整合监管力量,建立食品安全统一监管模式。此次法律关于我国食品安全监管的要求一改往日备受诟病的"九龙治水"式分段监管格局,从法律的角度,认可了2013年国务院机构改革后逐渐形成的、由食品药品监督管理部门对食品生产销售和餐饮服务环节进行统一监督管理的格局。

---

① 袁杰、徐景和主编:《〈中华人民共和国食品安全法〉释义》,中国民主法制出版社2015年版。

第二,加强食品问题风险预警和风险防控制度。作为食品安全事故的重要预防手段之一,风险监测、风险评估以及风险的预警和交流在2015年《食品安全法》中皆得到了进一步的强调,并增设了责任约谈、风险分级管理等监督治理方式,力求防患于未然。

第三,构建食品安全共同治理格局。在法律修订之初,立法者有意识地对食品安全领域利益相关者意见的收集,即可看出当前公权力机构在规划食品安全治理进路时,已表现出了对多元主体共同参与的治理格局的关注;而从新法正式内容看来,更是直接将"社会共治"作为食品安全治理指导原则之一,意在充分发挥消费者、消费者协会、行业协会、新闻媒体等多方主体的共同监督作用,来减轻公权力机构治理中面临的繁重执法负荷与稀缺执法资源的约束,力图以多元共治编织的监督网,形成食品领域"天网恢恢,疏而不漏"的闭合链条。

第四,全面提升食品安全监管的严厉性。2015年《食品安全法》以"重典治乱"为总体修改方向,通过加强全过程监管、强化食品业者主体责任和政府监督部门责任、提高法律责任承担机制的严格程度等方面,力图大幅加强食品安全监管的严厉性、提升食品业者违法成本。

从法律总体修改思路来看,2015年《食品安全法》显然将治理改进的重心定位为加强监管。事实上,在法律修改思路中,统合监管权力、加强事前预防机制、强化全过程监督且提升法律责任严厉程度等,归根结底皆在于强化对食品安全问题的监管力度从而实现"最严格的食品安全监管制度"。① 可以说,"重典治乱"的指导

① 《中共中央关于全面深化改革若干重大问题的决定》(2013年11月12日中国共产党第十八届中央委员会第三次全体会议通过),载新华网,http://news.xinhuanet.com/politics/2013－11/15/c_188164235.htm,2019年8月5日访问。

思想贯穿于整个法律修改思路始终，继而在此基础上，制度规划者力图以多主体共同治理的方式更为高效地提升制度威慑，同时亦可减缓“重典”的施行成本。换言之，2015 年《食品安全法》的修改思路表明，当前我国公权力机构偏向于以“重典治乱”和“社会共治”为核心指导思想，以破解食品安全治理困局。任何一部法律的制定都不会脱离当下的基本国情，受制于当时的社会经济发展，《食品安全法》也不例外，其优点与不足并存。《食品安全法》的优点主要有以下几点：①

第一，重构我国食品安全监管体制。2015 年修订的《食品安全法》第 5 条第 2 款规定：“国务院食品安全监督管理部门依照本法和国务院规定的职责，对食品生产经营活动实施监督管理。”第 6 条进一步规定建立健全“信息共享机制”。这一规定表明我国食品安全监管体制将以食品安全委员会和食品药品监督管理部门监管为主，农业、卫生、出入境检验检疫、质监等多部门参与，县级以上的地方人民政府负责本辖区食品安全监督管理工作。②

第二，建立食品风险监测评估机制。2015 年《食品安全法》专设一章“食品安全风险监测和评估”，明确并细化了食品安全风险监测制度。对风险检测计划制定的主体、费用承担、应当进行食品安全风险评估的情形以及技术机构的权利义务都有具体规定。

第三，增设食品安全自查制度。2015 年修订的《食品安全法》规定，食品生产经营者必须定期检查评价食品安全状况，如食品安全生产的条件发生变化，应当立即采取整改措施或停止生产经营活动，并

---

① 优点的评价意见借鉴袁杰、徐景和：《中华人民共和国食品安全法释义》，中国民主法制出版社 2015 年版。

② 吴磊、刘筠筠：《修订后〈食品安全法〉的亮点与不足》，载《食品安全质量检测学报》2015 年第 9 期。

及时向所在地县级人民政府食品安全监督管理部门报告。

第四，扩大食品安全监管范围。2015 年《食品安全法》加强了对于食品添加剂、转基因食品、食品相关产品、网络食品交易的监管，强化对特殊食品的监管，明确特殊食品生产经营者注册与备案义务。更严格规范农业投入品使用，对农药的使用提出更高要求，禁止使用剧毒、高毒、高残留农药，鼓励使用高效低毒低残留农药。

第五，明确食品安全追溯义务和食品安全召回责任。2015 年《食品安全法》规定，食品生产者应当建立食品追溯体系，保证食品可追溯。同时规定食品经营者召回义务，对于由于食品经营者的原因导致不符合食品安全标准或者有证据证明可能危害人体健康的，应当及时召回，并将食品召回和处理情况向所在地县级人民政府食品安全监督管理部门进行报告和备案。

第六，强化食品安全社会共治理念。2015 年《食品安全法》确立并强化了食品安全社会共治的理念，主要体现在以下五个方面：一是强化行业主管部门责任，《食品安全法》第 57 条规定了学校等集中用餐单位的主管部门应当加强食品安全知识教育和日常管理，降低食品安全风险。二是强化群众监督举报制度，鼓励社会公众对食品安全进行监督和举报，并形成激励机制。三是充分发挥社会组织和消费者组织作用。2015 年《食品安全法》第 9 条规定了食品行业协会应当加强行业自律，依照章程建立健全行业规范和奖惩机制，提供食品安全信息、技术等服务，引导和督促食品生产经营者依法生产经营，推动行业诚信建设，宣传、普及食品安全知识。消费者协会和其他消费者组织对违反本法规定，侵害消费者合法权益的行为，依法进行社会监督。四是强化新闻媒体作用。2015 年《食品安全法》第 10 条第 2 款规定，新闻媒体应当开展食品安全法律、法规以及食品安全标准和知识的公益宣传，并对食品安全违法行为进行舆论监督。五是建立食品安全责任保险制度。2015 年《食品安全法》第 43 条第 2 款规定了国家鼓励食品生产经营企业参加食品安全责任保险。①

第七,构建严格的法律责任体系。2015 年《食品安全法》对食品安全违法行为严惩重处,大幅提高罚款额度,增设处罚制度,完善了行刑衔接机制并强化刑事责任追究,完善了民事责任追究制度,构建了严格的法律责任制度体系。

当然,《食品安全法》的立法也存在不足,杜国明认为,2015 年《食品安全法》在继续强化食品安全政府监管、扩大监管权力边界的同时,却忽视了食品安全的社会共同治理和民事责任制度的构建:"重行轻民"的立法思路没有得到根本改变;食品安全民事责任体系未能真正建立;请求赔偿主体狭窄;强制"先行赔付"易侵害经营者利益;虚假广告代言人承担无过错连带责任并不公平;检验、认证机构赔偿责任边界不清;虚假信息责任条款易损害相关主体的合法权益;惩罚性赔偿条款主观过错条件缺位。② 孙效敏认为,2015 年《食品安全法》在立法理念上存在三大不足:对食品安全概念的理解不足、对食品标签的重要性认识不足和对充分发挥消费者的制衡作用认识不足。立法理念上的先天不足不利于充分发挥 2015 年《食品安全法》的震慑作用。同时其进一步认为立法理念不足的应对之策在于正确界定食品安全的概念、充分发挥消费者的制衡作用和充分认识食品标签的重要性。③

---

① 参见任端平、郗文静、任波:《新食品安全法的十大亮点(二)》,载《食品与发酵工业》2015 年第 8 期。

② 参见杜国明:《我国食品安全民事责任制度研究——兼评〈中华人民共和国食品安全法(修订草案)〉》,载《政治与法律》2014 年第 8 期。

③ 参见孙效敏:《论〈食品安全法〉立法理念之不足及其对策》,载《法学论坛》2010 年第 1 期。

根据以上关于《食品安全法》修改思路以及对其优点和不足的相关文献综述,我们认为,无论是法律层面对多年来被越来越多分析者所强调的共同治理思路的承认,还是试图通过整合监管权力予以矫正旧法中被广受诟病的多部门协同治理格局,抑或通过完善风险预警/预防制度以回应事前预防机制的加强等,暂不提其实际施行成效,仅从这些思路本身而言,显然皆有意识地吸取了往期治理经验教训,并对立法者提升食品安全治理绩效寄予厚望。因此,接下来的分析中,我们将进一步揭示,在制度规划者看来,从哪些方面切入能够实现名副其实的“重典”与“共治”。

1.“重典治乱”

总体而言,2015年《食品安全法》通过完善食品业者主体责任、加强对婴幼儿食品的全程质量监管、增设网络食品的第三方管理责任、统合监管权力、提升对失职渎职行为责任承担的严厉性等诸多方面,不仅仅针对作为被监督者的食品从业者,也指向公权力机构的严格执法不断完善,力图诠释“最严”食品安全治理。其中,法律从多个层面和提升对食品违法者惩处的执法力度。

具体而言,该法主要通过三个方面着力于增加惩罚的严厉程度:

(1)大幅提升行政罚款额度。例如,2015年《食品安全法》第122条关于未经许可从事食品生产经营活动的行为,起罚点由旧法的2000元提升至50,000元;再如针对严重违法的食品生产经营行为(如在食品中添加食品添加剂以外的化学物质),最高处罚金额由过去的货值金额10倍提升为30倍(第133条)。

(2)增加了食品安全违法犯罪行为的处罚力度。这主要针对我国食品业者中不乏“怕关不怕罚”的情形,最为典型者即如2015年《食品安全法》第123条规定,对于一些严重违法的食品生产经营行为规定了行政拘留的处罚;此外,新法亦以吊销经营许可证为威慑,力图加强对违法情形较轻但“屡教不改型”食品业者的行为规制(第134条);而为了对食品领域潜在的严重违法行为进一步增强制度威慑,新法提出了因食品安全犯罪被判处有期徒刑以上刑罚的,终身不得从事食品生产经营的管理工作(第135条)。

(3)建立食品业者食品安全信用档案。2015年《食品安全法》规定地方政府“应当建立食品生产经营者食品安全信用档案,记录许可颁发、日常监督检查结果、违法行为查处等情况”(第113条),这一规定一方面自然在于通过实现“重点关注”存在不良信用记录的食品业者的行为,提升公权力机构日常监督执法效率;另一方面,由于该信用记录依法需向社会公开并及时更新,因此,这一制度显然亦旨在以食品市场内的声誉机制为契机,在罚款、拘留等处罚方式之外,以声誉减损为威慑、阻吓潜在的违法食品业者。

2.“社会共治”

2015年《食品安全法》经由第十二届全国人大常委会第十四次会议高票通过时,《新京报》即对作为该法牵头起草部门的国家食品药品监督管理总局法制司司长徐景和进行了采访,这一专访最终将徐景和的观点精要地概括为“新食安法促‘重典治乱’,励‘社会共治’”。①

若将“重典治乱”视为2015年我国《食品安全法》最新修改乃至整个食品安全治理的核心进路,那么,将“社会共治”作为支撑“重典”于“实然”层面有效展开的重要创见性思路或许是贴切的。毕竟,关于食品安全监督治理工作,定式思维中总是将之作为政府

① 张秀兰:《徐景和新食安法促“重典治乱”,励“社会共治”》,载《新京报》2015年6月15日,第9版。

的职责所在。但近年来,随着公权力治理在诸多领域渐次暴露出执法资源不足的问题,多元主体协同治理的思路逐渐为人们所关注并认同,尤其是类似环境污染、食品安全等领域,由于与公众切身利益息息相关,人们本能中即存在主动监督的激励,因此,一旦真正形成良性的共同监督格局,鉴于多元治理下无所不在的监督之“眼”,制度威慑效力势必将得到空前提升。更加之食品领域存在严重的信息不对称问题,往往使同样存在信息劣势的公权力机构基于“重典”而展现的严厉惩罚威慑不具有足够的可置信性,因此,面向于不特定社会公众(当然亦包括食品企业内部人员)的“社会共治”思路也就具有了扩宽信息供给渠道的可贵功能。鉴于此,2015年《食品安全法》将“社会共治”明确作为食品安全治理工作的法律原则之一,并且从法律规定看来,其关于“社会共治”的展开思路着重关注了食品业者自律和公众监督两个方面。具体而言:

(1)行业自律

“安全食品是生产出来的,而非监管出来的”,精准表达出食品业者作为食品安全第一责任人的地位,而正是由于食品业者缺乏主动生产安全食品的激励,才具有制度约束的必要。因而,致力于提升食品业者自律行为的激励可谓真正意义上“追本溯源”回到了食品安全治理的本质目标之上。而2015年《食品安全法》也是从行业协会治理与生产经营者自治两方面表达出对加强行业自律的期望。

首先,关于食品行业协会治理方面,2015年《食品安全法》第9条第1款中要求“食品行业协会应当加强行业自律,依照章程建立健全行业规范和奖惩机制,提供食品安全信息、技术等服务,引导和督促食品生产经营者依法生产经营”,从法律层面赋予了行业协会食品安全自治职责。显然,立法者希望行业协会能够真正实现其章程中所言的推动行业“持续健康发展”的协会宗旨,发挥其作为“局内人”在食品安全治理中的比较优势。因此,2015 年《食品安全法》亦进一步就行业协会与执法监督部门的信息互动(第 23 条),以及协会在保障食品安全标准科学性与实用性中的作用(第 28 条、第 32 条)进行了强调。

其次,关于食品业者自律治理方面,2015 年《食品安全法》第 47 条首次于法律层面明确规定了食品生产经营者应当建立食品安全自查制度,以确保其所生产经营的食品的品质;此外,第 42 条、第 67 条亦分别就食品业者主动建立食品安全追溯体系、非安全食品予以召回方面的义务进行了要求。凡此种种,无疑皆表现出立法者通过法律对于食品从业者主动强化自律方面的期许。

(2)公众监督

当不特定的社会公众愿意主动监督食品问题,如若这一威慑足够可信,那么,公权力监管的压力能在很大程度上得以削减。而正是基于食品安全领域公权力机构面临的繁重执法负荷与稀缺执法资源的刚性约束,2015 年《食品安全法》尤其关注了对公众监督行为的激励。

最为典型者当属新法就公众食品安全监督增设的有奖举报制度——通过对能够查证属实的食品问题举报者予以丰厚奖励的方式,制度规划者显然力图实现公众积极参与的共同监督格局。同时,为了降低公众的举报成本,法律亦就举报人信息保密等防止举报人受到打击报复方面的制度保障作出了专门要求。类似地,2015 年《食品安全法》关于民事赔偿首付责任制的规定以及对于惩罚性赔偿制度的完善(第 148 条)在保障消费者权益的同时,同时亦在于激励消费者主动进行索赔,强化对潜在食品违法行为的威慑;与此同时,我们认为,当前法律规定对于食品安全信息共享机制的强制性构建要求,亦表现出对引入食品安全公众监督的期望。

一方面借助公众对于真实、客观食品安全信息的渴求,以舆论监督倒逼公权力机构监管过程的高效与透明,另一方面则是以信息的顺畅流动,实现迅速、准确的“用脚投票”制度威慑的展开。

(二)我国当前食品安全治理趋势分析

理论上而言,除了与被规制者利益达成激励兼容之外,“天网恢恢疏而不漏”的强力监管体制,亦是保障制度得以被较好遵从的可行进路。2015 年《食品安全法》修改中对于“重典治乱”思路的诠释,隐含着借助监管力度的增强从而减少食品安全违法行为的逻辑。但是,实践过程中监管力度的加强显然并不仅仅只是法律“文本”层面的惩罚严厉程度增加便能实现的,而往往需要同时辅之以违法行为被查处概率的大幅提升。因此,正如第一章所述,至少在政府层面,其“重典治乱”的治理举措尚未能呈现出可置信的威慑效力,或许正是在此背景下,2015 年《食品安全法》提出“社会共治”的思路,创新性地引入社会力量弥补单纯由政府展开食品安全治理的效率不足。这背后的逻辑在于,在以食品安全治理为典型代表的存在严重信息不对称的市场中,政府因信息获取能力不足而出现的治理低效往往极为明显,而多元主体的加入无异于拓宽了政府的信息获取渠道并进而降低了其监督成本与压力,提升了违法行为的发现概率。

因此,如前所述,当下我国食品安全治理中“社会共治”成为重要的治理策略,而这其中,行业自律与公众监督又是 2015 年《食品安全法》制度创新的重要体现,那么,这两方面是否能够较好地实现我国食品领域有效运转呢?对此,本节将站在我国食品安全治理语境下,就行业自律与公众监督的治理成效作出分析。

二、食品从业者自律激励分析

本部分我们将分析我国食品业者是否具有生产安全食品的激励。由于食品业者的目的在于逐利,哪种行为选择产生的成本—收益更具吸引力则必然成为其最终的策略均衡,因此,本节的分析将从我国食品业者选择哪种经营策略更为有利可图的角度切入,进而回答其经营策略是否有益于生产安全食品。

一般来说,经营者的盈利策略可分为两类:高价低销量或低价高销量。前者的逻辑在于,通过较大幅度的前期质量投资,以“高质量”(而非仅仅满足于法律层面要求的“食品安全”)吸引消费者购买,追逐较高的边际收益;后者则通过尽可能压低质量投资,仅保持法律规定的“最低”食品质量要求,以价格优势吸引消费者购买,这一策略主要致力于追逐较高的利润总量。不过,一方面,由于“高价低销量”得以运行的必要前提条件是市场中存在足够的高消费能力者,并且首期的高质量投资对食品业者的资本能力亦具有较高要求,这便注定了这一策略不可能成为食品市场中普遍存在的经营方式;另一方面,从“低价高销量”策略最大的问题在于在实际食品经营中,若食品业者一味追求低价甚至陷入恶性的“价格战”,则前期过低的质量投资在销量(产量)较高时显然并不能保障食品的“安全”,由此便出现了食品安全隐患。那么,具体到我国食品安全领域中:(1)“高价低销量”在食品业者看来是否是有利可图?为何我国一些有能力采取高价策略的食品业者(如资本雄厚的大型食品企业),抑缺乏采用这一经营策略的激励,甚至最终因质量投资不足而引发了严重的食品安全事故?(2)“低价高销量”策略在我国食品市场中实际呈现出怎样的样态?食品业者的前期质量投资是否保障了基本的食品“安全”?

（一）“高价低销量”策略的可行性分析

食品业者的收益可谓“成也‘信息’，败也‘信息’”，由于高昂的信息成本，消费者、业内专家、政府乃至食品业者自身皆不乏信息困境，潜在违法者因此能便利地利用“私人信息”生产非安全食品而难以被外部人员所及时察觉，我国食品市场乱象也由此始生。但与此同时，若我们将食品业者视为追求利益最大化的主体，那么，该领域的信息障碍所带来的也就并不仅仅只是食品业者便利的违法机会，同时亦意味着食品业者高昂的质量信号显示成本——食品业者难以向消费者确切证明其产品质量，尤其是在一个鱼龙混杂、整体行业声誉已经受到负面影响，消费者出于信息障碍而由此形成了对于整个食品市场的信任危机时，生产安全，甚至高质量产品的食品业者将更加难以“自证清白”并获得应有的收益。

不仅如此，当下我国消费者的信任缺失不仅及于食品业者，更及于政府。这使得即便是“官方”的质量甄别结果，亦难以被消费者所相信。如此，对于食品从业者而言，有效的质量信号难以真正发挥作用：一方面，消费者不相信食品业者的“自证清白”，另一方面，鉴于对政府治理能力的怀疑，以及人们在决策过程中对消极信息的信任偏好，因此，正如前文所言，实践中政府所公布的正面食品质量信息往往无法有效指引公众的行为选择。在这一背景下，消费者信任断裂的问题若未能妥善解决，对于理性的食品业者而言，贸然提升食品质量投入显然是风险过高的。这或许一定程度解释了我国一些有能力采取“高价低销量”策略的食品业者（如蒙牛、伊利甚或三鹿集团），为何大多缺乏高质量投资的激励，而更倾向于以低价和高销量吸引消费者。

当然，食品业者的高质量投资激励不足，亦可一定程度归结为我国低收入者和价格敏感型消费者仍旧较多,①具体到食品购买中,诚如前文所言,我国当前仍存在相当数量的食品消费者缺乏支付较高质量溢价的能力和激励。因此,在民众收入水平不足以支付高质量溢价时,食品业者出于市场需求限制自然亦会降低质量投入。虽然如此,信任断裂以及由此引发的质量显示成本过高仍是食品业者缺乏高质量投资激励的根本症结,因为当消费者普遍对于商品质量存在低估(并势必因此而缺乏较高的支付意愿时),即便高价食品在我国的市场需求量足够大,无法完全实现的未来盈利预期仍会极大程度削弱食品业者的质量投资激励。

(二)“低价高销量”策略的可行性分析

1. 我国食品业者的策略均衡

以上对于“高价低销量”策略的适用性分析并不能推导出我国食品业者的普遍经营策略将转为“低价高销量”,或者说理想意义上的“低价高销量”策略(在保障产品质量达到法律要求的“食品安全”的前提下,尽可能压低价格、吸引更多消费者购买)。对此,本书认为,控制质量投资从而令商品价格维持在较低水平的前提下,尽可能保障食品质量“不容易”出问题,对我国绝大多数食品业者而言是更具吸引力的经营策略。

具言之,在政府、消费者、专家学者等各方利益主体愈为关注食品安全问题的今天,尤其在政府提出“重拳出击、重典治乱”的食

---

① 截至2015年,我国低收入者比例为37%。参见贾元熙:《英媒:未来15年中国高收入消费者将井喷增至4.8亿》,载参考消息网,http://www.cankaoxiaoxi.com/finance/20161103/1394518.shtml,2017年3月7日访问。类似地,2014年《中国青年报》曾进行实证调查发现,“37.1%的受访者认为自己处于维持温饱、保证必需生活开支的水平”;参见周易:《44%受访者确认2014年消费比上年提高》,载《中国青年报》2014年12月31日,第7版。

品安全制度语境下,理性的食品业者当然不会选择生产非安全食品,但出于信任断裂造成的质量显示成本过高和消费者支付意愿下降,食品业者亦不会趋之若鹜地寄希望于高质量投资以实现盈利。在这一背景下,以该领域尤为严重的信息不对称为依凭,保证产品质量"不容易"出问题从而尽可能压低产品成本,对于食品业者而言也就成为有利可图的策略。不过这一策略的问题显然在于,当食品业者力图以"多销"弥补低价造成的边际利润较低,如若市场的确对该商品呈现出较高的需求时,出于前期质量控制上的投资不够充分,势必难以确定性地保障过高产量时的产品质量安全,俗语"萝卜快了不洗泥"可谓精确地描述了此种情形。

事实上,检视我国近年来食品安全事故,能够非常明显地体会到食品业者对于"薄利多销"策略的偏好以及实践中该策略隐含的食品安全隐患。以近年来影响范围较大、人们较为熟知的食品事故为例,如2016年达利园软面包菌落总数严重超标事件、2014年福喜"过期肉"事件、2012年牵涉肯德基麦当劳等"洋快餐"的"速生鸡"事件、2011年双汇"瘦肉精"事件、2008年三鹿集团"三聚氰胺"事件,其中涉案企业无不属于资本雄厚的大型食品业者,其显然有能力选择"高价低销量"策略,然而,现实中以上企业无一例外地践行着"薄利多销"策略。事实上,对于市场份额的攫取和对于销售量增加的迷恋,从来不是仅仅局限于单个企业,特别是当市场需求量足够高时,这一经营策略会迅速绵延于整个相关行业——此中最为典型的例子当属我国乳品行业。随着"每天一杯奶,强健中国人"的口号越为深入民心,截至2008年,我国乳品行业以年均20%的增长速度持续了十年,我国也成为全球第四大乳品生产国,而我国知名乳品企业蒙牛集团曾经为人称道的"先建市场,再建工厂"①的"蒙牛速度"可谓充分地还原了该领域激烈争夺市场份额的画面,三鹿集团的婴幼儿奶粉更是曾一度居于国产奶粉最高市场占有份额。在食品市场激烈的市场份额争夺甚至恶性的"价格战"背后,自然是由于会出现过分执着于价格控制而显示出的质量管理水平不足的问题。以 2008 年乳品行业爆发的"三聚氰胺"事件为例,2008 年以前,我国奶牛大多为散养,可想而知彼时如果试图对该行业产品质量形成全面监管,尤其对于大型企业而言,仅仅是投入奶源质量监管的成本即不容小觑,而在这一背景下,我国乳品市场中竟然还能出现"牛奶比水还便宜"②的情况,现今看来,该领域重大食品安全事故的出现早已成定局。

2. 信任断裂背景下的经营策略选择

那么,究竟为何食品业者如此迷恋于不惜压制质量控制成本的"薄利多销"策略呢?尤其是上文案例中所提及的食品企业,皆不乏提升质量控制水平的资本实力,那么为何这些在商品质量控制中原本有选择余地的企业,仍不约而同地走向了攫取市场份额、过分压低商品价格(以致质量管理投资不足)的"薄利多销"经营方式呢?

直观来看,这一经营策略之所以能够被食品业者所普遍选择,显然是由市场需求所决定——我国消费者普遍偏向于购买市场中价格较低且销售量较大的商品,而对于这一公众消费偏好,我们认为背后的根源可从信任断裂前提下公众消费能力和信息约束的视角予以解释:

---

① 刘光琦:《再创一个"蒙牛速度"》,载《中国储运》2008 年第 2 期。

② 舟航、王瑶、严薇:《牛奶比水还便宜》,载新浪网,http://finance.sina.com.cn/g/20050511/11261578254.shtml,2016 年 10 月 17 日访问。

首先,“价格”在质量信号显示中的作用失灵。在一个买卖双方存在严重信息不对称的市场中,价格作为产品质量水平的不完美信号,由于能够被生产低质量商品的食品业者轻易模仿,因此消费者在面对高价格商品时不可能完全相信食品业者对于产品质量进行了充分投资。而这种不信任情绪会在前文所提及的,我国高消费能力者比例偏低、消费者对于食品安全和政府治理能力的信任危机已经形成的现实语境下进一步深化,因此,“一分钱一分货”在我国当前食品市场中的质量信号显示作用几乎失灵。

其次,在信息严重不对称的背景下,“大销量”成为消费者鉴别商品质量的廉价替代性机制。第一,同样作为质量显示的不完美信号,大销量信号之所以能够被消费者普遍认同,理论上而言,销量越大则产品质量问题越容易暴露,因此,能够持续维持高销量的商品更易为消费者所认可。更为重要的是,尽管我国消费者已经普遍认识到并不能简单以未受到即刻的健康危害而断定食品的安全,但是当信息验证成本过于高昂时,亲身经验作为费用低廉的信息甄别方式对于人们的行为选择仍然具有重要影响,而大销量背后正是千千万万消费者亲身的购买和食用经验,因此,只要高销量的同时并未出现媒体或政府对于商品质量问题的曝光,消费者就会愿意接受这一并不完美信号对于“食品安全”的显示作用。第二,高销量的背后对质量控制成本的压制,亦是出于大销量对质量的显示作用并不完美,以及质量信息验证成本过高和消费者主观认知中对于食品市场整体质量情况的信任危机,消费者不会确定性地相信高销量背后必然是充分的质量投资,再加之消费能力的约束,因此,只有保持较低的价格时商品才能吸引消费者购买,从而维持“高销量”这一真正促成人们持续购买行为的作用因子。

鉴于此,理性的食品业者自然不会选择过高的质量控制投资,而是维持平均意义上的产品质量安全，从而压低价格，保障销量较高时产品“不容易”出事，也“不容易”对消费者健康造成即刻而严重的威胁即可。

根据以上分析，为了更为直观地展示出我国当前制度语境下食品业者行为选择的形成脉络，本书将之简要概括，如图 2－1 所示。

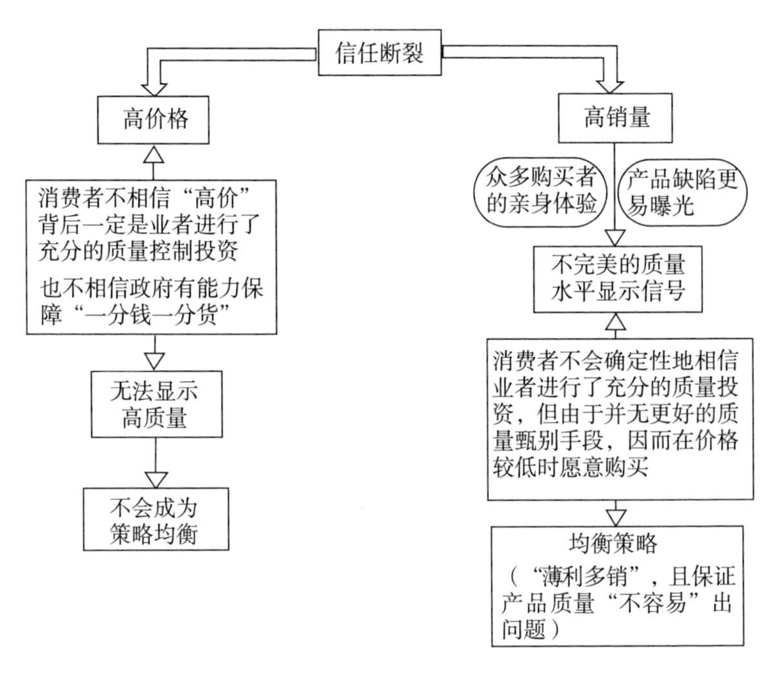

图 2－1　食品业者行为选择脉络

上文的分析和脉络图指出，在食品安全这一信息严重不对称的领域，一旦消费者—食品业者信任断裂已经形成，则对于食品业者而言，试图走高价低销量的商品销售路线往往是风险较大的。而相较之下，以低价格放弃较高的边际利润而追求因销量增加带来的利润总量上升更能契合市场形势。在此背景下,如若监管绩效呈现不足,令食品业者相信其产品质量问题的曝光概率较低(尤其是当食品业者在有意识地维持平均意义上的食品安全时),那么,这一质量投资“适中”的“薄利多销”策略就是最优的选择。同样的逻辑亦解释了为何一些在本国质量口碑不错的“洋品牌”食品,进驻我国后不久便曝出质量问题①——在认识到我国食品市场面临的严重信任断裂,以及由此引致的食品业者质量显示成本过高和消费者面对质量溢价时的支付意愿下降,出于成本—收益的考量,降低质量控制投资的“薄利多销”策略对于这类企业而言也就同样具有了诱惑力。

(三)公众监督的实效分析

如前所述,社会公众这一无所不在的监督之“眼”,如果能够有效形成监督,对于约束食品业者行为将产生重要的作用,并且更令人的期待的是,由于食品是人类生存与健康必不可少的物品,社会公众本身也存在维护食品市场有序运转的激励。鉴于此,本节试图沿着以下两个问题的探索与回答展开:其一,社会监督机制有效展开的必要构成要件是什么?其二,我国当前制度语境下,公众监督是否能够有效开展,或者说,其面临着怎样的困境?

1. 社会监督机制的构成要件

监督机制的有效与否,取决于该机制能否对潜在违规者施以恒常性的可置信威慑,令其相信不合作的策略选择最终是得不偿失的。因此,具体到食品安全治理上,对于共同治理进路背后所隐

① 参见成平:《外媒:洋品牌“入华质减”凸显监管不力》,载参考消息网,http://column.cankaoxiaoxi.com/g/2014/0728/439026_6.shtml,2016年11月27日访问。

含的“公—私”协力逻辑,最大的问题即是,对于缺乏国家暴力为威慑支撑的私人主体而言,其监督行为的有效性应当如何保障?在此,本书认为,权力、时间和信息等三个方面要件是支撑社会监督可置信威慑的关键。①

(1)权力要件。也即便博弈参与人对相对方潜在的不端行为握有有力的制裁手段,能够令败德行为所节约的前期投入成本与事后严厉的惩罚威慑相比微不足道。具体到食品市场中,消费者抵制购买、负面信息传播等行为,一旦形成集体抵制之势,对于以商品交易为最终目标的食品业者而言无异于灭顶之灾,败德行为的成本—收益结构将被完全反转。因此,以被彻底排挤出食品市场的终极威慑为依托,“权力要件”于该领域能够得到满足。

(2)“时间要件”。也即博弈参与人不仅需要拥有惩罚不合作者的“权力”,而且还“必须有便利的机会来行使权力”。② 质言之,具有便利的机会对不合作对象“例行地”予以制裁是规则真正生效的最佳证明,③在食品市场中,对于能得肆意行使“一锤子买卖”策略的流动小作坊、小摊贩等,“时间要件”自然无法满足,不过,对于该类食品主体,就消费者而言,能得便利地采取诸如选择正规销售厂商购买商品等行为而避免受到可能的侵害。因此,此类食品所可能引发的安全问题并非造成我国当下食品安全治理困局的关键,真正激起人们普遍恐慌进而危及政府公信力的问题,更多来自

① 关于私力监督机制可置信威慑的三方面支撑要件,相关观点参见吴元元:《信息基础、声誉机制与执法优化——食品安全治理的新视野》,载《中国社会科学》2012年第6期。

② [美]罗伯特·C.埃里克森:《无需法律的秩序——邻人如何解决纠纷》,苏力译,中国政法大学出版社2003年版,第219页。

③ 参见[美]罗伯特·C.埃里克森:《无需法律的秩序——邻人如何解决纠纷》,苏力译,中国政法大学出版社2003年版,第156页。

食品企业甚至知名食品企业的违法行为,而此类食品业者由于拥有大量的固定资本,与消费者间的长期博弈正是其组建企业的目的所在。故此“无法回避的未来再次相遇的前景”①保障了消费者行使“权力”的可能性——“时间要件”在追求长期博弈收益的食品企业层面得到了较好满足。

(3)“信息要件”。主要指该博弈域中信息的流动是高效率的,不合作行为能够第一时间为其他博弈参与人所知晓。鉴于食品安全涉及每一个社会公众的切身利益,因此,从人类本能中对于维护自身权益的角度出发,每一个人的确都有着主动监督食品安全的激励。然而,这一切的前提显然在于关于食品业者不端行为的信息能够及时进驻人们的认知结构,如此,后者的“用脚投票”威慑方能针对违法者及时地展开。然而诚如前文所言,“信任品”市场之所以能够引发学界的热烈讨论,正因其中阻滞的信息渠道不仅令市场调节趋于失灵,更制约着第三方监督主体的治理效率,而食品领域又面临着较之一般信任品市场更为严重的信息困境,“信息要件”于该领域严重缺失。

承上所言,严厉的惩罚手段(权力要件)与便利的惩罚机会(时间要件)于食品安全社会监督中已完满具备,因此,“信息要件”的满足与否即成为社会监督能否有效展开的关键。更为重要的是,在满足社会监督有效运行的各构成要件后,各监督主体进一步的良性互动和共同治理亦离不开信息在各主体间的高效流通,但同样出于“信任品”市场的高昂信息成本,“信息要件”不仅仅制约着社会监督机制的有效运转,亦由此进一步制约着社会共治体系的

① [美]罗伯特·C.埃里克森:《无需法律的秩序——邻人如何解决纠纷》,苏力译,中国政法大学出版社2003年版,第219页。

顺利展开。

2. 我国当前制度语境下的共治困境

如上所述,社会监督乃至共同治理有效展开的关键即是“信息”,因此,食品安全问题之所以屡禁不止,很大程度即应归结为该领域严重的信息不对称问题。更为重要的是,正如第一章所述,我国社会公众对于食品品质乃至政府的治理能力均已产生了不信任的情绪,也正是在这一意义下,本书提出,当缺失了信任这一“应对不确定的和不能控制的未来时一种至关重要的策略”,[①]社会监督和社会共治的有效运转对于信息“可验证性”的要求将极为苛刻。应当说,囿于有限的治理资源约束,我国当前是无法承担这一高昂的信息成本的,如此,沿着“信任缺失—信息‘可验证性’成本过高”的脉络,多方良性联动的合作共治将无从发生。

(1)“信任缺失—信息‘可验证性’成本过高”脉络的形成机理

具体而言,这一“信任缺失—信息‘可验证性’成本过高”脉络的形成逻辑在于:当信任缺乏时,社会监督的有效展开对信息的准确性提出了极高要求。实践案例证明,对于商品品质“存在质疑”并非激起人们实行有效社会监督行为的充分条件。例如,在“路边摊”问题上,众所周知其相关食品很大可能存在安全问题并不足以产生自发的杜绝食用行为;有效引发社会监督行为的产生必须如“三聚氰胺”事件那般,确切性地证明相关食品“绝对”存在安全问题——人们所接收到的信息中不仅应包括就“三聚氰胺”具体危害的解释,且亦应有着食品—身体健康危害存在显著关联关系的因果链条证明,从而印证以上解释。

---

① [波兰]彼得·什托姆普卡:《信任:一种社会学理论》,程胜利译,中华书局2005年版,第33页。

质言之，在当前我国的食品安全语境下，由于公众对于整体食品安全情况和政府的治理能力皆存在怀疑，这便使公众监督的有效运行对于信息的“可验证性”有着极为严苛的要求，而这就需要制度规划者对所有潜在的食品安全问题进行明确的健康危害说明，包括该潜在食品问题何以能对人体健康造成危害、造成多大程度危害、具体的潜伏期等问题均需作出清楚明了、足以令人们信服的解说；甚至，这一“准确”的信息披露要求并不仅仅针对违法者，对于同行业守法者也必须公开且明确地进行信息公示，如此方能缓解消费者殃及无辜的“有罪推定”。

（2）实现信息要件的现实困境

显然，信任断裂背景下公众监督有效运行的信息要件要求，在现实领域是不可能满足的。这源于食品安全评判的主观色彩，使得无论如何都无法“铁证如山”地证明食品的“不安全”或“安全”。具体而言，对于何谓“安全”的主观判断，不仅仅妨碍社会公众形成统一的评估，亦给食品业者、政府甚至业内专家的食品品质评判带来了难题。而这也一定程度解释了不同国家为何有着不同的食品安全标准——不同的制度背景、民众消费水平、饮食习惯等因素自然会塑造出人们不同的“食品安全”认知和现实需求。

因此，证成潜在食品问题对于人们身体健康的确切危害，具有伪命题的性质。这不仅源于安全“标准”本身的主观性，更出于食品安全违法手段纷繁复杂。例如，同种有害物质，不同的使用剂量所造成的健康危害很可能有着天壤之别，并且出于人们的身体素质各不相同，食用同一非安全食品所造成的结果亦不完全一样。因此，准确证成不同食品危害的结果本就是不现实的，而不准确的信息披露在面对诸多食品问题造成非即刻性的健康危害时，对于引导人们理性的监督治理行为常常显得脆弱不堪。当然，由于负面信息较为容易影响人们的行为选择，因此，通过构建科学的专家话语系统、透明化的政府监督工作等方式，或许能够引导消费者对不安全的食品展开及时有效的声誉惩罚。但无论如何，证明同行业未被曝光的食品的“安全”，并且获得具有不同价值偏好和不同身体素质的消费者的普遍认同，则并不现实。

当然，当信任的断裂造成了“信息要件”无法达成，反过来的逻辑同样能够成立——能够降低有效社会监督对于信息“可验证性”的过高要求。具体而言，“信任”的重要价值在于能够应对信息不对称造成的复杂决策情境令“合作”得以产生。例如，我们假定消费者相信市场中更多的是提供安全产品的食品业者，那么，当出现突发性食品安全事件时，即便消费者并未接收到证明其他食品业者“清白”的“铁证”，但由于人们非常清楚，纵使市场中仍旧存在未被发现的违法业者这类情形亦仅占少数，而为了这极少数隐蔽在暗处的违法者，对整个相关行业展开“殃及池鱼”式的“用脚投票”惩罚显然并不经济，此时消费者的行为选择将契合于制度规划者所期望的“公众监督”模式——仅针对被曝光存在食品问题的业者展开严厉的市场惩罚。在这一过程中，“信任”一定程度替代了“信息”在指引行为人决策中的作用，令信息劣势者即便仍处于信息不对称的语境中，而依旧愿意认为博弈相对方不会不正当地利用其信息优势地位，由此，“合作”得以展开。

综上所述，“信任”和“信息对称性”是促成合作的关键变量，两者间存在此消彼长的替代关系，即当信息尤为不对称时，博弈参与人间较高程度的信任关系仍能令合作顺利地进行；反之，在信任缺失的语境下，合作博弈则对信息的可识别和可验证性具有较高要求。因此，信任和信息可验证的双重不足，使食品安全领域中公众监督从一开始便失去了有效展开的可能，更为甚者，由于社会公众在食品领域的信息劣势尤为显著,信任和信息的同时不足还将对公众监督、食品业者自律以及政府监督形成激励异化。

三、行业协会在社会治理中的优势分析

根据前文分析,当前的制度语境下,试图提升食品业者生产安全食品的激励成本是高昂的。而对于公众监督的强调,显然在于力图借助公众本身对于安全食品的内心期待及其所衍生的主动监督激励以及公众“用脚投票”行为对违法食品业者收益所能够造成的毁灭性打击。应当说,政府与不特定社会公众共同治理的食品安全监督格局,不啻于以无所不在的社会监督之“眼”极大程度降低了政府的执法压力。故而,如若政府—消费者协同监管的治理系统果真能得有效运行,再辅之以制度惩罚严厉性的大幅加强,确实能够有效降低食品市场违法行为数量。首先,专业壁垒极大程度降低了公众监督的效率性,因食品领域专业知识的不足,公众在监督食品问题时很难真正实现“精准打击”,其所发现的问题也难以切中食品安全治理要害。以2015年北京市第二中级人民法院的食品问题审理实践为例,其审结的食品安全纠纷案件数量尽管较上一年度增加了近5倍,但其中八成以上都是“职业打假人”提起的诉讼。[①] 由此可见,即便法律以“支付价款十倍或者损失三倍的赔偿金”[②]的规定力图激励公众积极地自我维权,然而,实践过程中仍然只有具有充分诉讼经验甚至丰厚诉讼资源的“职业”原告才能与违法主体有一争之地;其次,正如前文分析所言,信息作为公众

---

① 参见黄洁、安洪:《食品安全纠纷数量一年涨5倍》,载法制网,http://www.legaldaily.com.cn/zfzz/content/2016-03/15/content_6525676.htm?node=54623,2016年9月17日访问。

② 《食品安全法》第148条。

监督有效开展必不可少的要件之一，其在食品领域的严重缺乏再加之该领域的公众信任缺失，使我国当前食品领域的公众监督不仅未能高效展开且甚至会一定程度上出现激励异化；最后，作为一般社会大众，对其监督食品问题施以强制性义务显然是低效率且无法实现的，因此，只能以激励的方式推进公众对于食品安全问题的参与，这便对相关制度内容的设计与施行提出了较大的挑战。

相较之下，我们认为，具有足够专业知识和信息优势且本身身兼一定行业治理职责的行业协会，是更为经济且更具效率的食品安全"共治"主体。接下来，我们将详细分析行业协会在社会治理中究竟存在哪些优势、现实中又是否存在借助行业协会实现高效治理的成功先例，而具体到食品安全领域中，行业协会自治又呈现出哪些具体的样态。

（一）行业协会在社会治理中的比较优势分析

1. 行业协会社会治理优势的一般性分析

关于行业协会（trade association, industrial association）的定义，一般认为行业协会是由单一行业的竞争者所构成的非盈利性组织，其目的在于在促进该行业中的产品销售和为雇佣方面提供多边性援助服务。[①] 质言之，与政府的目的是在促进公共利益以及企业的目的在于促进个体利益最大化不同，行业协会的宗旨主要在于促进本行业的集体性利益或共通性利益。黑格尔在其《法哲学原理》中对行业协会的特征揭示中早就明确地指出："同业公会的普遍目的是完全具体的，其所具有的范围不超过产业和它独特的

① See Joseph Francis Bradley, The Role of Trade Association and Professional Business Society in America, Pennsylvania, Pennsylvania State University Press, 1965, p. 4.

业务和利益所含有的目的……"[①]在实践中，绝大多数行业协会都明确在其章程中宣示其宗旨在于促进本行业协会成员的共同利益，如1876年成立的美国银行家协会声称其组织目的在于促进银行和银行机构的普遍福利。[②] 值得指出的是，行业协会对本团体特殊利益的追求与保护，一来使行业协会所追求的利益及由此产生的效益都因之具有一定的社会公共性，在一定程度上具有"准公共物品"的特征，但同时由于其仅仅代表本团体的利益，所以，在追求和保护利益的过程中又容易因狭隘的团体利益而侵损社会公共利益。

那么，这一仅代表团体利益的"私益组织"，缘何能与政府相提并论、在经济干预中获得一席之位呢？我们认为，行业协会在经济干预中的正当性最主要来自其在市场与政府双重失灵背景下对于继续维持市场秩序的重要作用。具体而言，人们早已发现，市场这只"看不见的手"并非万能，有许多因素阻碍市场按照理想化方式运行的情形，如不完全竞争、经济活动的外部效应、公共品、自然垄断、信息不对称、次优问题等。[③] 在此背景下，政府干预成为对市场失灵的重要回应，但以布坎南为代表的公共选择理论认为政府干预仍然有可能达不到其目的，即发生"政府失灵"问题。这主要是指政府在公共决策或向社会提供公共物品时，存在自身无法克服或基本难以克服的缺陷而导致其制定的公共决策和提供的公共服

① ［德］黑格尔：《法哲学原理》，范扬、张企泰译，商务印书馆1965年版，第248页。

② See Joseph Francis Bradley, The Role of Trade Association and Professional Business Society in America, Pennsylvania, Pennsylvania State University Press, 1965, pp. 21 – 22.

③ 参见胡代光、周安军编著：《当代国外学者论市场经济》，商务印书馆1996年版，第22页。

务难以达到其理论上的应然状态的情形。由于有“政府失灵”的存在,所以,理论界逐渐倡导一种以行业协会为主体的第三条道路的理论,并且在这种理论看来,相较于“市场失灵”与“政府失灵”特别是“政府失灵”,行业协会在有效配置市场资源方面具有四个方面优势。

第一,行业协会有助于减少因信息不对称而引发的“政府失灵”。在行业协会的运作中,由于其政策的制定者与参与者都是该行业的企业,因而他们对本行业的发展状况,成本收益水平都了如指掌。那么,在政策的讨论和制定中,就可以避免出现一方为了自身利益而隐瞒有关数据,进而导致协会政策的偏差和资源浪费的可能。同时由于在行业协会中,信息不对称现象也将大为减少,因而至少可产生两方面的绩效:一是政策的主要取向和架构相当贴近产业发展现状,因而更具针对性;二是在政策制定的时机上,能更迅捷地回应经济发展的挑战,则更具时效性。当然,在行业协会的政策因为政策的需要必须具备国家强制力而上升为国家政策时,由于国家行政机构对行业营运现状仍是知之甚少,因而,仍难以避免行业协会欺骗行政主管部门的现象发生。但在我们看来,如果在同行业中允许竞争性的另一行业协会出现,那么将在极大程度上缓解这一现象的发生。

第二,行业协会有助于精简机构,防止政府官僚机构数量的膨胀。这是因为,国家部门管理机构与行业协会之间抛开国家管理机关更具有强制性和更具公共性以外,在行业内部管理方面其与行业协会实质上并无二致,相反,行业协会在管理人员的专业化以及信息的收集及运用方面更具优势地位。因而,行业协会在行业管理方面可以担负着国家经济管理机关的分权者甚或替代者的角色,基于此,国家下放或者让渡部分行政权力于行业协会便成为现实可能的一种方案。而这无疑对政府机构精简机关、减少人员开支极有助益，例如，在中国政府机构1998年较有力度的精简机构方案中，便是将多个部委转型为行业协会。此外，国家经贸委于2001年又将其下属9个国家局撤销，改为行业协会，虽然这些转型后的行业协会在许多方面仍是官办体制内的组织，但其努力方向无疑仍是值得称道的。

第三，行业协会有助于政策的实施，减少法律的运行成本。传统行业管理政策的制定，一般是建基于行政主管当局单向度的运作，没有经过充分的酝酿、讨论，也欠缺有关信息的传送与反馈，依此制定的政策由于实施对象的缺位，因而难免发生政策与实施主体意愿的碰撞甚至激烈对抗。那么，“猫捉老鼠”的故事将不断重复出现，由此必然引致政策的实然效应与其应然效应之间产生明显的差距，而行政当局为了强制推行其政策，实现其政策制定的初衷与目的，难免要加大执法力度，扭转实施对象的不配合，不协作，这样带来的一个后果便是增大了政策的执法成本。但是，如果行业协会像如前书所论证的那样成为行业政策的重要制定者和管理者，由于其是一个自愿民主的组织，它对自己制定的政策又进行了充分的动员，因而成员企业因之在政策参与的频度与深度方面都得到了极大的提升，那么，在一个得到实施对象充分讨论并进行了相对有效的利益衡平的政策必将在其实施中减少执行成本，进而实现政策的实际效果与其应然效应两者的高度契合。

第四，实证研究表明，像行业协会这种“公”“私”混合的自治性团体确实是解决“市场失灵”与“政府失灵”的有效武器，埃莉诺·奥斯特罗姆认为，利维坦或者私有化均不是唯一有效的解决方案。她从实证的角度分析了运用非国家（集权）和非市场（私有化）的解决方案解决公共事务的可能性。埃莉诺·奥斯特罗姆认为，人类社会中大量的公共池塘资源(the common pool resources)问题在事实上并不依赖国家也不是通过市场来解决的,人类社会中的自我组织和自治,实际上是更为有效的管理公共事务的制度安排。①

通过上述分析,我们的结论有两点:第一,行业协会在行业管理方面的确具备一些独特的优势,可以在很大程度上弥补国家干预上的缺陷,由此当"市场失灵"时,我们首先想到的不应当再是政府能做什么,而是行业协会可以做什么,因此,我们对"市场失灵"的思路就不再是"市场失灵"—政府干预两步走的思路,而应当是"市场失灵"—行业自治—政府干预的三步曲;第二,行业协会在社会系统的架构中,不应当仅仅被理解为是一个自律性组织,在更大程度或更深意义上,其应当是政府行政权力的一个分权者或替代者。而正是出于对上述问题的认识,故而我们认为当自治的行业协会发展较为成熟时,国家应当将部分的经济干预权让渡(更准确的用语应当是"还复")给行业协会。

当然,除了对"市场失灵"与"政府失灵"的弥补外,行业自治对国家不当干预的防范,对于可能存在的特殊行业需求的满足,以及对"经济民主"的回应等均使行业协会的经济干预权具有了正当性。因此,尽管作为私益组织,但各国都不同程度给予了行业协会干预经济的权利(较为普遍的如规章制定权、监督和管理成员企业的权力、行业标准制定权等)。也正是在这一背景下,我们提出在食品安全领域的治理中,在已经出现较为明显的市场与政府双重"失灵"的基础上,应重视行业自治的作用。

---

① 参见[美]埃莉诺·奥斯特罗姆:《公共事物的治理之道》,余逊达、陈旭东译,上海三联书店2000年版。转引自毛寿龙、李梅:《有限政府的经济分析》,上海三联书店2000年版,第171页。

2. 行业自治及其优势的实证性探讨——以德国、日本、美国三种典型模式为视角

结合上文分析，我们认为，借助行业自治以缓解“市场失灵”并推进政府治理绩效的进路是可行的，这背后的逻辑在于：

第一，行业协会在市场治理中具有不可忽视的信息优势。作为由同行业经营者自愿组织起来的社会团体，行业协会在食品安全治理中所扮演的角色较之政府更为多面且复杂，其作为食品行业的“局内人”甚至可能是引发食品问题的直接参与者，对于行业内部种种情况往往具有无可比拟的“信息优势”。“局内人”的身份使其不需要支付过多成本即能及时而详尽地获取行业内部信息，这自然令行业协会相较于一般社会公众乃至政府，往往能更为便利地发现或预防行业主体的不当行为。

第二，理论上而言，行业协会亦具有主动治理食品问题的激励。尽管行业协会属于典型的私益组织，其建立初衷在于维护行业自身（而非社会公众）的利益。但是，仅关注自身利益提升，长期来看显然并不能达到真正的行业利益最大化。以食品市场为例，短期内食品业者或许能得利用其信息优势以低质、劣质商品欺骗消费者、攫取不当收益，但这一行为一旦被发现，其不仅将承担法律或行政处罚，同时亦会面临消费者的“用脚投票”惩处和随之而来的企业声誉的迅速贬损，最终被市场彻底驱逐。因此，从长期、可持续收益的角度来看，与消费者达成合作博弈，而非一味仅关注自身利益的攫取往往是更为可取的，从这一层面上而言，只要市场和正式制度对制售非安全食品的行为的惩罚是可置信的，行业协会从维护整个行业利益的角度出发，亦具有主动展开自律治理的激励。

显然，行业协会的信息优势不仅能够令其高效地展开行业治

理,亦对其及时辅助违法业者隐瞒行为、规避政府监督提供了便利。因此,行业自律并不是行业协会首要的选择,只有协会相信其与违法企业的沆瀣一气将因制度层面以及消费者的惩罚而得不偿失时,主动进行市场治理才是可取的策略。那么,当我们试图在沿袭多年的"政府治理"之外,引入并强调"行业自治"时,实践中应如何安置政府与协会分别的角色进而实现两者间的有效合作与取长补短呢?在此,我们试图以第三部门发展较为成熟的国家为对象,厘清实践中较为成功的行业自治经验里政府监管与行业自治如何在市场治理中形成有效的互补关系,其中是否有哪些重要的"共性";进而具体到食品安全治理领域中,考察域外食品安全行业自治经验中行业协会—政府的权力互动方式。

(1)德国

德国行业协会的网络体系非常健全,行业协会覆盖率可以说是发达国家最高的。德国行业协会可分为三大系统:第一个系统是工商会,由跨行业的地区性协会组成;第二个系统是雇主协会,由企业家组成;第三个系统是工业联合会,由专业性和地区性协会共同组成。在法律地位上,德国的行业协会可以分为公法社团和私法社团两大类。具有公法性质的商会,企业主和企业必须依法参加;私法性质的协会是由私人经济组织自愿联合形成,各企业可自愿加入。从行业协会自身功能及其与政府关系看,德国行业协会呈现出以下主要特点:

第一,从产生历史上看,德国行业协会的产生与政府密切相关。德国很多历史悠久的行业协会是由早期君主立宪时期国家强制推行而建立的,是国家直接干预经济的结果,强调企业与政府的合作,如纽伦堡和汉堡的工商会早在十六七世纪就已出现。

第二,与美国行业协会自由放任模式不同,德国行业协会管理模式,属于大企业起主导、中小企业广泛参与、政府推动作用参与其中的模式,政府与行业协会的关系是一种合作协调关系。值得一提的是,无论是公法性质还是私法性质的行业协会,都是非官办的,更不是政府的直属机构,而是一种由经济主体支撑的民间组织,其生成具有较强的民间性,其运行具有充分的自律性和自主性。政府对协会在职能授予委托、经费补助等方面进行支持和推动的同时,并不直接管理也不干涉协会的运作,而是由议会对协会运行程序的合法性进行审定。

第三,德国行业协会与政府相互间的分工协作比较明确,联系渠道公开化程度高。行业协会经济实力雄厚,依靠会费、基金会和自身服务所得来维持和发展,对政府依赖程度小。行业协会与政府部门的联系主要通过法制渠道来影响政府的行政部门决策过程,政府与行业协会之间的联络透明度大。"联邦议会、联邦政府以及各部的议事规则以及联邦各州宪法中赋予行业协会的代表人士参加听证会等活动,也使行业协会影响政治经济决策的手段得以制度化"。①

第四,政府积极支持、鼓励行业协会发展。政府通过多种方式对行业协会在社会中的发展予以支持,如提供培训费用、项目补贴以及赋予各个行业协会发放相关培训证书的权力等。只要对于企业效率、职业培训、继续教育以及社会经济是有益的,政府都会给予支持和促进。②

第五,法律地位明确,权威性高。通过明确的法律条文,确立了行业协会的地位,进一步加强了行业协会的合法权威。例如,德

① 刘跃斌:《德国行业协会的服务职能》,载《德国研究》1998 年第 2 期。

② 参见陈秋良:《德国:企业利益的忠实代表》,载《经济日报》2002 年第 4 期。

国不仅在《基本法》《民法典》中对公民结社自由作出规定，还先后于1956年和1964年颁布了《关于工商会法的暂行规定法》和《社团法》分别作为公法协会和私法协会的法律依据。此外，行业协会还依法享有直接参与国家有关立法的权利，根据1958年8月1日颁布的《联邦各部议事规程》第23条规定，政府各部在制订法令时应邀请有关协会参加，各协会的有关成员可以在联邦一级的部门中以顾问、专业委员会成员或专家身份参加工作。①

(2)日本

日本亦强调协会与政府的合作关系，但与德国比较，日本行业协会具有更加强烈的政府色彩。日本2万多个行业协会从构成来看，可分为三种主要类型：第一种是特殊法人，其在业务上接受政府直接和间接的指导，由政府提供一定比例的经费；第二种是工业会，是由同行业的多数企业共同申请，由政府批准建立的行业组织，在法律上具有社团法人地位；第三种是任意团体，又称任意法人，包括企业组合、事业协同组合、商工组合等。② 从整体来看，日本政府对行业协会的干预和影响较大，行业协会充当着政府与企业的媒介与工具的角色。

第一，从管理模式上看，日本对不同类型的行业协会采取了不同的态度，如工业会的成立必须通过政府经济主管部门（原为通产省，现为经济产业部）审核、批准。工业会是最主要的行业协会，须在经济产业部登记，而地方性的协会则实施免登记或备案式的宽

---

① 参见刘跃斌：《德国行业协会的服务职能》，载《德国研究》1998年第2期。

② 参见王晓、庄小丽：《国外行业协会发展模式的比较研究》，载《市场周刊·理论研究》2006年第9期。

松管理。①

第二,从运行机制看,政府主管部门给不同的行业协会设定了活动界限以阻止行业协会之间的竞争,但实质上行业协会彼此地位不等,大协会占据明显优势。各类行业协会在贷款、项目、制度变化、产业政策及其他信息方面得到政府不同程度的支持,存在官助民办类型。

第三,协会与政府关系密切,行业协会与政府建立了稳定、经常的沟通联系机制。行业协会不仅服务于会员企业,为企业提供情报、培养人才等,还与政府部门联系密切,对政府政策产生影响。日本通产省(现经济产业省)产业结构审议会从 1964 年开始设立,至今仍在发挥作用。审议会委员会总数五百多人,其中 20% 以上是行业协会的代表。

第四,从运行效果来看,第二次世界大战以后,行业协会与日本企业、政府一起,共同形成了独特的 M 型社会,行业协会形成了政府与企业沟通的高效渠道,促进了矛盾的解决,其既能利用市场竞争的好处,又能保证政府的整体战略协调优势,从而提高了整个社会的运行效率。

(3)美国

在美国,行业协会作为第三部门与政府呈现一种竞争性治理的公共治理格局。美国的四千多个行业协会组织按是否营利的标准可分为非营利和营利两大类,前者构成行业协会的主流,后者是行业协会中的小部分,但两者都必须登记。美国行业协会在自身功能以及与政府关系方面呈现出以下特点:

---

① 参见王晓、庄小丽:《国外行业协会发展模式的比较研究》,载《市场周刊·理论研究》2006 年第 9 期。

第一，自发组织、自愿参加。[①] 这是美国行业协会最主要的特点，一般认为，美国的行业协会是纯粹自下而上的，没有政府参与的模式。美国没有专门的行业协会法律，各协会完全按照宪法赋予的“结社自由权”组织，各协会成员按照自己的意愿决定是否参加以及参加何种协会。从实践看，美国行业协会种类繁多、形式多样，全部是企业自发组织、自愿参加而组成的。

第二，国家对所有协会一视同仁，不作干预、不予资助。政府对行业协会采取自由放任的态度，既不资助也不干预它的活动；各协会尽管存在规模、实力、名气、重要性等方面的差异，但彼此间地位完全平等，不存在上下层级、隶属关系。[②]

第三，政府对行业协会采取自由发展、规范松懈的态度，但并不意味着政府对行业协会完全放任不管，其对行业协会的扶持与监管主要体现在两个方面：一种是日常管理，包括税务部门的常规性财务审计和对参与政治（主要指影响议会立法和政治选举）的经费的监管两种形式；另一种是对某些处于幼稚期的行业，政府在协会的建立和协调等方面加以扶持，主要也是通过间接手段而不是直接干预的方法，使行业协会的构建向有序化和系统化方面发展。此外，美国政府对行业协会涉及价格、产量、销售方面的反竞争活动也保持着高度的警惕。

第四，行业协会与政府的沟通主要通过议会形式进行。美国

---

① 值得深思的是，尽管美国行业协会发展史可以说是一部自愿组织、自由参加的历史，但美国行业协会发展的两次高峰（第一次是20世纪30年代，第二次是60年代末70年代初）均是在政府大力推动和鼓励下完成的。参见张纪康：《美国的行业协会及政府的管制》，载《外国经济与管理》1988年第11期。

② 参见王晓、庄小丽：《国外行业协会发展模式的比较研究》，载《市场周刊·理论研究》2006年第9期。

行业协会具有较强的利益集团特征,其往往通过议会的院外活动向各政府机构表达会员企业的愿望和要求,尤其在涉及政企矛盾的时候,往往直接诉诸议会,对政府施加压力。

第五,行业协会职权广泛。协会除具有传统的行业自律、行业服务等职能外,还向政府提供本行业发展趋势报告,负责贸易保护、市场损害调查和协调贸易纠纷等;代表本行业向政府反映情况,提出行业经济政策和制定行业标准,并协助政府制定和实施有关法规政策等。例如,美国半导体行业协会起草的《半导体知识产权保护法》由美国国会讨论通过后,最终成为世贸组织《贸易相关知识产权协议》的重要组成部分之一。此外,行业协会还有提起行政复议和司法审查在内的监督行政机关行政决策的职能。①

(4)经验与启示

尽管德国、日本、美国三国模式存在一些明显的区别,但我们无意夸大甚至强调这种差别的重要性,相反,我们认为,由于历史文化传统以及政治体制和法律制度等方面的差异,三国模式呈现出的不同是相对弱化的,因为这多半属于基于本国国情而做出的一种制度变通。探讨模式的差异固然重要,但抽象出三种模式的共性对于我们借鉴、完善本国行业自治以及协会与政府的关系更加具有价值。在笔者看来,德国、日本、美国三种模式的共性主要体现在:

第一,政会分开,协会自治。不管是强调行业协会对政府监督制约作用的美国,还是强调协会与政府合作治理的德国和日本,行业协会在法律上都具有独立的法人地位,与政府不存在隶属关系,

① 参见张仁峰:《美国行业协会考察与借鉴》,载《宏观经济管理》2005年第9期。

在决策、人事、财务和分配方面享有充分的自主权,政府不得任意进行干预。

第二,政府在协会成立以及运作中地位特殊。尽管各国都重视行业协会的独立和自治,但政府在行业协会的成立以及运行中均发挥着重要影响。多元主义模式下的美国最为强调行业协会的自发组织、自愿参加,但美国行业协会发展的两次高峰却出现在政府大规模鼓励和推动行业协会建设时。法团主义模式下的德国和日本一直以来都极为重视政府对行业协会发展的鼓励、引导作用,有意识地不断通过税收优惠、政策支持等措施推动行业协会的发展。

第三,有关行业协会的立法体系完善,行业协会法律地位明确。除美国缺乏直接针对行业协会的特殊法律外,①其他国家和地区都具备由宪法、社团法、工商会议所法或工商同业公会法、反垄断法等法律组成的完整法律体系,这些法律规定了行业协会与政府、行业协会与会员单位以及行业协会之间的权力责任关系,一方面使行业协会的活动得以依法运作、有序开展,另一方面也在于力图由此遏制行政不当干预,为行业自治的有效展开提供基本保障。

第四,注重政府与行业协会的沟通协调。日本政府各职能部门设立的审议会,德国政府设立的监督委员会等咨询机构,吸收主要协会的领导参加,经常开会进行讨论和交流,并且行业协会还具有法定的、经常性的渠道与政府进行高层协商,表达意见;由于有了这样稳定的、经常的对话渠道,行业协会主要采取协商而非压力民主的方式表达意愿,②并且也使“行业自治”在实践中具有了名副

① 基于美国的普通法特点,其关于行业协会的规定散见于法院的判例中。

② 参见潘雅莹、刘君丽:《德、日行业协会的启示》,载《法制与社会》2007 年第 12 期。

其实的地位。《美国法典》规定，联邦农业部部长在进行重大决策时，必须召开听证会，听取有关农业行业协会的报告，报告的内容包括稳定市场价格、改善市场环境、调整市场和产品结构等多方面。[①] 为方便与立法机构的沟通协调，美国许多行业协会都在华盛顿设立办事机构，负责游说议员以及相关政府官员。与之相对的，鉴于协会能得扮演代替行业“发声”、与政府展开磋商的重要角色，为了更好地形成合力、为企业自身谋求更大利益，会员企业亦因此更为愿意服从行业协会的治理，行业自律的绩效由此得到提升。

（二）食品安全领域中的行业协会治理

前文我们概括性地对行业协会在社会治理中的作用及优势进行了探查，总体而言，从理论分析及域外较为成功的行业协会治理经验来看，行业协会的确较好地实现了治理成本降低而治理绩效提升的作用。在这一部分，我们将具体到食品安全领域中，实证性地分析几种主要的行业协会自治模式呈现出的特征。

1. 行业协会主导下的食品安全治理

总体而言，协会主导型的互动方式并不常见，其强调行业协会在食品安全治理中第一位的角色，甚至有干预公权力机构决策之权。美国联邦州际奶品运输行业协会（NCIMS）[②]即属其中典型：在美国，食品药品监督管理局（Food and Drug Administration，FDA）是最主要的食品安全行政管理部门，但在乳制品监管中，美国联邦州际奶品运输行业协会发挥着更为积极的作用。首先，美国联邦州

① 参见张仁峰：《美国行业协会考察与借鉴》，载《宏观经济管理》2005年第9期。

② 对于美国联邦州际奶品运输行业协会的相关资料，参见《美国乳制品监管体系及质量管理概述》，载浙江省农产品进出口企业协会网，http://www.zjncpck.com/html/main/gwnyView/114524.html，2015年9月24日访问。

际奶品运输行业协会承担着美国乳制品质量安全风险分析工作。根据风险评估结果，美国联邦州际奶品运输行业协会需要为政府提供详细的法规修改方案并据此辅助政府建立先进的执法监测措施与预警系统。其次，美国联邦州际奶品运输行业协会有权制定细致的行业标准约束其成员行为，如其迎合美国乳制品食品安全保障体系中最重要的《A 级高温灭菌奶法令》(Grade "A" Pasteurized Milk Ordinance，PMO)制定的技术标准，从乳品企业厂房设计、容器设计到防止化学药品残留、工人卫生、设备监控等方面作出了周密的规定，对该政府法令的有效施行提供了重要的技术支持。最后，在乳制品的进出口过程中，美国联邦州际奶品运输行业协会也发挥着举足轻重的作用。在乳制品出口时，一些国家会要求出口国必须根据进口国法律对其产品进行检查和担保，而美国公权力机构并无执行其他国家法规标准的权力，于是，美国政府赋予了美国联邦州际奶品运输行业协会根据进口国标准制定并执行相关商品检查的权力，其检查结果将直接提供给进口国行政主管机构、并同时公布于《A 级高温灭菌奶法令》官方网站上；而对于美国乳品的进口，美国联邦州际奶品运输行业协会更有权就《A 级高温灭菌奶法令》所作出的进口决定以及各州进口权限予以否决。

当然，美国联邦州际奶品运输行业协会在美国乳品行业治理中的重要地位大约与其"官方色彩"不无关系——美国联邦州际奶品运输行业协会的组成成员除奶业养殖、运输、生产加工等行业业者外，亦包含《A 级高温灭菌奶法令》、农业部、各州的监管部门等公权机构。这自是为美国联邦州际奶品运输行业协会较一般民间自治组织而言具有无可比拟的影响力奠定了基石。同时，通过美国浓厚的选票政治机制，美国联邦州际奶品运输行业协会因其"官方色彩"而易受行政机构价值偏好左右的风险亦得到很好化解。

2. 政府主导下的食品行业自律

这一模式强调政府对于食品安全治理工作具有较高的统筹指挥权,而行业协会日常工作的展开也高度依赖于政府的政策支持。日本的农业协同组合(简称JA)即具有此方面特征。

日本农协本就由政府一手建立,其总体架构亦是出于便利政府指导而按照行政区划进行的划分。在此基础上,为了保证农协能够提供更为低价的服务以吸引更多成员加入,真正实现国内农业产业化管理的目的,日本政府专门针对农协出台了一系列倾斜性法律保护以及政策措施,例如,规定农协在农产品和农业资材的经营中可免受反垄断法的限制,对于农协在纳税税率上较一般法人给予了10%左右的优惠等。当下,日本农协的成员覆盖了日本99%以上的农户,其职权除为成员统一购买、贩卖农产品、提供生产经营上的帮助之外,还提供保险、医疗保健等生活方面的服务,并且近年来逐渐向信用、保险等金融事业渗透。应当说,从日本农协成功建立至如今无论是协会规模还是服务范围皆居于国内首位,其背后均有着明显的政府干预痕迹。甚至公权力机构直接向农协摊派行政工作的事例在日本亦非鲜见,[①]同时,当新的制度环境对农业协会改革提出迫切要求之时,仍是由政府牵头规划改革方案、推行具体措施。[②] 无论如何,日本农协自成立至今几十年的

① 参见李晶:《政府荫庇下的日本农协——仙台秋保町的人类学调查》,载《开放时代》2011年第3期。

② 日本政府在2014年5月14日召开的规制改革会议上发表了《关于农业改革的意见》,提出加快推进农协、农业生产法人、农业委员会改革。并在2015年1月的例行国会中提出了《农业协同组合法》修正案的框架,参见高强、陪彭超:《日本农协改革的最新趋势及展望》,载《农民日报》2015年1月24日,第3版;参见佚名:《日本农协权限将在3年内全部废除》,载新浪财经,http://finance.sina.com.cn/world/20150105/101621224314.shtml,2016年4月7日访问。

过程中，其在促成本国农业形成规模化、组织化经营管理进而提升农民收益方面的贡献是有目共睹的。

3. 政府与行业协会合作下的食品安全治理

这一政府—行业协会互动关系介于上两种情形之间，强调在食品安全治理中，尽管仍不乏互相听取意见的情形，但协会与政府各自具有独立的行动空间。我们以美国“新奇士”①农业协会（Sunkist Growers）为例阐述此类模式。

“新奇士”并不算是一家公司，而是比照公司模式进行管理与运营的农业合作社，其原名为“南加州水果与农产品合作社”（The South California Fruits and Agricultural Cooperatives），由加州与亚利桑那州六千多名柑橘种植者共同拥有。根据美国《非营利法人示范法》（Regulating the Management of Charities），协会成立并无门槛限制，只是协会的活动范围需以其设立时章程规定的内容为限；不过相应地，美国亦无如日本那般针对“重点”领域行业协会的专门性政策扶植。因此，“新奇士”在日常运作中从来秉承着自我管理、自我负责的原则，制定了一系列近乎严苛的标准化管理细则：从产品选种、栽培、采摘到果品筛选、包装，甚至关于肥料、农药的施用时间、剂量均有严格要求，而协会对于产品品种、品质、成熟期等信息的记录精确到了每一株果树；在此基础上，“新奇士”还规定了完备的产品追溯制度，且为了防止成员间形成恶性的价格竞争，协会对其产品的售卖规定了全球统一的品牌（Sunkist/新奇士）与价格。总体而言，“新奇士”农业协会将原本分散的小型个体果农组织起

① 关于美国新奇士橙农业协会相关资料，参见佚名：《美国新奇士橙农协会运作模式》，载《农村实用技术》2009 年第 2 期；佚名：《解密美国新奇士》，载新食品在线，http://www.newfood.com.cn/news/7602.htm，2015 年 9 月 24 日访问。

来,形成了规模生产,同时,通过如上种种严格的标准化生产要求,其自1893年建立至今,“新奇士”品牌有口皆碑,成为美国“80%的消费者知道和信任的名字”。①

4. 讨论与评价

在食品安全这一特殊的治理领域,有限的执法资源承载着来自全国范围的执法负荷和食品市场原就尤为严重的信息不对称问题,前文关于我国食品问题政府监督模式更迭的梳理中,已然呈现当前我国政府在管理食品安全问题时的力有不逮与效率不高等诸多问题。由此,同样有着正当性市场干预权的行业协会,凭借自身信息优势而能够在食品安全治理中显现出的独有优势逐渐引起了学者们以及实务工作者的重视。2009年《食品安全法》要求行业协会“引导食品生产经营者依法生产经营,推动行业诚信建设,宣传、普及食品安全知识”的基础上,特别补充了令协会“按照章程建立健全行业规范和奖惩机制,提供食品安全信息、技术等服务”的规定,从法律层面对行业自律提出了更多希冀。显然,立法者们已清醒意识到,若行业协会愿意主动约束行业不端行为,当这一威慑足够可信,食品安全治理效率将大幅提升。甚至,不仅止于我国,正如上文所言,世界上诸多其他国家亦在食品安全问题的治理中将行业协会自治作为缓解“市场失灵”与“政府失灵”双重困境的重要补充。

前文所述的三种食品安全行业自治模式并无优劣之分,其之所以能够获得成功,无外乎它们在分别的领域中与相应的制度语境形成了“耦合”。在协会主导模式中,政府的直接参与为协会获

① 胡晓云:《美国“新奇士”橙:百年品牌集聚张力》,载《农民日报》2014年4月12日,第6版。

得更多权力资源提供了契机，但同时对协会与公众分别就政府可能的不当干预行为握有可置信的威慑机制提出了较高要求；政府主导模式一般更适用于行业自律发展初期，此时行业协会不仅权力资源有限，自治能力亦颇为缺乏，政府予以更多的引导、包括专门性的政策扶助，能够带领协会快速通过这一艰难摸索的初始时期；而双方合作模式作为当下最为普遍的政府—协会互动方式，其最大限度保证了协会的行为自主，但这一模式要求市场拥有一定的自律氛围，因此，这一模式的重点不在于政府的“放手”，而是协会行为自主的背后，政府以及制度层面对于行业自治必要的政策、资源、信息等方面的支持与保障。

四、小结

本章集中讨论了我国当下完善食品安全治理机制的主要策略偏好的可行性。以我国2015年《食品安全法》的修订切入，我们认为当前我国公权力机构寄期望于结合重典及多元共治实现治理绩效的提升，其中，政府、食品业者、社会公众作为最为直观的主要共治主体被寄予厚望，但如前所述，囿于稀缺执法资源和繁重执法负荷政府的食品安全治理成效的边际效益已经难以仅凭自身实现较大程度的飞跃，而社会公众则由于信息严重不足和已经形成的信任危机，也很难较好地担任重要的监督角色，在政府治理绩效不足和公众监督威慑有限的背景下，我们显然也难以寄希望于食品业者主动提供安全的食品。在此背景下，我们提出行业协会治理或可成为可行的突破口，并由此结合域外经验剖析了行业协会治理的优势。

事实上，经过不断的讨论、探索，而今公权力机构与各方学者已然达成基本共识：在食品安全的治理中，行业自治对于弥补政府和市场的不足存在无可替代的比较优势（王名、孙伟林，2010；葛道顺，2011；景天魁，2012），应当令行业协会“发挥更大作用”。[①] 这种对于行业自律的关注在 2015 年逐渐展开的行业协会与政府“脱钩”的进程中被推向高潮，并且亦体现在法律的修订之中：2015 年《食品安全法》较之之前法律规定中对行业协会“引导食品生产经营者依法生产经营，推动行业诚信建设，宣传、普及食品安全知识”的要求之外，补充了“按照章程建立健全行业规范和奖惩机制，提供食品安全信息、技术等服务”的要求，可见法律制定者亦期望在正式制度的惩处威慑之外、行业协会同样能够建立起内部威慑机制以促进食品安全领域行业自律的迅速形成，且对于行业协会“提供食品安全信息、技术等服务”的要求也显示出公权力机构对行业协会信息与技术优势的认同。

但尽管如此，站在我国当前语境下，虽然行业自治在食品安全治理中的角色定位初见雏形，但从实际运行情况来看，无论是官方话语抑或民间评议，都极少见到对行业协会食品安全治理功能的研判，由此我们不禁要问：在我国法律以及政府开始逐渐关注食品安全行业自律的今天，行业协会能否担此重任？从协会自身的效用函数出发，其参与食品安全治理的目的和收益何在？行业自律的实现路径和举措有哪些？只有对这些问题予以全面的揭示，我们才能勾勒我国行业协会食品安全治理的路线图。

---

① 佚名：《发挥行业协会作用　共筑食品安全防线》，载《甘肃工商时报》网，http://www.gsaic.gov.cn/gssx/ther/2011/08/22/1313991338188.html；佚名：《国务院：行业协会应参与食品安全管理》，载腾讯网，http://news.qq.com/a/20120926/000395.html；朱建军：《福建：四举措发挥行业协会作用积极推进食品安全社会共治》，载《中国食品报》，http://www.cnfood.cn/dzb/shownews.php?id=23058，2015 年 5 月 4 日访问。

第三章　我国食品安全行业协会治理情况

——一个实证分析的视角

本章的目的在于实证性地探索，在我国真实的食品安全市场中，行业协会究竟扮演着怎样的角色、呈现什么样的面相以及其面对我国当前种种食品安全问题又具体作出了哪些回应。对此，本章主要分为三部分：我们力图探索我国当前行业协会的整体发展情况或者说自治困境，并希望能够通过这一分析，对我国当前行业自治情况进行一个总括式的了解，通过实证性地展示我国行业协会当前内部管理、资源获取等方面的真实图景，为接下来具体聚焦于食品领域探索行业自治情况打下基础。因此，第二部分和第三部分即是在此背景下，进一步借助《中国食品安全报》

和四个大型网络门户网站近年来的食品安全事件报道，分析食品领域行业自治情况。

一、我国食品安全行业协会发展特征

自改革开放以来，行业协会在我国得到了较快发展，政府秉承市场化改革的理念，按照行政与协会脱钩改革的渐进性改革路径，极大推动了我国行业协会自治水平的提高。尽管如此，在行业协会具体的实践过程中，我们仍发现不少问题，特别是在围绕食品安全领域行业自治所展开的调研中，发现我国行业协会在相关的自治水平和社会责任等方面仍存在较大提升空间。因而基于调研的便利和沟通的深入展开，我们选择了 S 省的行业协会作为标本来展开对标研究，以此在揭示我国行业协会在整体上所发展的特征和面相。

（一）我国食品安全领域行业协会的总体情况

我们穷尽相关搜索关键词，在"国家市场监督管理总局"相关网站的搜索页面仍然无法获取官方的数据统计或者情况介绍，网页搜索也没有获取相关的官方数据和信息。此外，通过"信用中国"网站可以找到部分已知官方名称的食品行业协会，但无法通过"食品""饮料""水产"等关键词进行搜索获取结果，显示无法找到，故而不能总体上统计相关协会数量。相关的个别报道难以反映总体上的数量、总体运行情况。因此，笔者通过"民政部社会组织管理局"官网中的"全国社会组织查询系统"进行了统计（如表 3－1所示），以期对全国食品类行业协会的基本情况做出一些基于具体数据的直观反映。

表3－1　全国社会组织查询系统食品安全相关社会组织情况统计

搜索关键词	对应社会组织总数	民政部登记	地方登记	登记状态正常的	已撤销	已注销
食品①	1819	12	1807	1571	51	197
水产②	1414	2	1412	1199	73	142
肉③	767	1	766	617	41	109
餐④	1354	1	1353	1236	26	92
菜⑤	3436	2	3434	2655	181	600
乳制品⑥	8	1	7	8	0	0
养殖⑦	5745	2	5743	4518	322	905

① 该项下的在民政部登记的全国性的食品社会团队有十二家，其中典型的食品行业协会有“中国营养保健食品协会”“中国绿色食品协会”“中国烘焙食品糖制品工业协会”“中国食品工业协会”“中国食品添加剂和配料协会”“中国食品和包装机械工业协会”和“中国食品土畜进出口商会”，另有“中国食品药品企业质量安全促进会”“科信食品与营养信息交流中心”“中国食品科学技术学会”和“新华青少年儿童食品质量研究发展中心”等与食品安全相关的社会团体，合计共十二家社会团体（其中，登记状态为正常的有十家，“中国食品工业协会”被标记为“活动异常名录”，显示为“2017年年检不合格”，另有一家社会团体显示“已注销”，无法查询名称等详细信息）。

② 该项下的在民政部登记的全国性的食品行业协会有一家为“中国水产流通与加工协会”。另有一全国性的社会团体“中国水产学会”。

③ 该项下的在民政部登记的全国性的食品行业协会有一家为“中国肉类协会”。

④ 该项下的在民政部登记的全国性的食品行业协会有一家为“世界中餐业联合会”。

⑤ 该项下的在民政部登记的全国性的食品行业协会有两家为“中国蔬菜协会”和“中国蔬菜流通协会”。

⑥ 该项下的在民政部登记的全国性的食品行业协会有一家为“中国乳制品协会”。

⑦ 该项下的在民政部登记的全国性的食品行业协会有一家为“中国鸵鸟养殖开发协会”，另有业务主管部门为国家科技部的“中国实验灵长类养殖开发协会”与本书食品安全协会无关。

续表

搜索关键词	对应社会组织总数	民政部登记	地方登记	登记状态正常的	已撤销	已注销
农药①	126	2	124	98	5	23
个体②	3163	1	3162	2728	68	367
饮料③	30	1	29	26	3	1

在反映社会团体的现状和整体情况方面，上述数据库应当说是具有较强的权威性。截至 2019 年 3 月 3 日 15 时 40 分，在该系统入库的全国社会组织数据共计 819,647 个，其中，在民政部登记的社会组织共 2300 个，其余的社会组织均为在地方民政系统登记。

而回到“食品行业协会”本身，在缺乏官方准确统计数据的情况下，以“食品行业协会”相关关键词搜索的方式，进行样本梳理和分析虽然不够全面和准确，也未能穷尽式进行关键词搜索，但作为整体性的辅助数据，通过上述食品行业协会相关的关键词检索，我们已经能够发现：从整体上看，首先，众多的食品行业协会中数量最大的集中在地方性的、区域性的，属于地方登记的行业协会。其次，食品行业协会的撤销与注销情况发生较为频繁，一些全国性的食品行业协会也出现了年检不合格的现象，应当说这一方面反映了我国社会团体管理能力进步的体现，另一方面也体现出我国食品行业协会短期化的特点，总体发展仍处于初级阶段。最后，由于

① 该项下的在民政部登记的全国性的与食品安全紧密相关的行业协会有两家，为“中国农药工业协会”和“中国农药发展与应用协会”。

② 该项下的在民政部登记的与食品安全紧密相关的行业协会有一家为“中国个体劳动者协会”。

③ 该项下的在民政部登记的全国性的食品行业协会有一家为“中国饮料工业协会”。

2015年《食品安全法》对于食品行业协会的表述本身为“食品行业协会”,但通过上述统计数据,可以看出实际上我国涉及食品安全的行业协会的名称众多,有的是以“商品名称”为关键词的如“中国饮料工业协会”,也有以食品大类为名称关键词的“中国食品工业协会”,还有以生产者、经营者身份信息为分类标准的“深圳市光明新区公明副食品批发个体户协会”。这些协会本质上均是属于我国法律规定的“食品行业协会”的范畴,由此,可以看出对于《食品安全法》第9条中规定的“食品行业协会”的法律解释和对象认定上,应该理解为我国食品安全领域行业协会的总称。而并非只是以“食品”为协会名称抑或“食品小类”为其协会名称的行业协会。

（二）我国食品安全领域行业协会的基本特征——基于S省的调研和实证

通过对S省内行业协会的实践调研,我们发现受地域、经济发展水平、政府政策等因素的影响,S省内行业协会整体发展和自治情况呈现出以下特点:

1. 虽然体制外行业协会正高速发展,但体制内行业协会仍居于主导地位

与我国其他地区一样,检视S省境内各行业协会,由政府直接负责组织成立的仍占绝大多数。不可否认的是尤其在协会建立初期,政府往往能够在推进行业自治、行业规范等方面发挥较大作用,但囿于体制内行业协会在自主性和独立性方面的天生缺陷,行业协会功能常常无法完全发挥。与此同时,伴随人们对行业协会功能认识的不断加深,由行业内企业自发筹建、自愿参加的行业协会不断增多。如S省电力行业协会是由5家电力企业发起设立,并经原S省经济贸易委员会批准,于2002年在S省民政厅注册登记的社会组织;S省婚庆行业协会是由成都婚庆行业协会等50家

婚庆行业企业共同发起设立；S省烹饪协会是于1987年9月由S省商业厅、S省劳动人事厅、S省供销社、S省旅游局、S省人民政府机关事务管理局、成都铁路局、成都军区后勤部、S省饮食服务公司联合发起成立的S省烹饪界最具权威性的民间社团组织；S省美食家协会是在2004年3月15日由S省热心美食文化事业的文化名人、美食品评专家、美食研究专家、美食烹饪专家、美食经营管理专家、美食教育家及各界美食鉴赏人士、美食行业的骨干企业家等自愿组成的、跨行业的非盈利性专业组织；S省饭店与餐饮娱乐行业协会于1996年自发成立，是由S省内从事饭店与餐饮娱乐经营和与饭店与餐饮业经营相关的企事业单位、团体经营管理人员、技术人员、专家学者等自愿组成的全省性的非营利性的行业性组织；2009年5月20日，S省工商联川菜调料商会由S省内多家知名川菜调料企业发起成立。这些S省的食品行业协会从组建、运作到发展基本上都直接与市场经济接轨，采用自发性、市场化的运作模式。

2. 行业协会脱钩改革正在推进，传统的“二元管理”模式逐渐消解

2012年以来，政府与行业协会商会关系进入了崭新的发展新时期。2012年11月，党的十八大报告提出要“加快形成政社分开、权责明确、依法自治的现代社会组织体制”。2013年11月十八届三中全会通过的《中共中央关于全面深化改革若干重大问题的决定》，进一步确立了政府向市场、社会放权的总体方向。上述两个文件都明确提出行业协会商会类等四类社会组织，可以依法直接向民政部门申请登记，不再经由业务主管单位审查和管理。2015年6月，中共中央办公厅、国务院办公厅《关于印发〈行业协会商会与行政机关脱钩总体方案〉的通知》（中办发〔2015〕39号，以下简称《总体方案通知》）的颁布，拉开了行业协会商会脱钩改革的大

幕。《总体方案通知》中规定“取消行政机关(包括下属单位)与行业协会商会的主办、主管、联系和挂靠关系。行业协会商会依法直接登记和独立运行。行政机关依据职能对行业协会商会提供服务并依法监管。依法保障行业协会商会独立平等法人地位”。同时,在最后明确要求“自本方案印发之日起,新设立的行业协会商会,按本方案要求执行”。该项工作已在全国和地方层面试点和铺开,有序进行。目前,S省业已基本完成对行业协会传统的双重管理——业务主管部门与民政登记部门,即组成行业协会除要到民政部门登记外,还需要以业务主管部门的审核同意为前提。一般情况下,行业协会的主管部门一般是该行业领域的主管机关,但随着行业协会商会脱钩改革的进程推进,一些地方政府已经或正在对业务主管机构进行改革,淡化甚至取消了业务主管机关的审核意见要求。

3.行业协会独立性增强,但潜在的行政干预不可避免

随着行业协会商会脱钩改革的进程加快,行业协会商会的独立法人地位逐渐完善和加强,其自治性逐渐凸显。但是,由于我国现在的行业协会商会有两种生成模式,一是“政府主导型”或“官方推动型”,二是“市场内生型”。其中,“政府主导型”的行业协会商会占据大多数。同时,如果从行业协会商会的“资产属性”即财产所有权方面来研究分析,通过梳理我国行业协会商会的历史发展脉络,我们认为可以将行业协会商会分成国有国资型、混合制型、纯粹民间型三种类型。国有国资型的行业协会商会承担部分政府的行政管理职能,其资产基本全部来自国家财政,基本上不收取会员会费,在运行期间也主要依靠财政拨款,主要领导人员任命由行政机关决定,管理方式完全是行政管理体制化。这类行业协会通常因政府授权而取得自上而下的行政合法性,随着组织的发展特别是在市场经济条件下面向行业和企业开展各种活动。混合制型

的行业协会商会，是指该类行业协会商会的资产是既有国有资产也有私有财产，两者混合在一起的。其内部人员既有国家行政人员和国企人员，也有民营人员和普通个人，但一般由国家行政人员占据主导地位。一方面，这类行业协会商会在资产方面和主要领导成员方面具有“官方色彩”，管理方式也颇具“行政色彩”。因此，撇开纯粹民间型行业协会不谈，无论“政府主导型”行业协会还是“国有国资型”行业协会或“混合制型”行业协会，即使现在进行了脱钩改革，增强了行业协会的独立性和自治性，但是，行业协会脱钩后，其人员迁移、管理体制和政治文化均或多或少受到一定程度的继承，其“权力”的一个重要渊源——行政机关的各类授权并不能完全隔离，行业协会的权威性也主要来源于行政机关的转移和让渡，行业协会并不能与行政机关尤其是主管机关完全割裂。行业协会为增强公信力、加强管理，势必与行政机关尤其是行业主管机关保持一致，以期得到行业主管机关的支持。同理，随着脱钩改革的加快，行业协会的独立性和自治性加强，行业协会蓬勃发展，政府亦不能完全放开对行业协会商会的监管。各类行政机关或多或少会采取各种措施对行业协会依法加强监管，例如，要求行业协会设立党支部加强党的领导，安排行政人员兼职行业协会的部分领导职务等。例如，成都市律师协会是西部一个比较大的律师协会，拥有超过1万余名律师会员。成都市律师协会的会长和副会长一般由知名律师事务所主任经过会员大会选举产生，但其秘书长一般由司法局律管处的正处级干部兼任。

4. 部分行业协会经费匮乏，运转困难

这一问题主要体现在“官办”或者具有半官方性质的一些行业协会，它们以前享受政府财政资金的支持，收取的会费只占经费的很小部分，随着政会分离改革的推进，部分行业协会失去了政府的财政拨款以及其他经费支持,而自身的经费体系没有建立,仅靠微薄的会费显然对一些协会来说不足以支撑其运转。从我们的实证调研来看,成都市各行业协会中除金属结构行业协会等少数运作得比较好的外,多数行业协会改制后经费得不到保障,唯一的经费来源只有会费。如成都市个体私营经济协会,注册登记的个体私营工商户几十万户,改制前,个私协会实际上是在工商局个私处两块牌子一套人马,按政策规定收取费用后,有一部可以返还作为工作经费,加上会费收入年多达几千万元。现在,协会改制与工商局脱钩后,不再履行登记收费职能,每年仅有 30 多万元的会费收入,除此以外再也没有其他经费来源。而全年协会开支要 90 多万元,协会生存都成了问题。[①] 但是,我们的调研也发现了通过市场化运作而较好地解决了经费问题的协会。四川省饭店和餐饮娱乐协会更多的是通过协会本身的服务、运作的活动产生收入。此外,如国家职业鉴定所、职业介绍所和培训中心提供的服务都要收取一定的费用,会费反而仅占协会运作经费很少的一部分,从而解决了经费匮乏的问题。

5. 行业协会职权仍然不足

从我们的实证调研来看,国家赋予行业协会的许多权利得不到实现,地方政府不愿意将权利赋予协会,甚至认为协会代表企业利益会与政府形成对立,也可能存在权力寻租。国家经贸委《关于加快培育和发展工商领域协会的若干意见》试行文件中赋予行业协会 17 项职能,可是目前这些职能在 S 省并没有得到落实,政府机关还是本着把协会当作“拐杖”,需要时就用,反之就置之不理;而企业也是非常现实的,协会没有行政赋予的职能,不能为其带来现实的利益,对于

---

① 参见程永信:《成都市行业协会改革发展的情况调查》,载四川民政网,http://www.scmz.gov.cn/Article/Detail? id=8719,2018 年 5 月 6 日访问。

加入协会及参与活动自然也缺乏足够的积极性。政府赋予协会开展各种服务性活动的权力更是远远不够,包括政府的政策支持和营造软性的环境:如S省工商联家居装修业商会试图举办一年一度的家居装饰材料交易会,可在解决该交易会的合法性问题时,就无法从政府那里获得政策支持,究其缘由,主要在于类似的交易会有较大的获益空间,这就使这一市场中存在诸多的竞争者,在竞争中,该行业协会显然并不具有天然的角色优势和资源依赖优势;类似地,S省化肥协会时常会接受政府的委托开展行业数据调查等工作,但这一工作却只能得到很少的费用,如上种种当然皆是无益于行业协会的成长。行业协会与政府的理想状态应是政会分开,行业协会拥有独立的职能,政府既要扶持又要给其独立的活动空间。

6. 行业协会内部治理不够完善

首先,行政人员的专业化程度不够。在我们的调研过程中发现,各协会虽然都建立秘书处作为日常管理机构,但目前完全市场化运行、协会工作人员全部为专职人员的协会并不多见,如S省饭店与餐饮娱乐行业协会。其他大多数协会或商会的秘书处人员或是政府退休人员或是协会会员,有的甚至是副会长兼任,且只有1~3人在日常办公。这种状况显然远远不能满足行业协会全面履行职能。其次,内部民主参与不够充分。会员大会为协会的最高权力机构,理应有权参与并决定与自身利益和行业利益有关的一切重大事宜。但实践中绝大多数行业协会仅规定每年召开一次会员大会,大多未规定会员有权根据一定的程序和事由申请或要求召开会员大会,并就某些重要事宜进行讨论决策。与此同时,我们发现行业协会内部往往仅建立了信息沟通的平台,却没有建立内部协商谈判的机制。再次,监督机制缺失。协会将众多制度和事宜的决策权赋予了理事会和常务理事会,在监督职权运行机制的安排上仅规定会员有批评建议和监督权以及每年一次的会员大会。这样的保障是远远不够的。最后,管理松散,服务层次低。

7. 行业协会处罚制度仍未能完全建立

首先,处罚措施较为简单。行业协会的处罚措施多种多样:批评教育、赔礼道歉、赔偿损失、内部通报、行业曝光、罚款、集体抵制、开除会籍、终身禁入等,但在所调研的协会中,处罚措施只有三种:批评教育、警告和除名。其次,程序性规定缺乏,处罚一定会涉及会员的切身利益,因而应设置一定的处罚程序保障会员的合法利益,而实践中的程序仅为提交理事会讨论通过,没有详细规定不同处罚措施的决策机构、执行机构和调查机构,也没有安排给会员辩解和听证的机会。再次,处罚无威慑力。多数行业协会在章程中规定对于违法违约的成员,行业协会将给予不同程度的处罚,直至除名。但是,在实际的操作中,行业协会处罚并没有取得应有的效果,成员对于协会提供的服务欣然接受,而对处罚规定却视而不见,尤其是大企业对于行业协会给予的警告、除名等威胁实际上并不在乎。最后,处罚意识淡薄。多数行业协会的领导人员否认行业协会有处罚权。如S省饭店与餐饮娱乐协会的吴秘书长认为:"行业协会没有真正的处罚权,处罚权属于国家,会员有违法违规行为,协会只能建议政府处罚,而无权直接做出处罚。"

8. 行业协会治理水平不高

在我们的调研中,我们发现S省内的大多数行业协会的治理水平较低,在互联网如此发达的信息化社会,一些食品安全领域内的行业协会缺乏较为规范的官方网站,例如,S省茶叶协会;一些协会即便有官方网站,但也缺乏对行业协会章程、历史沿革、组织机构等相关信息的介绍和公示,如S省火锅协会。

从上文分析来看,在公权力机构以及市场主体越来越发认可行业协会的“服务、沟通、公证、监督作用”①的背景下，我国行业协会的自主性与独立性总体而言都进行着不断的发展，但同样不可否认的是，从完全发挥行业协会信息优势、真正实现以行业自治推进市场治理绩效的角度而言，我国行业协会普遍还存在较多需要努力和改进的方面。这些一方面与我国多年来“大政府”的观念和实践经历存在密切关联，这就使我国严重缺乏自治的文化传统，行政权力至上的观念时至今日仍然深刻地影响着我们的意识，行政命令和行政权仍被视为是解决经济、社会生活中一切问题的最有效方式，因此，行业协会在自治方面仍然有行政依赖倾向，再加之政府手中治理资源的集中，更是使得政府对于行业自治的态度及其实质上提供的支持，很大程度上决定着协会的发展情况；另一方面，这一领域法制环境的不足也极大程度制约着行业自治的发展，具体而言，我国除《社会团体登记管理条例》外，对行业协会的性质、地位、职能在法律意义上来说并没有一个明确的规定，而《社团登记管理条例》也因侧重点在于突出国家对社会团体的监督而在推进行业自治上无法发挥较多作用；此外，行业协会自身在内部协调、自我定位、与公权力机构谈判中能力的缺乏，也对于行业自治的发展存在负面影响。

二、关于我国行业协会决策行为的初步推断与推论效验——基于近十年我国重大食品安全事件之实证考察

如上所述，我国行业协会在实践中存在上述诸多流弊，不可讳言，这些问题同样在食品安全领域中的行业协会存在，其实上述调研材料中不

① 早在1993年召开的中国共产党十四届三中全会上，在明确了我国通过改革开放要建立的经济体制是社会主义市场经济的同时，亦指出：作为市场经济体系的一个重要组成部分，要“发展市场中介组织，发挥行业协会、商会等市场中介组织的服务、沟通、公证、监督作用”。

少问题业已是对食品安全领域行业自治的反映，但是，基于上述调研的分析仅仅是从一般性和宏观角度对我国食品安全领域行业自治的一般考察，但具体到食品安全事例的时候，食品安全行业自治水平如何，其呈现如何的面相仍需要我们做更多的具体考证和分析，基于此，我们以食品安全重大事件为透视点，展开对我国食品安全问题的进一步实证分析。

（一）初步推论：基于2014年食品安全事件之具体考察

当前，《食品安全法》对行业协会“按照章程建立健全行业规范和奖惩机制，提供食品安全信息、技术等服务”的规定，从法律层面赋予了行业协会实质性职责，令行业自治在食品安全治理中的角色定位初见雏形。但即便如此，前文展现出的我国行业协会自治所普遍存在的不足也同样适用于食品安全领域中行业协会，最为直观的证明即是无论官方话语还是民间评议，都极少见诸对行业协会食品安全治理功能的研判。更为重要的是，思及当下我国食品安全行业协会治理，直观印象中，似乎更多仅见于法律、正式文件等“文本”层面的强调与呼吁，实践中则极少见诸积极主动甚至效率显著的行业协会自律实例。对此，我们以《中国食品安全报》①2014年报道的所有食品安全事件为蓝本，一一考察了该年度食品安全事件发生后行业协会的关注情况，力图更为真切地把握我国当前食品安全治理行业协会自律情况并与前文的理论分析和域外经验进行对话。

按照《中国食品安全报》的报道，2014年食品安全事件总体状况和行业协会回应情形，如表3－2所示。

---

① 之所以以此报为蓝本，主要在于相较之下最具权威性的质监部门工作报告或食品行业内部报告往往难以获取，而《中国食品安全报》作为我国食品行业唯一一份以宣传国家食品安全为主要内容，且由国家食品药品监督局进行业务指导的行业报纸——此两项“官方”色彩颇浓的标签之下，其内容即使不若前述两项内部文件翔实，但至少能够保证较其他全凭“眼球效应”安身立命的一般大众媒体更具客观性。

表 3-2 《中国食品安全报》2014 年全年食品安全事件报道与食品行业协会回应情况统计

事　件	发生区域	是否协会会员企业	有无回应	涉案金额	事件发生前的相关情况	协会回应态度	协会性质
“三无”(不见得有害但是无证)、“黑窝点”(含虚假标签、假冒食品)【数量小计:66】							
“三无”产品相关新闻							
东兰县销毁一批假冒伪劣过期变质食品	华南(广西)	否	无	2000 元	—	—	—
厦门鼓浪屿销毁违法食品 1000 余件	华东(厦门)	否	无	近 2 万元	—	—	—
石家庄查扣校园周边不合格食品 1110 袋	华北(河北)	否	无	—	—	—	—
吉林市查缴校园不合格食品 143 公斤	东北(吉林)	否	无	—	—	—	
廊坊市大厂回族自治县跃华食品有限公司生产销售不符合食品安全标准食品案	华北(河北)	否	无	违法所得 1108.79 元	—	—	—
银川查封篡改过期食品日期“黑窝点”	西北(甘肃)	否	无	—	—	—	—

续表

事件	发生区域	是否协会会员企业	有无回应	涉案金额	事件发生前的相关情况	协会回应态度	协会性质
泸州 4 家糕点企业擅自更改生产日期被查处	西南（四川）	否	无	—	—	—	—
乐山一厂家虚假标注食品生产日期被罚 2 万元	西南（四川）	否	无	—	—	—	—
天津市查扣不合格食品近 170 公斤	华北（天津）	否	无	—	—	—	—
哈尔滨市下架包装标签内容不合格食品	东北（黑龙江）	否	无	—	—	—	—
四川兴文县销毁不合格食品 300 斤	西南（四川）	否	无	—	—	—	—
防城港防城区查获一批原料无标识鸡爪	华南（广西）	否	无	—	—	—	—
华蓥联合检查食品安全没收“三无”食品 68 公斤	西南（四川）	否	无	—	—	—	—

续表

事　件	发生区域	是否协会会员企业	有无回应	涉案金额	事件发生前的相关情况	协会回应态度	协会性质
西安碑林区“黑窝点”搜出过期酸菜调料	西北（山西）	否	无	—	—	—	—
平原县检出热销食品不合格产品8个批次（标签）	华东（山东）	—	无	—	—	—	—
广东查处食品生产环节55批次不合格产品	华南（广东）	—	无	—	—	—	—
销售数万升过期油相关涉案者被判刑	华东（浙江）	否	无	—	—	—	—
缙云开展校园周边“魔爽烟”专项检查	华东（浙江）	否	无	—	—	—	—
江山清查“魔爽烟”类食品	华东（浙江）	否	无	—	—	—	—
马边查处600袋“魔爽烟”	西南（四川）	否	无	—	—	—	—

续表

事　件	发生区域	是否协会会员企业	有无回应	涉案金额	事件发生前的相关情况	协会回应态度	协会性质
食品“黑窝点”相关新闻							
通化市端掉两处牛下货黑加工点	东北（吉林）	否	无	—	—	—	—
福州查处两家“黑作坊”封存300多公斤猪内脏（黑作坊）	华东（福建）	否	无	—	—	—	—
昆山捣毁一冒牌调味料加工“黑作坊”	华东（江苏）	否	无	30余万元	—	—	—
北京顺义取缔散装猪血非法加工点	华北（北京）	否	无	—	—	—	—
新泰查处两家无证经营婴幼儿配方奶粉单位	华东（山东）	否	无	—	—	—	—
河池查处5起违法经营婴幼儿配方乳粉案	华南（广西）	否	无	4.05万元	—	—	—

续表

事　件	发生区域	是否协会会员企业	有无回应	涉案金额	事件发生前的相关情况	协会回应态度	协会性质
株洲5家无证豆芽生产小作坊被取缔	华中（湖南）	否	无	—	—	—	—
莆田清查489家无证无照食品小作坊	华南（福建）	否	无	—	—	—	—
松溪县查封两家食品生产“黑作坊”	华南（福建）	否	无	—	—	—	—
假冒酱腌菜“黑作坊”被查	华北（山西）	否	无	—	—	—	—
湖北黄冈铲除49个食品“黑窝点”	华中（湖北）	否	无	—	—	—	—
新疆查处豆瓣酱加工生产“黑作坊”	西北（新疆）	否	无	—	—	—	—
长治捣毁一无证生产假冒食品“黑窝点”	华北（山西）	否	—	—	—	—	—
青铜峡市黑凉皮小作坊被取缔	西北（宁夏）	否	无	—	—	—	—

续表

事　件	发生区域	是否协会会员企业	有无回应	涉案金额	事件发生前的相关情况	协会回应态度	协会性质
山东捣毁食用明胶“黑窝点”3个	华东（山东）	否	—	—	—	济南市中药发展协会秘书长:由于利益驱使,假冒劣质阿胶小厂如雨后春笋般递增。造假者利用制革下脚料、牛头腿皮等熬制阿胶,严重扰乱了市场秩序。载齐鲁晚报网, http://www.qlwb.com.cn/2014/0316/100186_3.shtml。	地方
防城港上思县查处2家无证米粉加工点	华南（广西）	否	—	—	—	—	—
非法生产加工叉烧的“黑作坊”	华南（广西）	否	—	—	—	—	—
湖州长兴工商捣毁两个食品制假“窝点”	华东（浙江）	否	—	—	—	—	—
承德市赵某某未经许可从事食品生产案	华北（河北）	否	无	违法所得17,508.8元	—	—	—

续表

事件	发生区域	是否协会会员企业	有无回应	涉案金额	事件发生前的相关情况	协会回应态度	协会性质
辛集市婴姿坊孕婴用品经营部未经许可经营食品案	华北（河北）	否	无	—	—	—	—
海南“海萝力”诺丽胶囊涉嫌无证生产被查封	华南（海南）	否	—	—	—	—	—
海南查获超万元无证经营食品药品	华南（海南）	否	无	—	—	2014年广东省营养健康协会秘书长阐释贴牌保健品乱象；石家庄市消费者协会工作人员：忽悠成风的保健品取证难，消协处理的老年人保健品方面投诉主要是要求商家兑现“无效退款”承诺。	地方

续表

事　件	发生区域	是否协会会员企业	有无回应	涉案金额	事件发生前的相关情况	协会回应态度	协会性质
私宰生猪相关问题协会回应态度	全　国	否	有	—	2006年珠海全部乳猪均为私宰。 2011年珠海一半肉档卖私宰肉:珠海市肉协抽样调查市区肉档,望调查报告引起相关部门重视;建议政府对市民悬赏举报;斗门区肉类协会:肉价新高促使了私宰肉屠宰量“逆市上扬”。2012年深圳市畜禽肉品批发商会:主要工作为打击私宰猪,苦于缺乏执法权而导致“尽管发现了私宰点也是毫无办法”,并且还缺乏司法部门的介入。	2014年(上饶市的私屠滥宰现象较全省其他地方尤为突出)江西省肉类食品协会。 2013年派人调研、形成书面报告、向省商务厅反映,时过一年再次调研发现窝点反倒比去年多出了5个。	地方
哈尔滨查扣7000斤未经检疫生猪肉	东北(黑龙江)	否	无	—	—	—	—

续表

事　件	发生区域	是否协会会员企业	有无回应	涉案金额	事件发生前的相关情况	协会回应态度	协会性质
九台市查处一非法屠宰生猪“黑窝点”	东北（吉林）	否	无	—	—	—	—
东丰取缔一处私屠滥宰加工点	东北（吉林）	否	无	—	—	—	—
海口多部门捣毁乳猪屠宰“黑窝点”	华南（海南）	否	无	—	—	—	—
豆制品“黑窝点”相关问题协会回应态度	全　国	否	有	—	2011年贵阳豆制品“黑作坊”：贵阳市食品工业协会副主任解释为何“黑作坊”盛行；2013年江苏“黑窝点”豆腐流向上海：上海豆制品行业协会发布上海豆制品总体安全状况。	2014年豆制品行业的尴尬现状和三条建议。	地方
海南洋浦区查封生产豆腐“黑窝点”	华南（海南）	否	有	—	—	—	—
赤壁取缔2家豆制品“黑作坊”	华中（湖北）	否	有	—	—	—	—

续表

事件	发生区域	是否协会会员企业	有无回应	涉案金额	事件发生前的相关情况	协会回应态度	协会性质
制售假冒食品(“黑窝点”)相关新闻	—	—	—	—	—	—	—
梅河口警方端掉一制售假鹿鞭窝点	东北(吉林)	否	无	—	—	—	—
假蜂蜜问题协会回应态度	全国	—	有	—	2010年重庆蜂业协会秘书长:重庆蜂产品行业要加强质量管理;2011年中国蜂产品协会:七八成的蜂蜜没有问题,蜂蜜行业的相关标准与法规还不够完善,为“钻空子”的不良企业提供了可乘之机。	2014年国际食品包装协会常务副会长:对假蜂蜜仍难以检出;2014年全国蜂产品协会副会长:如何辨别假蜂蜜。	—
利川市食药局端掉一蜂蜜制假窝点	华中(湖北)	否	有	—	—	—	—

续表

事件	发生区域	是否协会会员企业	有无回应	涉案金额	事件发生前的相关情况	协会回应态度	协会性质
假羊肉相关问题协会回应态度	—	—	—	—	2013年中国烹饪协会副会长、中国烹饪协会火锅专委会主任:斥责个别企业、呼吁有关部门监管。 2013年中国畜牧业协会羊业协会的内部人士:假羊肉出现的根源是因为利益的驱使。 2013年广州市饮食行业商会:对下属会员单位下发了自查通知。 2013年福州市餐饮烹饪行业协会秘书长:假羊肉事件短期内对火锅店生意影响不大,协会虽然制定了行业标准和规范要求,但更多情况下只能要求大家“自律”,没有强制效力。	2014年天津市肉类协会负责人:假羊肉做得越来越逼真,不法商贩用鸡肉、猪肉等压制出羊肉特有的“大理石花纹”,甚至用羊尿制造出羊膻味。	全国&地方

续表

事　件	发生区域	是否协会会员企业	有无回应	涉案金额	事件发生前的相关情况	协会回应态度	协会性质
	—	—	—	—	2013 年上海市餐饮烹饪行业协会副秘书长：一些经营羊肉卷的火锅店生意确实受到了影响，客流量有所下降。	—	—
被告人任小丽等 4 人以收购的狐狸肉、鸭肉——假羊肉	华东（山东）	否	有	—	—	—	—
山东省阳信县制售假羊肉失职渎职案	华东（山东）	—	有	—	—	—	—
饮料问题	全国多地	否	—	—	2011 年中国饮料工业协会：饮料食品安全问题主要出在餐饮和街边水吧、果汁店、奶茶店等自制饮料和“黑作坊”生产的伪劣假冒产品上……通过可选严格的标准制定，提高产品门槛，抵制假冒产品出现。	—	全国

续表

事件	发生区域	是否协会会员企业	有无回应	涉案金额	事件发生前的相关情况	协会回应态度	协会性质
邯郸市磁县孙某制售假冒知名品牌饮料案	华北（河北）	否	无	—	—	—	—
湖南省新田县扣押8520瓶假冒红牛饮料	华中（湖南）	否	无	—	—	—	—
假酒问题	全国多地	—	—	—	2010年若买到假酒，可向巴州酒类协会进行投诉（载巴音郭蒙古自治州人民政府官网，http://www.xjbz.gov.cn/html/shxw2010/2010-1/5/12_05_21_33.html）；2011年面对假酒事件猖獗，绍兴首个酒类经销商协会成立，通过协会组织自检和行业自律，提高绍兴酒类的知名度（搜狐焦点网，http://news.focus.cn/sx/2011-08-26/16453333.html）。	—	地方

续表

事　件	发生区域	是否协会会员企业	有无回应	涉案金额	事件发生前的相关情况	协会回应态度	协会性质
沧州市贾某某等制售假酒案	华北（河北）	否	无	—	—	—	—
荣辉天天渔港餐饮有限公司经营假冒名酒遭顶格处罚	西南（四川）	否	无	违法所得2664元	—	—	—
东台工商公安联合执法端掉一制造假酒窝点	华东（江苏）	否	无	—	—	—	—
天津工商查获假冒名酒2900余瓶	华北（天津）	—	无	3.4万元	—	—	—
海南查扣5000多箱冒牌啤酒	华南（海南）	否	无	—	—	—	—
广东省食品药品监管局突击查处假酒窝点	华南（广东）	否	无	—	—	—	—
深圳查获案值76万元假冒习酒	华南（深圳）	否	无	—	—	—	—

续表

事　件	发生区域	是否协会会员企业	有无回应	涉案金额	事件发生前的相关情况	协会回应态度	协会性质
非法/违规使用添加剂、化学物品（有害）【数量小计:39】							
南京市臭豆腐用硫酸亚铁染色	华东（江苏）	否	无	—	—	—	—
岳阳破获重大生产销售有毒有害保健食品案	华中（湖南）	否	无	1亿元	2012年中国消费者协会和中国保健科技协会的调查结果显示，有超过70%的保健食品在宣传上存在虚假和夸大（载万家热线网，http://365jia.cn/news/2012-11-12/5C0FD19F2B6E7B72.html）；2014年北京医药行业协会、北京保健品协会发布“尚德守法、诚信自律”倡议书（载北京保健品化妆品协会官网，http://www.bjhpa.com.cn/）。	—	全国&地方

续表

事件	发生区域	是否协会会员企业	有无回应	涉案金额	事件发生前的相关情况	协会回应态度	协会性质
南京蜜饯添加剂超国标被下架	华东（江苏）	否	无	—	—	—	—
广东依法查处潮州博大食品公司生产三聚氰胺酸奶片糖果案件	华南（广东）	—	无	—	2008年食品工业协会糖果专业委员会会长：“三聚氰胺”奶粉事件目前对中国糖果业的影响有限，糖果业将提振信心，做大做强（载新华网，http://www.news.xinhuanet.com/newscenter/2008－11/25/content_10411899.htm）。	—	全国
海南捣毁利用双氧水制售有毒有害凤爪加工点	华南（海南）	否	无	—	央视焦点访谈曝光安徽省定远县“徽祥”企业双氧水毒凤爪事件，中国罐头工业协会理事长解读双氧水。	—	全国
南平市2个水发食品非法添加剂“黑窝点”被端	华东（福建）	否	无	—	—	—	—

续表

事件	发生区域	是否协会会员企业	有无回应	涉案金额	事件发生前的相关情况	协会回应态度	协会性质
深圳生鲜面制品超三成不合格	华南（深圳）	—	无	—	—	—	—
张家口市林某非法添加硼砂加工面条	华北（河北）	否	无	—	—	—	—
江西多部门联合捣毁三家食品生产“黑窝点”——硼砂	华东（江西）	否	无	—	—	—	—
南京佐田香精香料有限公司生产的桂皮粉——铅超标	西北（陕西）	—	无	—	—	—	—
南京甘汁园糖业有限公司生产的甘汁园玉米淀粉——霉菌超标	西北（陕西）	—	无	—	—	—	—
南京市江宁区段氏酱园蔬菜加工厂生产的海白菜——总砷含量超标	西北（陕西）	—	无	—	—	—	—

续表

事　件	发生区域	是否协会会员企业	有无回应	涉案金额	事件发生前的相关情况	协会回应态度	协会性质
南京百震食品有限公司生产的豆奶味豆浆——安赛蜜超标	西北（陕西）	—	无	—	—	—	—
龙州县专项整治硫磺熏制辣椒八角	华南（广西）	否	无	—	—	—	—
山东省潍坊市峡山区生姜种植违规使用剧毒农药失职渎职案	华东（山东）	否	无	—	—	—	—
幽香苑牌枸杞、叶下桃牌酱香梅肉：二氧化硫和甜蜜素超标被下架	华北（北京）	—	无	—	—	—	—
添加剂调出的米线	西南（云南）	否	有	—	2010年（“一滴香”事件后）南省过桥米线协会、蒙自过桥米线协会表示：云南的米线绝对是安全，没有添加任何添加剂（中国114黄页网，http://km.114chn.com/NewsHtml/530100/news	云南省食品药品监督管理局召开全省米线行业协会筹备工作会议（云南省食品药品监督管理局官网，http://www.yp.yn.gov.cn/nfda/72343467061149696/20141217/290906.html）。	地方

续表

事　件	发生区域	是否协会会员企业	有无回应	涉案金额	事件发生前的相关情况	协会回应态度	协会性质
					101024000336. htm）；2011年云南过桥米线协会的马经理：为了筋道、防腐，米线等食品在加工过程中添加一些物质是普遍现象。如果使用正宗的食品添加剂，那也无可厚非。但好多生产者在米线里添加硼酸、硼粉等，有的甚至为了米线的颜色更鲜亮还用吊白块漂白。米线的产品质量得不到保障，这种情况不仅出现在外地，即便在云南本地，很多米线也都来自家庭式小作坊（东北新闻网辽宁频道，http://liaoning.nen. com. cn/liaoning/264/3827264_1. shtml）。		

续表

事　件	发生区域	是否协会会员企业	有无回应	涉案金额	事件发生前的相关情况	协会回应态度	协会性质
清河县万某某非法添加“硫酸铝铵”案	华北（河北）	否	无	—	—	—	—
北京多款白酒因添加甜蜜素被下架	华北（北京）	—	无	—	—	—	—
马边集中销毁24吨含硫磺超标蕨菜	西南（四川）	否	无	—	—	—	—
仟润牌红薯仟润粉丝——致癌物	华南（广东）	（极润食品科技有限公司）	无	—	—	—	—
江东食品加工厂生产的香脆丁糖精超标	华南（广东）	—	无	—	—	—	—
辛集市“鹿丰食品添加剂”经销店销售铬超标食用明胶案	华北（河北）	否	无	—	—	—	—
广西检出7批次不合格食用植物油	华南（广西）	否	无	—	—	—	—

续表

事件	发生区域	是否协会会员企业	有无回应	涉案金额	事件发生前的相关情况	协会回应态度	协会性质
毒腐竹相关问题协会回应态度	全国多地	否	—	—	2001年福州闽侯部分企业生产的有毒腐竹经省内外媒体曝光后，在各级质量技术监督部门的引导下成立腐竹行业协会，由协会对腐竹产品质量进行把关，经监制检验合格方可出厂上市（载新浪财经频道，http://finance.sina.com.cn/x/74726.html）；2008年荔城区米粉、腐竹协会会长分别宣读了《承诺书》，表示将绝不使用不合格生产原料，绝不添加有毒有害物质，绝不超范围超限量使用食品添加剂，绝不掺杂使假。与会的协会会员及食品加工企业业主纷纷在承诺书上签名。现场销毁前段时间	国际食品包装协会秘书长、食品安全专家董金狮：辨别腐竹优劣方法（载中国日报网，http://www.chinadaily.com.cn/dfpd/ln/2014-11/24/content_18968274.htm）；朝阳区食品协会副会长鲍新春：说明吊白块、硼砂等为有毒有害物质、非法添加剂以及如何辨别（凤凰山东直播网，http://sd.ifeng.com/food/zhengcedaoxiang/detail_2014_12/02/3230417_0.shtml）。	全国&地方（主要）

续表

事件	发生区域	是否协会会员企业	有无回应	涉案金额	事件发生前的相关情况	协会回应态度	协会性质
					查获的一些有毒有害食品（食品饮料招商网，http://www. 5888. tv/brand/hjljksp/news/8840）。		
菏泽捣毁一非法加工腐竹窝点	华东（山东）	否	有	—	—	—	—
七省特大“腐竹案”	全国多地	否	有	—	—	—	—
食品调料中加“罂粟壳”相关问题协会回应态度	全国	—	有	—	2009年市场中称罂粟壳为调味料而贩卖：中国烹饪协会副会长认为罂粟壳没有调味功能（载人民网，http://paper. people. com. cn/smsb/html/2009-08/28/content_328727. htm）；2011年西安市场贩卖罂粟壳：陕西省烹饪协会副会长罂粟壳属于国家管制药品，但是，确实具有调味功能，因此，	2013年火锅产业年会中对罂粟壳事件予以反省总结（中国烹饪协会官网，http://www. ccas. com. cn/Article/HTML/105576. html）；内江市餐饮烹饪协会会长：对于外地餐饮行业出现添加罂粟壳的行为，我们坚决抵制（川南在线，http://www. chuannan. net/Article/dqgl/201411/75104. html）火锅协会称	全国&地方

续表

事　件	发生区域	是否协会会员企业	有无回应	涉案金额	事件发生前的相关情况	协会回应态度	协会性质
					才会被不法商贩利用(华商网，http://hsb. hsw. cn/2011 – 03/19/content_8027291. htm);2012 年江西省食品添加协会:江西开展专项整治活动(大江网信息日报,http://www. jxnews. com. cn/xxrb/system/2012/11/08/012169230. shtml)。	发现一定严查(中国特色火锅门户,http://www. zgtshg. com/news/17969646. html)中国消费者协会:涉嫌刑事犯罪(载央广网,http://finance. cnr. cn/31 5/gz/201411/t20141101_516705464. shtml);2014 年火锅协会称发现一定严查(中国特色火锅门户，http://www. zgtshg. com/news/17969646. html)。	
陕西餐馆调料添加罂粟壳等有毒有害物质	陕　西	否	有	—	—	—	—
南京火锅底料中查出罂粟碱和罗丹明 B	华东(江苏)	否	有	—	—	—	—

续表

事　件	发生区域	是否协会会员企业	有无回应	涉案金额	事件发生前的相关情况	协会回应态度	协会性质
毒豆芽（无根豆芽）问题协会回应态度	全国多地	—	有	—	2012 年长春市消费者协会提醒消费者对“无根豆芽”应当心；九台市工商局及九台市消费者协会正实行地毯式排查，对查处的问题豆芽一律收缴、查扣（载搜狐滚动新闻，http://roll. sohu. com/20120322/n338512538. shtml）；2013 年中国豆芽产业协会监事：解释相关药物可能造成的危害（网易新闻，http://news. 163. com/13/1127/00/9EL7QF5F00014AED. html）。	2014 年中国食品工业协会豆制品专业委员会曾就无根豆芽是否有毒向农业部致函；中国豆制品专业协会秘书长说明相关规定对人们定性毒豆芽时造成的误解，协会向最高检和公安部有关部门发去建议函，建议有关部门对“毒豆芽”案件裁定依据进行研究（南方周末网，http://www. infzm. com/content/105374）；中国食品工业协会豆制品专业委员会主办的豆芽生产技术论坛暨豆芽食品安全与标准研讨会：讨论认为“无根素”非有害物质。2014 年 5 月，国家卫计委正式下达《食品	全国（主要）&地方

续表

事　件	发生区域	是否协会会员企业	有无回应	涉案金额	事件发生前的相关情况	协会回应态度	协会性质
						安全国家标准豆芽》的修订计划，并委托中国食品工业协会豆制品专业委员会起草并于同年 11 月 6 日向业内公开征求意见。与现行的产品标准相比，该草稿明确将“6－苄基腺嘌呤”定性为“植物生长调节剂”，并将其列为豆芽生产中允许使用的物质（网易新闻，http://news.163.com/14/1118/14/ABBE3Q7N00014SEH.html）；中国豆制品专业协会秘书长：6－苄基腺嘌呤已明确不能作为食品添加剂使用，但能否作为农药在豆芽中使用相关部门尚未给予明确（新华网，http://www.sc.xinhuanet.com/content/2014－12/17/c_1113669916.htm）。	

续表

事　件	发生区域	是否协会会员企业	有无回应	涉案金额	事件发生前的相关情况	协会回应态度	协会性质
乐东县食药局查获无根豆芽	华南（海南）	否	有	—	—	—	—
郏县捣毁6个“毒豆芽”窝点	华中（河南）	否	有	—	—	—	—
江西捣毁4家“毒豆芽”生产作坊	华东（江西）	否	有	—	—	—	—
广安执法人员打掉一毒豆芽生产窝点	西南（四川）	否	有	—	—	—	—
山东检验检疫局助力“毒豆芽”案侦破	华东（山东）	否	有	—	—	—	—
保定市崔某等生产销售“毒豆芽”案	华北（河北）	否	有	—	—	—	—
邢台市桥东区李某某等人生产销售有害豆芽案	华北（河北）	否	有	—	—	—	—
天水市麦积区查获生产豆芽非法添加	西北（甘肃）	否	有	—	—	—	—

续表

事　件	发生区域	是否协会会员企业	有无回应	涉案金额	事件发生前的相关情况	协会回应态度	协会性质
浏阳四嫌犯三年制售毒豆芽80余万斤	华中（湖南）	否	有	—	—	—	—
其他添加剂相关新闻	—	—	—	—	—	—	—
制销松香猪头肉一男子获刑3年	华东（江苏）	否	无	—	—	—	—
湖州端掉一用猪血甲醛制售假鸭血作坊	华东（浙江）	否	无	—	—	—	—
问题原料制售食品【数量小计:17】							
四川叙永县一商家经营不合格冷冻食品被罚(“僵尸肉”)	西南（四川）	否	无	—	—	—	—
云南丰瑞油脂有限公司、云南丰瑞粮油工业产业有限公司—购买非食品原料生产并销售食用猪油	西南（云南）	否	无	—	—	—	—

续表

事　件	发生区域	是否协会会员企业	有无回应	涉案金额	事件发生前的相关情况	协会回应态度	协会性质
广东特大贩卖病死猪团伙被端	华南（广东）	否	无	3850万元	—	—	—
龙岩市查扣2800公斤问题肉制品	华南（福建）	否	无	—	—	—	—
病死猪流入市场	华东（江西）	否	无	—	—	—	—
定州市吕某等非法收购、屠宰病死羊案	华北（河北）	否	无	—	—	—	—
被告人宋纪述等5人对生猪注水	华东（山东）	否	无	—	—	—	—
安徽省萧县大量制售病死猪肉失职渎职案	华东（安徽）	否	无	—	—	—	—
被告人王焕利收购病死鸡加工	华东（山东）	否	无	—	—	—	—
海口市“黑窝点”用猪皮下脚料炼油	华南（海南）	否	无	—	—	—	—

续表

事　件	发生区域	是否协会会员企业	有无回应	涉案金额	事件发生前的相关情况	协会回应态度	协会性质
“广琪”过期原料案	华东（江苏）	有涉及	有	—	—	杭州市焙烤食品糖制品行业协会在“3·15”当晚,协会秘书处连夜联系各个会员企业,要求对涉及广琪的产品进行全面排查封存,等待相关部门进行质检;杭州市焙烤食品糖制品行业协会,发现均未采购央视曝光的广琪问题产品;3月18日,协会秘书处起草了坚守“民以食为天,食以安为先”倡议书;3月19日,协会秘书处开展了协会工作人员关于食品安全的学习;之后,接受采访、汇报工作、走访调研（http://www.hzsm.gov.cn/dynamic/Infolist.asp?BcgID=497&IciID=301443.17）;杭州烘焙行业	地方

续表

事　件	发生区域	是否协会会员企业	有无回应	涉案金额	事件发生前的相关情况	协会回应态度	协会性质
						协会秘书长孟瑞兴认为这次事件，对杭州烘焙产业，打击有点大（人民网财经频道，http://finance.people.com.cn/n/2014/0317/c70846-24654475.html）。	
“福喜”问题食品	全　国		有	—	—	广东省餐饮服务行业协会名誉副会长：接受其供货的各大洋快餐品牌商，没有去阻止供应商的违规行为，不管是由于无力监管或者监管不到位，必须为此担责（新浪广东网，http://gd.sina.com.cn/hz/eat/2014-07-22/09174527.html）；中国肉类协会副秘书长：暴露了目前国内对肉类屠宰加工管理监管的缺失（http://money.msn.com.	全国&地方

续表

事　件	发生区域	是否协会会员企业	有无回应	涉案金额	事件发生前的相关情况	协会回应态度	协会性质
						cn/business/20140723/06591708885. shtml)；中国烹饪协会：强烈谴责、要求全国餐饮企业完善供货商审查制度（长城网，http://315. hebei. com. cn/system/2014/07/29/013737677. shtml)；中国肉类协会负责人：立法不完善，监管机构难以履行职责（观点中国，opinion. china. com. cn/opinion – 14 – 106114. html)；上海市餐饮烹饪行业协会：组织企业反思福喜事件并公布了《餐饮企业确保食品安全承诺书》（中国经济网，www. ce. cn/cysc/sp/info/201408/26/t20140826_3423312. shtml)；2014	

续表

事件	发生区域	是否协会会员企业	有无回应	涉案金额	事件发生前的相关情况	协会回应态度	协会性质
地沟油问题协会回应态度	全国		有		2010年重庆市火锅协会、市餐饮协会、市饮食行业协会,发出倡议杜绝使用“地沟油”、接受社会监督(搜狐健康,http://health.sohu.com/20100326/n271108445.shtml);2011年珠海市食品行业协会会长:协会愿意自掏腰包悬赏征集地沟油线索1000元/条(珠海信息网,http://www.0756.la/viewnews-640112.html);2012年上海市餐饮烹饪行业协会:“新型地沟油”对于餐饮企业而言,可能防不胜防,需要执法部门从源头上进行治理(第一财经网,http://www.yicai.com/news/2012/04/1599027.html)。	年成都废弃油脂资源化利用协会:从收油地点到下游生产企业产出的产品,一一登记在案,形成废弃油脂采购登记制度(载新华网,http://news.xinhuanet.com/legal/2014-08/03/c_126825996.html)。	地方

续表

事　件	发生区域	是否协会会员企业	有无回应	涉案金额	事件发生前的相关情况	协会回应态度	协会性质
重庆多部门联合捣毁5家加工地沟油“黑作坊”	西南（重庆）	—	有	—	—	—	—
宁南县捣毁一处制售地沟油窝点	西南（四川）	—	有	—	—	—	—
东方市取缔非法炼制500公斤“地沟油”窝点	华南（海南）	否	有	—	—	—	—
被告人井西军等14人——地沟油	华东（山东）	否	有	—	—	—	—
江苏省东海县康润食品配料有限公司非法制售“地沟油”失职渎职案	华东（江苏）	—	有	—	—	—	—
其他（数量小计:12）							
陕西最大制售假保健品案开庭销售网络遍及29省市	西北（陕西）	否	无	—	—	—	—

续表

事件	发生区域	是否协会会员企业	有无回应	涉案金额	事件发生前的相关情况	协会回应态度	协会性质
深圳平湖街道查获近400箱假冒伪劣食用油	华南（深圳）	否	无	—	—	—	—
广州警方查获假盐600余吨	华南（广东）	否	无	—	—	—	—
四川工商集中整治“傍名牌”案件千余件	西南（四川）	否	无	—	—	—	—
天津宁河批发商销售假冒名牌“天立”醋被查处	华北（天津）	否	无	—	—	—	—
菌落超标相关新闻							
广州抽检凉果蜜饯多家知名品牌上黑榜	全国多地企业	—	无	—	—	—	—
广州去年四季度流通环节速冻食品菌落总数超标	华南（广东）	—	无	—	—	—	—
湖南2014年首批抽检熟食菌落超标	华中（湖南）	—	无	—	—	—	—

续表

事　件	发生区域	是否协会会员企业	有无回应	涉案金额	事件发生前的相关情况	协会回应态度	协会性质
“小墨山”牌泡豇豆、“瑞丰”牌腌制食用菌——二氧化硫超标	华北（北京）	—	无	—	—	—	—
安徽生产加工环节抽检9批次大米水分超标	华东（安徽）	—	无	—	—	—	—
问题食用油相关新闻							
裕丰牌花生油——致癌物	华南（广东）	—	有	—	—	（疑似包装所致）国际食品包装协会常务副会长董金狮认为近年内地对食品安全的意识普遍提高，但对食品包装尤其是塑料包装中存在的风险认识仍显不足（中国行业研究网，https://www.chinairn.com/print/3610434.html）。	全国
天津召回两批次不合格食用油	华北（天津）	—	—	—	—	—	—

续表

事　件	发生区域	是否协会会员企业	有无回应	涉案金额	事件发生前的相关情况	协会回应态度	协会性质
茶叶观音土超标问题协会回应态度	全　国	有	有	—	2011 年联合利华稀土超标事件：茶叶流通协会秘书长质疑国标不科学（网易财经，http://money.163.com/special/new50/）；2012 年针对稀土超标事件频发：茶叶协会认为稀土无危害（搜狐健康，http://health.sohu.com/20120929/n354191969.shtml）。	2014 年茶叶流通协会：茶叶稀土来源主要有土壤、大气沉降和外来（如叶面肥等；标准订立太低（新浪财经，http://finance.sina.com.cn/consume/puguangtai/20141230/015921191694.shtml）。	全国&地方
北京查处 10 种问题食品铁观音稀土超标 8 倍	全　国	有（奇隆翔）	有	—	—	—	—
学校食物中毒问题协会回应态度	全　国	—	—	—	2004 年（高校食物中毒频发　引发行业协会关注）中国烹饪协会高校伙食专业委员会日前向全国高校伙食部门发出倡议来预防食物中毒（新浪新闻，news.sina.com.cn/0/2004－01－07/11181525742s.shtml）。	2013 年南昌市大专院校食品行业协会会长：监管部门要创新校园食品安全管理模式，建立校园食品安全行业协会组织；中国医院协会副秘书长：必须制定出台校园食品安全事故惩罚机制和措施，	全国&地方

续表

事件	发生区域	是否协会会员企业	有无回应	涉案金额	事件发生前的相关情况	协会回应态度	协会性质
						一旦发生学生群体性食物中毒事件，严肃追究食堂承包者和学校后勤部门与主管校长事故责任（中国新闻网，http://www.chinanews.com/edu/2013/07－28/5092633.shtml）。	
成都一幼儿园因食堂食品安全不达标被罚7万元	西南（四川）	否	有				
云南丘北幼儿园5名危重中毒儿童全部脱离危险	西南（云南）	否	有				
湖北襄阳11所学校食堂存在安全隐患被查处	华中（湖北）	否	有				
山西省孝义市金晖小学学生集体腹泻事件失职渎职案	华北（山西）	—	有				
数量总计：134							

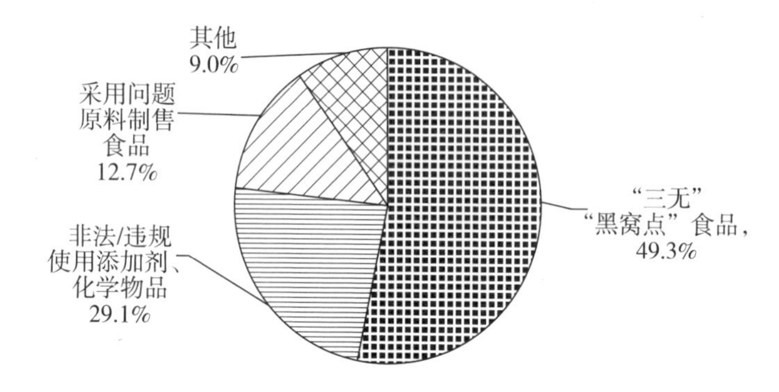

图 3-1　2014 年食品安全事件汇总

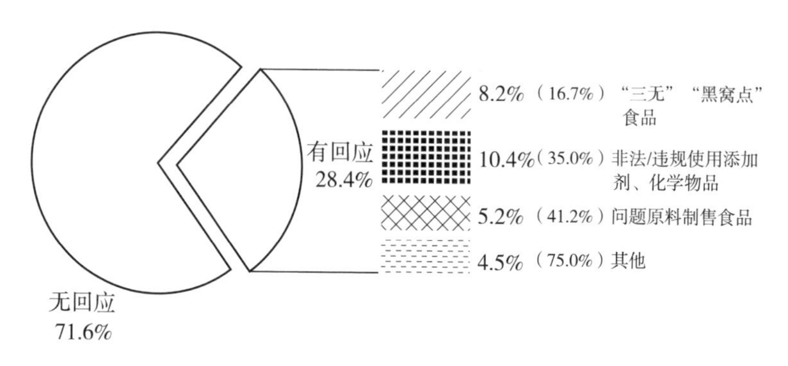

图 3-2　行业协会对 2014 年食品安全事件回应情况

（其中，括号中的百分比为根据本书对食品安全事件的分类，行业协会有所回应的事件在其所归属的具体类别事件中所占比率；无括号数据为协会对不同类别事件的回应占全年发生的所有食品事件的比率。）

对于上述统计，我们需要说明两点：

第一，我们以食品安全事故的违法手段为区分依据，将其分为四类："三无""黑窝点"食品；非法/违规使用添加剂、化学物品食品；采取问题原料制售食品（例如，以病死猪肉制作肉制品、以地沟油炼制食用油等）；以及其他一些数量较少且难以分类的食品事件（如学校食物中毒事件）。

第二，对于协会的回应，我们不区分是针对特定事件的回应还是针对具体违法手段的笼统性回应，只要协会对相应违法行为有所发声，本书即视为协会对该违法手段下的所有事件皆有所关注。① 这主要出于绝大多数食品事件都并非仅发生于一时一地，而往往是在全国范围内或一段时间中多次发生（从《中国食品安全报》报道来看，2014 年发生的所有食品安全事件都属此种情况），在搜集行业协会的回应情况时，我们发现除了影响范围和恶劣程度极其严重的食品事件（如"福喜"集团过期肉事件）协会会针对性地予以回应之外，其他情况下，协会面对这些多时、多地、多次发生的事件总是予以总括式地回应。因此，在统计数据时，但凡协会对于某类事件有所回应，我们便视其对回应前所发生过的所有相同事件均有所回应，并以此评估行业协会对于食品安全问题的关注情况，②如图 3－2 所示。

根据图 3－1 和图 3－2 的数据，我们发现：

第一，在食品安全领域，总体而言行业协会主动治理的积极性

---

① 例如，2014 年我国"毒豆芽"事件共发生 9 起，且责任者并非一家。对此，多家行业协会对"毒豆芽"问题的回应中均未提及具体是针对哪一起事件。鉴于此，笔者在统计协会回应情况时，便视为协会对 9 起"毒豆芽"事件均有所回应。尽管此统计方式存在一定误差，但虑及协会回应中的谴责、措施建议等显然亦非仅旨在改善具体某一时一地所发生的事件，而是希望纠正所有该类事件，因此笔者认为，本书的统计方法尽管存在偏差，但无论之于逻辑抑或情理，却并非不可自洽。

② 具体而言，譬如在生产豆芽过程中使用"无根剂""增粗剂"等化学化工原料，可能导致消费者身体细胞癌变的"毒豆芽"事件，于 2014 年在我国共发生 9 起，遍布全国多个地方且责任者亦非一家。对此，尽管 2014 年多家行业协会对"毒豆芽"问题有所回应，却均未曾提及具体是针对哪一起事件。鉴于此，笔者在图 3－2 中统计协会回应数目以计算回应比率时，便视为协会对 9 起"毒豆芽"事件均有所回应；其他同类情况，亦如此处之。尽管此种统计方式存在一定误差，然而，仍以"毒豆芽"事件为例，协会的回应虽并未指向某一具体地域的具体事故，但鉴于协会回应中的"谴责""防范""措施建议"等显然并非仅旨在改善具体某一时一地所发生的事件，而是希望纠正所有"毒豆芽"事件的，因此，笔者认为，此处将协会针对事件危害核心（而非具体某时某地事件）的统一回应，视作其目睹相同事件不断发生后、对彼时所有"毒豆芽"事件的总体回应，并以此计数统计，尽管存在偏差，于逻辑抑或情理之上却仍可自洽。

较低——在《食品安全报》报道的2014年134项食品安全事件中，行业协会有所回应的不足四成。

第二，2014年近八成食品问题源于“非法/违规使用添加剂、化学物品”和“三无”“黑窝点”食品，而与之形成鲜明对比的，是行业协会对此两类事件的回应比率均远未超过半数，特别是发生频率占近半壁江山的“三无”“黑窝点”食品问题，协会仅公开回应了其中不足两成的事件。因此，我们认为，“三无”“黑窝点”事件之所以难以引发行业协会关注，或许源于其相较于另几类食品问题而言具有如下三方面的特别之处：其一，根据本书分类，唯此两类事件中的生产商或企业是行业协会会员的可能性最小甚至几乎为零（鉴于行业协会明确要求会员的资质为在相关企业“具有较大规模和影响”或相关个人“具有显著贡献”。“黑窝点”“三无”作坊显然无法达到此资质要求）；其二，正是由于这类问题大多涉及的是不知名食品业者的“个体”行为无论危害面还是影响面都难及大厂商甚至知名企业的违法行为，因此，其对于相关行业整体发展状况的负面影响相对较小；其三，该类事件所可能造成的危害对于消费者而言大多能够通过相对较为简单的方法予以避免（例如，就黑窝点食品而言，只需要到正规售卖点、认准知名品牌标识购买等，便能很大程度上杜绝此类食品的伤害），这亦使得这类事件相较之下对于整个食品市场不会形成太大的负面影响。

第三，考察2014年协会回应的所有事件，有近七成属于同种事件且早期（2014年前）发生时协会曾予以简略回应，但在2014年再度发生的事件。

基于此，本书针对行业协会对于食品安全事件的策略行为提出三个初步推断：

（1）对于食品安全治理，行业协会并无主动参与其中的意识和行动。

（2）食品事件对市场或相应行业声誉的负面影响力大小，以及事件是否指涉行业协会成员，往往是行业协会是否决定对之投以关注的重要变量。具体来说，在非牵涉协会会员企业、[1]对市场负面影响较小的食品安全事件中，行业协会更倾向于不作回应。

(3)行业协会是否表现出关注，对于类似事件日后能否得以全面或大范围杜绝，不存在直接关联。换言之，行业协会针对食品安全事件所进行的回应成效不明显，效果改进不突出。

(二)进一步的验证：基于近十年我国重大食品安全事件之整体考察

为了进一步验证以上推断，我们以搜狐、新浪、腾讯、网易四大门户网站近十年来所报道的食品安全事件为基础，结合《国家重大食品安全事故应急预案》和《食品安全事故等级标准》中对食品安全事故的分级，以及“百度指数”显示出的具体事件搜索情况，分别筛选出了11项影响性较大的案例和11项影响性较小的案例[2]，以求在控制“事件影响力”这一变量的基础上，考察其他因素对协会食品问题应对策略的影响。此外，为了更为真实地勾勒出我国行业协会在食品安全领域的价值偏好及策略均衡，本书在筛选样本

---

① 本书所称“牵涉”协会会员，不仅指食品事件是会员企业所为，亦包括会员企业过失使用了问题食品或是由于具体事件作为“行业潜规则”而涉及面过广，对会员企业造成不良影响的食品事件。

② 具体来说，某项事故若符合《应急预案》中Ⅱ级及以上的响应级别或事发当年人们对于具体事件24小时内最高搜索指数高于10,000则属于本书所称“影响性较大事件”；若具体事故为《应急预案》中Ⅳ级及以下的应急响应级别，或事发当年人们对于具体事件24小时内最高搜索指数低于2000则属于“影响性较小事件”(2015年3月24日最后查询)。诚然，人们接收信息的媒介除网络之外亦有纸质媒体、电视、广播等，仅以事件的网络搜索情况确定其影响力大小确存在一定的误差。但根据我国互联网络信息中心最新的统计数据显示：截至2014年12月我国网民规模达6.49亿、互联网普及率为47.9%，载中证网，http://www.cs.com.cn/xwzx/cj/201502/t20150204_4638514.html。从这一数据来看，出于基数如此庞大的网民规模，一方面其所反映的值偏好已然具有了一定的代表性；另一方面基于网络上信息传播无可比拟的快捷性及广泛性，当某一事件在网络上得以大范围关注，其“三人成虎”的影响效应绝对不可小觑。因此，本书认为，网络搜索情况强弱能够在很大程度上呈现出某一事件的影响力大小。

时并未将事发时公众误以为有危害、而后来证明并无危害的事件，以及直至本书截稿前具体危害尚存争议的事件排除在外，因为在对这些事件澄清真相的过程中，行业协会所表现出的立场与态度亦能够有助于我们理解协会的自我定位。

表3－3、表3－4所列举的即是本书统计的2005年至2015年期间食品安全事件以及协会回应情况。

表3－3　2005～2020年影响性相对较大的事件

事　件	时间（年）	有无协会会员涉案	行业协会回应情况	同种事件有无再次发生①
广州田洋公司“苏丹红”	2005	无（但对其会员企业如“百盛集团”有所影响）	协会＆政府：否认我国存在苏丹红问题——（政府称检出问题产品后）紧急叫停——协助政府清点、销毁违禁物——维护其受到影响的会员企业。	有
三鹿“三聚氰胺”	2008	有	为企业开脱——（政府称检出问题产品后）公开道歉、筹集赔偿金——认为我国牛奶质量标准过低。	有
“地沟油”	2010年至今	有	召集涉事企业负责人开会（但不愿公布会议细节）、倡议“拒绝使用地沟油”、某协会自发建立悬赏举报机制、建议执法部门予以严惩、引导企业废油收购……	有

① 此处表3－3、表3－4中“同种事件有无再次发生”，主要是指表中事件发生后、本书截稿前，媒体再未曝光过同类事件，或政府部门、行业协会有正式声明同类事件再无发生的，即认定为同种事件未曾再度发生；反之亦然。

续表

事　件	时间(年)	有无协会会员涉案	行业协会回应情况	同种事件有无再次发生
双汇"瘦肉精"	2011	有	分析事件发生原因及相应法规漏洞、称应提高行业自律——公告全行业严把质量关——倡议诚信经营。	无
晨园乳业"皮革奶"	2009	不知(但其影响下整个金华地区乳业市场低迷)	称此只是个案,不能代表整个地区乳业;为其受到事件波及的会员企业正名;相关问题主要发生在作坊式小企业。	无(行业协会:2009年后市场上再无"皮革奶")
染色馒头	2011	无	分析监管漏洞、解释相关添加剂具体危害——发出诚信经营倡议——会议上进行分析反思、建议改善相关法规。	无
酒鬼酒"塑化剂"(事发时我国尚无限量标准而存在争议①)	2012	有	(政府迟延披露信息)沉默——力挺白酒行业(称我国未出现塑化剂致病案例且由于无具体标准,因而无法确定目前白酒塑化剂含量是否有害)——自称协会的作用只是"上传下达",主要靠政府制定标准和要求。	有。不时仍有媒体爆料白酒塑化剂新闻,但均因我国无具体塑化剂限量标准而不了了之。

① 佚名:《白酒塑化剂到底有没有"国标"?》,载光明时评,http://guancha.gmw.cn/2014-04/05/content_10909504.htm;佚名:《酒协回应白酒塑化剂超标:含量远低于国外标准》,载新浪财经,http://finance.sina.com.cn/chanjing/cyxw/20121119/194613723549.shtml,2015年10月13日访问。

续表

事　件	时间（年）	有无协会会员涉案	行业协会回应情况	同种事件有无再次发生
速生鸡（有无危害存在争议①）	2012	有	解释速生鸡没有任何安全问题，违规用药只是个案。	无
江西“镉大米”事件	2017	无	行业协会未回应，九江市政府严厉查处。	后继仍时有出现有毒大米
小龙坎火锅老油	2018	有	行业协会未公开回应食药监局查处。	时有出现“地沟油”“老油”
三全食品非洲猪瘟事件	2019	有	行业协会未公开回应河南、湖南政府查处销毁。	猪瘟事件逐渐得到控制
辛巴带货假燕窝	2020	无	行业协会未表态，市场监督局查处。	直播带货时有假货发生，引发行业关注
“福喜”过期肉	2014	不知（但福喜公司的供应商包含协会会员）	强烈谴责涉案企业，认为监管存在缺失、建议完善供货审查——反思事件、组织签署安全承诺书。	
毒腐竹	2014	无	指导消费者如何辨别腐竹优劣；解释事件中具体使用的危害物。	有
罂粟壳入调味料	2014	无	对事件予以反省总结并表示坚决抵制，称发现一定严查。	有

① 佚名：《什么样的“速成鸡”可以吃?》，载凤凰网，http://tech.ifeng.com/discovery/special/chicken/；佚名：《一只速成鸡的自白》，载腾讯新闻，http://news.qq.com/newspedia/107.htm；佚名：《畜牧业协会：“速成鸡”无罪问题源于个别养殖户用药违规》，载中国新闻网，http://www.chinanews.com/jk/2013/02 - 26/4594464.shtml，2015年10月13日访问。

表 3-4　2004~2020 年影响性相对较小的事件

事　件	时间（年）	有无协会会员涉案	行业协会回应情况	同种事件有无再次发生
“毒韭菜”（农残严重超标）	2004 年至今	无	无	有
海鲜产品含“孔雀石绿”	2005	有	孔雀石绿来自原料，绝非罐头企业有意添加，违禁添加孔雀石绿属个别现象——鉴于我国缺乏具体限量标准，建议有关部门尽快制定。	有
假蜂蜜	2005 年至今	无（但迫使整个蜂蜜市场销售价格低迷）	（早期）市场上至少七成蜂蜜没问题、相关行业标准不够完善——（2013 年至今）承认假蜂蜜泛滥成灾以致影响整个蜂蜜市场价格——建议完善相关法规。	有 至少自 2005 年起，市场上假蜂蜜情况一直未得到改善。
新疆人造“新鲜红枣”	2008	无	无	无
青岛问题银鱼	2010	无	无	有
爆炸西瓜（已被证明无危害①）	2011	无（但对其他地区西瓜市场形成较大负面影响）	爆炸原因多种，媒体报道有失偏颇，“膨大剂”可以按规定正常使用；受牵连地区行业协会：为当地西瓜正名。	无

① 据相关报道，“膨大剂”是国家允许使用的产品，且西瓜“爆炸”可能还与气候、西瓜品种有关，并不必然一定由“膨大剂”造成。参见佚名：《甜蜜素后又曝膨大剂　西瓜之乱：有多少秘密可以道来》，载中安在线，http://www.anhuinews.com/zhuyeguanli/system/2011/05/20/004056275.shtml；佚名：《“爆炸西瓜”引发广泛关注　专家支招挑出好果蔬》，载中国新闻网，http://www.chinanews.com/jk/2011/05-24/3062751.shtml，2015 年 10 月 13 日访问。

续表

事　件	时间（年）	有无协会会员涉案	行业协会回应情况	同种事件有无再次发生
问题血燕	2011	是	燕窝产品国家标准存在缺失——发布诚信经营倡议——将致力为燕窝真伪鉴别和食品安全提供制度性保障。	无
“稻香村”假鸭血知假卖假	2012	是	假鸭血制作过程中很可能使用对人体有危害的添加剂。	有
致癌金针菇	2012	无	制作关于金针菇质量鉴别方法、食用菌的营养保健功效等相关专辑，于电视台播出。	有（早在2010年西安就曾捣毁过制售毒金针菇黑窝点；此外，除以工业柠檬酸浸泡之外，市场中也存在以其他国家明令禁止的有毒化学试剂加工金针菇的情况）。
吉林鸡肉抗生素超标	2016	无	行业协会未公开食药监处罚	无后续
三只松鼠霉菌超标	2017	无	芜湖市食药监处罚	无
过期蜂蜜	2018	有	食药监处罚	时有报道假蜂蜜等
面包过期	2020	有	汉堡王道歉食药监处罚	时有报道

续表

事　件	时间（年）	有无协会会员涉案	行业协会回应情况	同种事件有无再次发生
茶叶农药残留（是否属于有毒有害食品存在争议①）	2012	有	强调农药“残留”不等于“超标”，不能以欧盟标准衡量是否超标（但对样本中含有的国家明令禁止使用的农药，协会未作回应）——出于成本和对人体危害高低的角度，对农药残留情况只能有选择地强制检测。	有
湖南工业硫磺熏制毒辣椒	2013	无	无	有（除工业硫磺熏制外，也存在化工染料染色辣椒等问题，至少自2005年起至今，类似事件未曾间断）。

结合前文提出的初步推论，以及表3－3、表3－4的数据比较，我们将我国行业协会在应对食品安全事件时的行为偏好归纳为以下四个方面：

第一，行业协会对食品安全事件回应的积极程度与该事件的社会影响力呈正相关关系。从本书抽取的样本来看，表3－3所展示的11个“影响较大”的食品安全事故全部得到了协会的关注；而

① 参见周照：《茶叶协会PK绿色和平组织　茶叶农残是人为造成?》，载搜狐健康：http://health.sohu.com/20120424/n341491340.shtml；佚名：《专家：农药残留和农药超标是不同概念　农残不等于有危害》，载网易财经，http://money.163.com/12/0502/11/80GCK89T00253B0H.html，2015年10月13日访问。

虑及协会对会员“具有较大规模和影响”的筛选要求，行业协会对于会员涉案事件的高度关注除出于对成员利益的维护外，亦可一定程度归结为协会对事件社会影响力的关切（表 3－3、表 3－4 中共 9 起协会会员涉案的事件均得到了行业协会的回应）。相应地，对于影响力较低、明显为一些不知名小商户个人行为的食品事件，即使在我国连续多年未曾杜绝，行业协会亦少有关注。① 根据本书所筛选的案例，六项此类事件中（毒韭菜、假蜂蜜、人造红枣、问题银鱼、致癌金针菇、毒辣椒）协会仅回应了其中两项（致癌金针菇和假蜂蜜事件）。此外，行业协会亦热衷于对媒体“误读”（一是媒体误解、实际确无危害的事件，如“爆炸西瓜”；二是因我国欠缺相关规定而相应事件是否属于食品安全问题存在争议但被媒体直接报道为问题食品的事件，如茶叶农药残留超标）事件的澄清，协会甚至会刻意强调并突出媒体“误读”，而对事件其他问题呈回避之态。② 显然，鉴于媒体的报道是当今人们辨别食品安全与否的重要

① 以“毒韭菜”事件为例，自 2002 年农业部逐步对一些剧毒、高毒农药予以禁止或限制后，“毒韭菜”问题很大程度上得到缓解，然而，尽管发生频率并不高，此类事件却并未得以彻底杜绝，十多年来全国诸多地区因韭菜农药残留严重超标而致人中毒的事件仍时有出现，如佚名：《2009 年沈阳父女吃韭菜中毒，6 岁女儿死亡》，载搜狐网，http://health.sohu.com/20090424/n263589893.shtml；佚名：《2010 年青岛“毒韭菜”9 人中毒》：载新华网，http://news.xinhuanet.com/society/2010－04/11/c_1227143.htm；佚名：《2011 年河南南阳 10 人吃韭菜中毒》，载凤凰网，http://finance.ifeng.com/a/20110330/3780944_0.shtml。类似的还有问题银鱼、毒辣椒、致癌金针菇事件等，均为一直断续发生，但协会少有关注。

② 如酒鬼酒“塑化剂”事件，多家行业协会在声称由于我国国家标准不清而不能对白酒中含有塑化剂是否有危害作评判后，均表示其工作已经结束，接下来只能交付于公权力机构予以管理，并在之后陆续发生的白酒含塑化剂事件中不再“发声”；同样地，在茶叶农药残留事件中，行业协会亦是不断强调农药“残留”和“超标”有区别。协会不约而同地聚焦于因我国缺乏茶叶农药残留限量标准而不能判定企业存在食品安全问题的讨论，对记者提出的样本中含有国家明令禁止使用的农药问题则未曾正面回应。

依据，协会对此类事件的澄清除力求“以正视听”之外，大概亦希望通过显示媒体的“双眼”亦会被蒙蔽、一定程度消解人们对媒体话语的过度依赖，提升本行业的社会声誉。据此，我们可回应上文第二条推断，食品事件对市场或相应行业声誉的负面影响力大小是决定协会选择回应与否的重要变量。

第二，行业协会的回应态度体现出明显的“被动”特征。在社会影响力之外，行政机关的态度亦是决定行业协会回应方式的关键变量之一，甚至其对协会行为的影响力更强。即便面对社会公众热切关注甚至涉及会员企业的食品事件，协会回应时唯政府态度马首是瞻的倾向仍颇为明显，例如，2008 年举国震惊的三鹿集团“三聚氰胺”事件，协会于媒体曝光伊始曾着力为企业开脱，而政府一发声即立马态度调转，紧急叫停涉事企业生产活动、公开谴责道歉等；[①]2012 年社会高度关注的酒鬼酒“塑化剂”事件中亦有类似情形，在发出“中国白酒普遍存在塑化剂”的声明后、事件尚无定论前各相关行业协会即呈“退出”之势，声称接下来工作皆属于政府，原山东白酒协会会长将此情形归结为行业协会“既不能得罪政府，也不能得罪企业”；[②]并且，在一些事件中，当政府无正当理由隐瞒关键信息时，面对消费者的追问，行业协会仍表现出既不主动对事件情况予以说明亦不敦促政府进行信息披露的态度，例如，2011 年发生的“思念”水饺“金黄色葡萄球菌”超标事件和蒙牛牛奶被检出含有致癌物事件中，均出现了政府部门知晓问题食品后到信息公布前间隔时间达数月之久的状况，而此间亦未有行业协会主动站

① 参见佚名：《三鹿事件细节披露》，载中国新闻周刊网，http://culture.inewsweek.cn/20110831/detail-18570.html，2015 年 4 月 26 日访问。

② 李媛：《“塑化剂”风波背后的行业协会魅影》，载《新京报》，http://www.bjnews.com.cn/finance/2012/12/05/237441.html，2015 年 4 月 26 日访问。

出向公众及时说明食品问题。① 据此可回应前文我们所提出的第一条推断,在行业协会的角色定位中,食品安全治理属于政府的职责所在,协会并不认为自身在其中是不可或缺的一环,因而在面对食品问题时多表现出消极被动的特征且更倾向于在政府作出确切表态后再行回应。

第三,行业协会的回应少有实质性内容,更多体现为“姿态性”回复。根据对表3-3、表3-4的总结,我们发现,无论事件影响力强弱,协会的回应内容均为就事件本身危害性进行说明、谴责,就未来的改善多是“倡导”企业诚信经营,缺乏对违规成员企业内部处罚以及对日后行业具体整改措施如何落实的阐述;此外,综观协会所提出的制度建议——完善法律、细化行业标准、提升监管力度最为常见,但均未就细节公开提出具体意见。从表3-3、表3-4的统计来看,除“地沟油”事件有地方性协会自发建立悬赏举报制度外,②其他事件中协会的提议内容成为口号式的呼吁。这种空洞的回应再次印证了第一条推断,行业协会将自身定位为食品安全治理中“可有可无”的角色,同时,如同推断三所言,协会是否作出回应确无法对日后同类事件再度发生与否产生重要影响。

---

① 参见郑文良:《思念食品不合格 安全问题频出怎能让人“思念”》,载华声在线,http://www.voc.com.cn/article/201204/201204270910397390.html;佚名:《思念食品:三“晚”拍案 耗尽“思念”》,载第一食品网,http://www.foods1.com/content/1726846/;佚名:《思念问题水饺符合即将颁布的新国标?》,载和讯新闻,http://news.hexun.com/2011-10-24/134489673.html,2015年4月26日访问。

② 2011年9月,公安部破获了一起特大利用“地沟油”制售食用油案件,对此,珠海市食品行业协会会长、市人大代表刘秋林表示,协会愿意自掏腰包悬赏征集地沟油线索1000元/条。如果有熟悉地沟油内幕的“深喉”来揭发“黑幕”,还将给予额外的奖励,载广东省食品安全网,http://www.gdfs.gov.cn/newszh/9605.jhtml,2015年10月4日访问。

第四,行业协会的回应方式体现出显著的“区域性”特征。根据表3-3、表3-4以及图3-2所统计的食品事件,未有任一案例中行业协会进行了“跨行业”或“跨地区”的回应。具体表现为以下两个方面。其一,当爆发安全问题的食品属于A行业,则对此事件有所回应的亦为A行业的协会(如针对乳制品事件,有所回应的协会均是全国或地方性乳业协会,其他行业则大多保持沉默);其二,若某项食品安全事件波及范围为B领域,则对此事件有所回应的协会亦为B地的行业协会(也即对全国性事件有所回应的协会为全国性协会以及相关事件“重灾区”地域的地方性协会,而对于影响范围只涉及具体地域的食品事件,有所回应的协会则仅为当地的行业协会①)。这种“各人自扫门前雪”的态度自然进一步加剧了推断三——行业协会的回应难以对日后同种食品安全事件再次发生形成可置信威慑的情形。

三、食品安全行业自治失范的类型化分析——一个基于实证的总结

本章结合实证数据分析了我国当下行业协会在面对食品问题时的行为选择,通过本章分析我们能够非常明显地看出,我国食品行业协会对于食品问题的态度以及相应的应对行为均极为消极,甚至有刻意忽视关键问题、包庇协会成员之嫌。我国食品安全行业自治存在较为严重的失范行为。所谓“失范”,是涂尔干最早提出的社会学理论,他认为,失范代表了社会秩序紊乱和道德规范失衡的反动倾向。默顿在《社会结构与失范》的文章中架构了有关失

---

① 如“皮革奶”事件,在2009年曝出供奶地区为浙江省金华市的“晨园”乳业有限公司时,有所回应的行业协会只有金华市奶牛乳品行业协会;而2011年网上盛传“皮革奶”再现并被传为是全国整体乳业的“潜规则”时,中国乳制品工业协会站出发声。

范问题研究的基本假设,他认为意识领域内的价值规范可以构成与社会结构相并行的文化结构,对失范的分析不能还原为纯粹的集体意识问题,而应该着重讨论社会结构和文化结构之间的中介因素或互动过程,失范问题在一定程度上可以把社会整合和变迁问题连接起来,成为中层理论的分析典型。① 失范理论在我国社会学其他学科领域都得到了极大的认可和发展,朱力通过五种失范的维度建构起失范的量表,认为失范是一个动态的、多义的理论范畴,失范范畴的内涵随着时代的变迁而变化。② 王春城、赵小兰认为,伦理是公共政策的价值基础和内在诉求,公共政策规划中存在多种伦理失范类型,应当完善公共政策规划活动,对伦理失范必须及时关注和治理。③ 同时,失范理论在网络道德、互联网商业等领域也逐渐受到重视和研究。④

从实证分析的情况来看,我国食品安全行业自治主要存在如下对企业不当作为的“护短”、过度依附政府、缺乏积极的行业自治的激励、行业协会社会责任有所欠缺四个方面失范的情形。

(一)对企业不当行为的“护短”

行业协会是一种具有独特属性的非营利组织,在一定程度上可以说行业协会具有社会自治、社会中介、自律管理和社会权力四

① 参见渠敬东:《缺席与断裂:有关失范的社会学研究》,商务印书馆2017年版,第20、45页。

② 参见朱力:《失范范畴的理论演化》,载《南京大学学报(哲学·人文科学·社会科学)》2007年第4期。

③ 参见王春城、赵小兰:《公共政策规划中的伦理失范与治理》,载《国家行政学院学报》2015年第6期。

④ 参见宋小红:《网络道德失范及其治理路径探析》,载《中国特色社会主义研究》2019年第1期;朱琳:《大学生网络行为失范的类型、成因与对策》,载《华东师范大学学报(教育科学版)》2016年第2期。

混合的组织。[1] 行业协会承担着企业和政府之间的“沟通桥梁”作用，其存在的基础就是行业企业，行业协会的大部分会员是本行业企业会员。随着“脱钩”改革的进行，行业协会的收入来源主要是会员会费、会员赞助、培训、其他非营利收入等，其收入来源已经不再有政府拨款。尤其，在一些行业协会中，本地区同行业内的一家或者数家大型企业是行业协会的骨干会员，其不但缴纳比例较大的会员费，而且企业的高管往往兼任行业协会的管理人员。如果行业协会的会员企业在市场经济中产生一些不当行为，行业协会由于利益博弈或者人事控制的原因，往往会对企业的不当行为进行护短和掩饰。例如，2008 年的三鹿集团“三聚氰胺”事件，协会于媒体曝光伊始曾着力为企业开脱。行业协会对会员企业的不当行为护短，一方面表明行业协会在经济上比较依赖会员尤其是大型企业会员，大型企业会员往往缴纳较大比例的会费和赞助费，行业协会一般不愿也不敢得罪此类会员；另一方面也表明行业协会在自治和自律管理方面容易陷入“内部人控制”（某一或者多个大型会员企业利用人员或者经济直接或者间接控制整个行业协会的运行）。

（二）过度依附政府

行业协会本应该是依法成立独立自治的非营利组织法人，依法接受政府机关监管。但是，由于传统体制因素的影响，尤其是我国行业协会大部分属于“政府主导型”，其财力、人员、场所都与政府机关有着不可割裂的关系，即使脱钩改革进行当下，虽然改革目标是行业协会在体制上完全独立，管理上完全自治，但是，行业协

① 参见于海：《行业协会与社会中间结构》，载范丽珠主编：《全球化下的社会变迁与非政府组织（NGO）》，上海人民出版社 2003 年版，第 307～310 页。

会的一个重要权力渊源——行政授权仍然受制于本行业的行政主管机关。行业协会的权威性主要来源于政府权威的转移和让渡，在目前阶段仍然迫切需要政府机关的支持。行业协会的自律管理往往依据主管机关的指导和要求，在一些重大问题上，面对社会公众热切关注甚至涉及会员企业的食品事件，协会回应时唯政府态度马首是瞻。行业协会在此类问题上过度依赖政府，认为食品安全监管责任是政府的首要责任，在行业自治和自律管理上，往往不愿提前单独发声，既是对本行业会员企业的护短，更表现在与政府机关之间的博弈过程中不愿意提前出头，而是采取跟随政府的立场和态度，伺机而动。

（三）缺乏积极的行业自治的激励

“萨拉蒙针对政府在提供公共产品和服务上的不足，认为在公共服务的传输上必须仰赖非营利组织，即政府通过代理人来实施政府的功能，于是‘第三者’政府模式应运而生。”①随着社会的发展，政府的公共职能不断扩大，但是政府也和市场一样会面临“失灵”现象。传统的“政府—市场”二元结构逐渐演变为“政府—行业协会—市场”结构，行业协会通过行业自律管理，承担了部分政府职能和义务。但是，行业协会和政府之间也是一种博弈状态，政府是行业协会的主管机关和权威来源，但行业企业却是行业协会的“衣食父母”，行业协会在权威方面有赖于政府机关，但在经济利益上却依赖于行业企业。在行业协会与政府、行业企业三者之间的博弈过程中，如果缺乏必要的行业自治的激励制度，行业协会本身有可能会因为自身的经济利益怠于自治管理，更何况还可能在“内部人控制”现象。行业协会在行业自治的自律管理过程中，如果发

① 刘春湘：《非营利组织治理结构研究》，中南大学出版社2007年版，第6页。

现部分会员企业从事不当行为，在没有社会曝光之前，其面临如下三种博弈：一是社会大众不知晓，行业协会装作什么都不知道，也不主动告知政府机关，这种结果可能会是不了了之，陷入“你好我好大家好”的局面。二是社会大众不知晓，行业协会主动告知政府机关，政府机关由于其他因素考量不愿意暴露丑闻，进而掩盖此类信息。这种情况下，行业协会很可能政府和企业两边不讨好，更不会获得什么嘉奖。三是社会大众不知晓，行业协会主动告知政府机关，政府机关对会员企业进行了处罚，然后公布于社会大众。这种结果可能会员企业经济利益受损，甚至是整个行业经济利益受损，行业协会受到部分会员企业的间接抵制，会费收入减少，甚至还会受到其他因素的影响。在此情形下，如果政府不对行业协会这一主动行为进行嘉奖，尤其经济利益方面进行补偿，行业协会在博弈过程很大程度上会考虑自身的经济利益，从而选择“默不作声”。通过上述博弈分析可以看出，加强行业协会的行业自治，不但要求其完善内部自治管理机制，更要完善外部的行业自治激励制度，政府应当引导和支持行业协会加强行业自治，并提供配套的激励政策和制度，如一定的声誉激励或者财政激励，鼓励行业协会主动进行行业自治管理和惩处，并尽量减少其后顾之忧。

（四）行业协会社会责任有所欠缺

行业协会作为非营利组织，其不仅须实现内部成员的互益性利益，在一定程度上还承担着公共利益和公共秩序的提供和维护职责。相对于企业组织来说，行业协会的公共责任更显突出。行业协会汇集了本地区的本行业的大部分企业，具有良好的信息收集能力，能够及时感知市场和企业之间的行为。在一些特殊的领域，行业协会具有政府机关和社会公众不具备的信息能力，尤其是涉及部分专业知识和技能的方面。鉴于此，行业协会在社会公共利益方面本应具有更大的主动性,承担更多的社会责任。

1. 行业协会社会责任的内涵

行业协会的社会责任是指行业协会所担负的维护和增进社会利益的义务。关于社会责任的性质,法学界主要有三种学说:一是法律义务说;二是法律义务和道德义务综合体说;三是道德义务说。本书认为,法律义务说混淆了法律责任和社会责任的界限,并且使有关社会责任的探讨完全可置换成行业协会有无遵守法律义务的命题,这显然并无太多的讨论价值。而第二种观点又使行业协会社会责任的探讨变得模糊不清。所以,本书中所使用的社会责任主要是从道德义务和伦理义务上进行研判。

行业协会与其他大多数民间组织不同,其主要任务是维护本行业企业的共同性利益,这种利益在社会认知层面更容易被视为是一种私人团体利益,而非纯粹的公共利益。因此,其承担的社会责任在更大程度上将存在与自身利益的冲突,而其他大多数民间组织,如各种慈善协会或基金会,其本身的功能便是社会责任的承担和实现。因此,对行业协会社会责任的理论探讨将面临更多的利益考量与平衡,并也将呈现更多的复杂性和多样性。目前,我国的行业协会正处于"脱钩改革"的转型时期,在这样一个改革关键时刻,倡导社会责任在多大程度上会对行业协会的自治化改革产生影响,这也是我们必须予以重点关注和考量的。

2. 行业协会承担社会责任的正当性分析①

首先,行业协会自身倡导社会责任有利于其自我形象的改善并取得社会公众的认同。行业协会是由单一行业的竞争者所构成

① 参见鲁篱:《行业协会社会责任与行业自治的冲突与衡平》,载《政法论坛》2008年第2期。

的非营利性组织,其目的在于促进提高该行业中的产品销售以及在雇佣等方面为会员企业提供多边性援助服务。从行业协会的定义及其实践运作来看,行业协会维护的是特殊群体的普遍性利益,这既是行业协会的目的和主旨,同时也是行业协会主要活动的原点和基础。然而,在我们这样一个利益多元的社会,如果行业协会任意扩张对自我利益的追求,完全固守或偏执于自我利益,而且经常与民争利,那么,将动摇社会公众对行业协会的信赖,影响行业协会的社会认同度,从行业协会的角度,这样一种完全偏狭的利益导向行为将导致其社会合法性的丧失。

其次,从社会公众的视角,对行业协会赋予社会责任的规定有助于防止其因滥用自身经济利益而对社会利益造成侵害。如前所述,行业协会所代表的经济力量是国家经济体系中重要的构成因素,行业协会在联结国家与经济系统之间具有相当大的代表性。行业协会是各国经济权力最大的利益集团,享有极强的社会影响力,具有极强的垄断影响。因此,实力如此雄厚的集团组织如果不通过一定的方式对其行为进行限制,其给社会利益带来的危害将是不可低估的。在本书看来,通过社会责任的构建和倡导一方面将有助于行业协会庞大经济权力的自我约束与克制,防止权力的滥用;另一方面,社会责任的构建和运作是行业协会博取社会公众的认同,获得更多的社会支持,开展社会动员的一种非常有效的路径。

最后,从国家的视角,行业协会社会责任的倡导和规定有助于缓解因行业协会自我利益的过分膨胀而导致与国家利益的紧张关系,并实现两者的妥协与平衡。如前所述,行业协会在大多数国家都是经济力量的主要承受者和拥有者,其权力的行使不仅对社会公众的经济福利产生效应,同时也会对国家的经济政策和经济秩序带来影响。因此,站在国家的立场,对于这样一种强势的经济力量,如果国家完全自由放任,任行业协会经济权力的恣意运行,势必会对国家所代表的公共利益和社会秩序引致不可估量的威胁和损害。所以,国家基于维护公共秩序的目的,必然要对行业协会自我利益的过度膨胀和彰显给予一定的抑制,而从社会责任的倡导和制度构建着眼在本书看来将是相当不错的治理政策和手段。

由于行业协会是自治的,因此,行业协会在社会责任承担问题上就应当贯彻自愿原则,这主要是因为:其一,自愿原则是行业协会自治的逻辑结果,自治的一个重要要义就是行业协会所有事务包括但不限于社会责任的承担应当由行业协会自我决定、自主决策。显然,自愿是其中一个重要的要素。其二,行业协会承担社会责任坚持自愿原则,才能使行业协会在自由的空间根据自身的能力和专业,选择最适合自己的社会责任,这样既能充分发挥行业协会的专业特长,又可以使行业协会在承担社会责任的同时社会责任的绩效最好、成本最低。其三,行业协会承担社会责任坚持自愿原则,还可以有效抵御公共权力和社会舆论对行业协会社会责任不正确和过度的干预,保障行业协会自治权行使的自由度和自主性。

行业协会在社会责任承担方面坚持自愿原则,主要体现在:其一,行业协会是否承担社会责任,由行业协会自主决定;其二,行业协会承担何种社会责任,由行业协会自主选择;其三,行业协会承担社会责任的时间跨度,由行业协会自己判断;其四,行业协会承担社会责任的物质强度,由行业协会自由决策;其五,行业协会是否要动员成员企业承担社会责任,由行业协会根据具体情势自我衡量。

但是,行业协会本身具有经济利益的局限性和承担社会责任的消极性。例如,由于我国市场经济起步较晚,很多国家标准制定时所考量的因素已经改变,部分标准已经不符合实际需要。在食品添加剂方面,有些食品添加剂虽然符合之前的国家标准要求,但是,随着人们生活水平的提高,健康标准也随之提高,但这些标准已经落后于实际。互联网信息的广泛传播已经让社会大众知道国外的一些实验研究证实有些食品添加剂有害健康。行业协会对此类问题其实是“心知肚明”,而且应当是比社会大众知晓的更早、更全面。但是,行业协会往往不会主动提供和公布相应的研究报告信息,更不会主动去从事一些实验和研究加以验证,甚至不会主动和相关政府机关沟通此类信息并提供专业建议。亨廷顿曾说:“制度化是组织和程序获得价值观和稳定性的一种进程。”①目前,我国现行法律法规对行业协会的社会责任并无直接的强制性具体规定,行业协会还缺乏国外行业协会所具备的公众信服力,其在处理行业事务时还更多地依赖于政府权威的转移,而不是自身规范性的影响,更不会考虑通过承担更多的社会责任来提高声誉和社会公信力。“否则,即使争取到一个好的生存环境和合法地位,如果自己的组织建设搞不好,仍然不可能起到应有的作用。”②这也说明,行业协会应当积极承担更多的社会责任,这不但是其独立性和自治性的要求,也是其社会公信力和自律管理的要求。同时,倡导行业协会的社会责任也有利于防止行业协会滥用行业自律管理权力而对社会公共利益造成侵害。

尽管令人沮丧,但必须承认的是,站在行业协会的角度而言,

---

① [美]亨廷顿:《变化社会中的政治秩序》,王冠华等译,三联书店2000年版,第10页。

② 吴敬琏:《建设民间商会》,载浦文昌主编:《建设民间商会:“市场经济与民间商会”理论研讨会论文集》,西北大学出版社2007年版,第1~8页。

上述行为选择本也无可厚非,毕竟,作为主要由同行业经营者自发组成的非政府组织,行业协会谋求的本就是所有会员利益的最大公约数。从这一层面上也许我们能够更加清楚地审视上文所展现的行业协会对于食品安全事件的回应态度以及合法性分析:协会应对食品问题如何"自律",均围绕保证行业自身最大利益而展开,此时,与公权力机构枉法、不关注社会公共利益不同,行业协会本就并非为了"公益"而建,因此,无论行业协会相较于政府有着怎样的优势,行业协会本身的目的都不在于、也无激励提供"食品安全监督"这一典型的公共物品。

与此同时,我们发现,在一些第三部门发展较为成熟的国家,行业协会在社会治理中发挥着举足轻重的积极作用,其与政府共同推进市场秩序的有序运行。由此可见,作为公益性组织,行业协会固然并无主动为社会公益付出努力的激励,但"提供行业自治"或"不提供行业自治"归根结底只是两个行为选择,当前者较之后者的成本—收益更具吸引力时,理性的行业协会自然会主动推进行业自治,关键的问题在于,为何我国食品领域,行业协会的行为选择普遍为后者?鉴于此,在下一章的论述中,我们将着重围绕这一问题展开:行业协会当前的种种行为选择是如何形成的?其背后有着怎样的制度成因与行为激励?我们希望通过这一论述,为最终寻得更具针对性及效率性的行业自治制度建构指明方向。

第四章　行业协会决策行为的制度成因分析

——以“合法性”(legitimacy)理论为分析框架

通过前文分析我们会发现,理论上而言,行业自治因其突出的信息优势能够极大程度实现食品治理工作的高效运转,并且降低政府的治理成本;但我国的现实情况是行业协会并无激励为食品领域行业自律作出努力,甚至其对于协会成员的过分偏袒显示出一种对提升行业自律的“对抗”态度。鉴于此,本章希望探讨的是在实务界及理论界皆越发强调提升食品领域行业协会治理角色的今天,是什么令行业协会相信提升行业自律是不具有吸引力的?换言之,我们希望了解,具体哪些因素型塑了我国行业协会面对食品问题时当下的种种行为选择。

为了便于分析,我们试图以“合法性”(legitimacy)理论为框架展开整个分析,下文将首先对这一理论进行简要的梳理并解释为何我们以其作为理论框架。

一、“合法性”理论概述

整合学界对于组织决策研究的理论依据,毋宁是一个从“理性选择”到“有限理性”的过渡过程。作为早期主流的分析框架,“理性选择”强调个人在决策过程中的完全理性,但研究人员很快通过大量实验发现,无论个人或组织,其日常决策行为常常与“理性选择”相去甚远,在这一背景下,赫伯特·西蒙(H. A. Simon)首先提出了“有限理性”①模型,该理论指出:决策主体囿于信息的不充分、认知能力有限、决策情境不确定等因素,“理性选择”很难在决策过程中实现,实际决策时往往掺杂着情感、价值偏好等非理性因素。换言之,这一理论提出,尽管人们均希望能够作出“理性选择”,但由于理性是有限的(现实世界中人们对信息的获取能力、分析能力有限),因此,人们只能在这有限的理性中作出抉择。应当说,这一理论非常直观地解答了现实中人们往往会作出并不理性的决策的原因。从某种层面而言,“组织”一定程度缓解了个人理性的局限性,已然成为现代社会经济活动中不可或缺的载体之一,但研究者们逐渐也发现,“组织”并不是万能的,在特定情境下(如组织的规章制度不尽合理时)其局限性相较于个体决策可能更为明显。以“有限理性”理论为根基,新制度主义的代表人物迈耶(Meyer)提出

---

① Simon, H. A, *A Behavioral Model of Rational Choice*, The Quarterly Journal of Economics 69(1), 1955, pp. 99 – 118.

了组织“合法性”(legitimacy)[①]理论,认为各种组织的行为决策将受到制度环境的约束,其倾向于获得“承认”“认可”和被社会所接受,该理论一经提出便迅速在组织行为研究领域蔓延开来,成为新制度主义组织分析的重要内容之一。

（一）合法性机制的逻辑与理解

马克斯·韦伯最先在学术意义层面提及“合法性”。后来,“合法性”概念在社会学、政治学、政治经济学等社会科学领域中被不断普及、改进、补充。一般来说,我们在论及“合法性机制”的时候会存在广义的“合法性”和狭义的“合法性”之分。广义的合法性概念一般被用来研究和分析我们人类社会的秩序、规范或规范系统;狭义的合法性概念一般被用于分析和研究国家的统治类型或政治秩序。因此,合法性必须建立在一个共同认可的基础上。马克斯·韦伯对合法性基础的概括总结是经典的、学界广泛认可的,他认为,合法性基础可以分为“传统型”“法理型”和“克里斯玛型”,其中“克里斯玛型”也就是个人魅力型。从此种分类类型我们可以看出,马克斯·韦伯此处所论述国家统治的合法性是狭义上的合法性,合法性的认可基础甚至可以是神秘的或是世俗的力量。广义的合法性概念适用于整个社会经济领域,远远超出传统的政治和法律范围,并且潜含着广泛的社会适用性。马克斯·韦伯的“合法性”理论中的合法秩序(a legitimate order)是一个由道德、宗教、习惯(custom)、惯例(convention)和法律(law)等组合而成的规范系统。由此,我们可以得出这样的一个推论:对于合法性的共同认可的基础,应当是多样化的,既可以是法律规范和程序,也可以是共

① John W. Meyer, Brian Rowan, *Institutionalized Organizations: Formal Structure as Myth and Ceremony*, American Journal of Sociology 83(2), 1977, pp. 340 - 363.

同遵守的某些社会价值或共同体所沿袭的先例。

在英文语境中“合法性”(legitimacy)是一个词,而在中文中,其主要部分由“合”与“法”组成,单从字面意思讲,中文“合法性”一词的表面逻辑理解是“对某一个‘法律’的符合程度”,是用来描述某一行为或者某一事物没有触犯法律法规。因此,中国社会普通大众在讨论这个词时常会先提出一个疑问:“‘合法性’中的‘法’是指哪个‘法’?”。但事实上,“合法性”这一概念是学术移植而来的“舶来品”,是由“legitimacy”翻译而来。中文“合法性”中的“法”并不特指某一个“法律”或“法规”,“合法性”也并不是我们普通意义上认为的“合法”的程度,而是有关法律制度或者政府机构权威性的基础与来源的评判。如果我们从法理学或者法律制度的视阈来分析合法性,遵守法律制度并不一定就完全等同于“合法性”。某些个人或组织的行为在现行法律制度体系下可能并没有违反法律,但是,从合法性的角度来看,这些行为有可能不具备合法性。“我们可以区分三种意义的‘合法性’。第一是这个词可以表达作为一种法律类型的属性。这个观念简单明了的:合法性是所有法律机构、行动、事件、官员和文本都共享的一种属性。它是使得法律成为法律的那种属性。第二是这个词可以表达法律机构的一种独特价值,在讨论‘合法性原则’的时候我们可以称之为‘合法性’的‘价值意义’。第三是这个词能够表达‘是符合法律的’这一属性。这种守法的意义是日常交流中的含义。”①

“合法性机制”理论在组织社会学的研究中具有重要地位。组织社会学中的“合法性机制”,不但包括法律制度体系的规制作用,

① [美]斯科特·夏皮罗:《合法性》,郑玉双、刘叶深译,中国法制出版社2016年版,第1页。

而且包括政治体制、传统文化、本土观念和社会期待等制度环境对组织及其行为的多重的、交叉的、综合的影响。如何对合法性机制进行概念定义界定？“给合法性机制下一个定义，是指那些诱使或迫使组织采纳具有合法性的组织结构和行为的观念力量。”①合法性机制可以对社会组织产生多种层面的影响和作用，一方面合法性机制具有很强的约束力，可以约束组织的行为；另一方面合法性机制可以帮助组织获得社会承认，增强组织的正面声誉并提高组织的社会地位，进而促进组织获得资源的机会。与此相反，如果一个组织的合法性机制不完善或者受到损害，违反了社会期待，那么该组织就会被其他组织和个人视为“不是合法性的”和“不理性的”，也无法获得社会承认。因此，合法性机制的理论逻辑可以概括为：我们现实社会中的政治制度、法律制度、文化制度、观念制度、社会期待等制度环境，是我们集体认可和遵守的社会事实，对我们的行为具有直接约束力和引导力，起到强大的规范和指导作用。因此，合法性机制主要强调的是一种建构在社会认可的基础之上的权威关系。所有的社会组织都会受到制度环境的约束和影响，不断地去适应制度环境，调整、采用符合制度环境要求的形式、结构和行为，追求社会认可。制度环境一般是通过对资源分配或激励方式的影响来制约社会组织和个人的行为。社会制度并不能直接塑造人们的思维方式和行为，其对组织或个人施加影响的方式是通过激励机制来完成的。与此同时，这种激励机制的影响一般是概率意义上的而不是具有决定性的。“在这个层面来讲制度，是强调制度具有激励机制，可以通过资源分配和利益产生激励，鼓

① 周雪光：《组织社会学十讲》，社会科学文献出版社2003年版，第75页。

励人们去采纳那些社会上认可的做法。”①

由于合法性机制具有强大的约束力和引导力,社会组织为了适应合法性要求,无论主动或者被动都必须采用制度环境里建构起来的具有合法性的形式、结构和行为,因此,在整体上体现出制度化趋势。在此意义上,社会组织的制度化过程其实就是组织不断采纳并适应制度环境强加于组织之上的形式、结构和行为的“被合法性”过程。因此,社会组织的制度化过程产生了两个方面影响:一方面是社会组织之间的“趋同现象”,即各个组织为适应制度环境要求、获得制度环境认同,一般都会采用相同或者类似的结构、形式和行为。在社会组织所处的大环境背景是相同的情况下,他们的结构、形式和行为也逐渐趋近相同。另一方面是社会组织之间的“互仿现象”,即各个组织在相同或者相近的制度环境下互相模仿学习。社会组织的互仿行为能够增强组织的适应性和生存力,这是因为组织适应了制度环境要求,获得了合法性。即使这些社会组织有可能不具备高效率性,也可能生存下去。“合法性机制本身提高了组织的生存能力。”②

(二)合法性与社会承认逻辑

我们在社会经济活动中观察到的与品牌、信誉、名望和形象有关的现象,统称为声誉现象。对于声誉现象,经济学的解释逻辑强调声誉的基础是组织或者个人过去的行为表现,主要由组织或者个人的自我努力所决定。组织社会学的解释逻辑是声誉制度的基础在于有关组织或者个人在社会系统中的相互地位和表现,并着重强调组织或个人应当在“社会承认”的合法性基础上建构自身的

① 周雪光:《组织社会学十讲》,社会科学文献出版社2003年版,第85页。

② 周雪光:《组织社会学十讲》,社会科学文献出版社2003年版,第77页。

行为，合乎社会期待，以期获得更广泛的社会群体之认可。

在现代信息化社会，声誉因为难以测量，目前并没有统一的界定和归类。但是，基于未来利益和资源交往机会的获得期待，社会组织一定会追求其组织声誉。所谓组织声誉，是指“人们基于组织的竞争者相互间比较而对组织形成的整体性好感，本质上是一种对组织过去的全部行为进行收集、加工和处理而产生的综合性评价”。① 声誉虽然仅是社会组织的评判标准之一，但是，声誉具有其他评判标准不具备的特征，如稳定性、连续性和整体性。“组织声誉是一种值得信赖的信息指标和判断标准，这是因为声誉是通过市场机制产生的，而非个体控制形成的，是全部市场参与主体之间相互影响和共同作用的结果。”②社会组织必须尽最大努力去重视、维护、提升其组织声誉，因为组织声誉能够提高组织的社会地位、获得社会认可、增强合法属性，是组织实现差异化和竞争力、获取更多社会资源与机会的最佳指标。“声誉能够通过人们直观感知的方式把组织的优劣直接排列出来，产生排序效应。尤其是在组织评价困难的情况下，声誉机制显得更加重要。”③

马克斯·韦伯曾指出：“如果人们的活动受到他人行为的影响并且受到行动者主观意义的影响，那么这些行为就是社会行为。”④对于个人和组织来说，声誉就是在不同个人和社会组织之间相互

---

① Fombrun C. J, *Reputation*: *Realizing Valuefrom the Corporate Image*, Boston, Harvard Business School Press, 1996.

② Paul Argenti A. and Bob, *Druckenmiller*: *Reputation and the Corporate Brand*, *Corporate Reputation Review* 6, 2004, pp. 368 – 375.

③ Hansen, Havard et al., *Customer Perceived Value in B-t-B Service Relationships*: *Investigating the Importance of Corporate Reputation*, Industrial Marketing anagement 37, 2008, pp. 206 – 217.

④ 周雪光：《组织社会学十讲》，社会科学文献出版社2003年版，第252页。

联系、相互作用的过程中产生的,建立在共同认可的基础之上。在此意义上,马克斯·韦伯提出的“地位”“社会名誉”的概念与声誉机制具有相近似的涵义。

在存有“信息失灵”现象的市场上,市场机制和价格机制都不能完全发挥作用,必须有其他机制取而代之,而这里的中心问题是信息以及获取信息的成本。由此,声誉机制应运而生,其是解决“信息失灵”问题的一个有效手段。声誉信息作为个人或社会组织的过去全部行为的“标签”或“印记”,向交易相对方展示了重要信息,能够增加资源交往的机会,提高未来合作的可能性。

声誉机制是一种建构在稳定的社会地位差异之上的社会制度。与此同时,声誉机制只有在突破社会地位差异的限制并为不同的社会群体的成员所共同认可的情况下才能够发挥作用。这个悖论很直观。首先,声誉机制是一个等级制度。声誉必须建立在个人或组织的产品、服务或行为的差异性之上。其次,人们共同承认这种产品、服务或行为的差异性。换言之,个人或组织的产品、服务或行为的评价标准必须在市场上由社会公众共同享有、共同认可。“声誉之所以有意义,正是因为人们对于其行为或品质无法加以确定无疑的评估,而必须得到与声誉持有者有社会距离的其他群体成员的承认。”①美国著名的社会学家爱德华·希尔斯(Edward Shils)认为,“敬意”(deference)是对行为者的特征,或者他所扮演的角色的特征,或是人际社会关系特征的一种反应。社会学家威廉·古德(Willimam Goode)也认为声誉是“超乎寻常”的行为或者特征。根据制度学派的理论观点,声誉等级制度或者声誉机制是建构在“社会承认”的逻辑之上的。所谓“社会承认逻

① 周雪光:《组织社会学十讲》,社会科学文献出版社2003年版,第265页。

辑”，是指个人或社会组织为了获得并维持其社会地位和社会威望，其行为表现应当是超越个人私利和狭隘利益的，是合乎情理、值得称颂的，并获得一个特定环境中的社会公众的共同认可。简言之，社会承认逻辑本质上就是获得“合法性”，其基础就是“合法性机制”。在现实社会中，合法性机制产生了强大的社会期待的观念力量，为个人或者社会组织的社会行为提供了明确基础——“对合法秩序的信念之上”，以此对个人或社会组织的行为产生强约束力。在宏观层面，合法性机制要求社会制度不断增加、修正、补充和完善，迫使个人或社会组织不断地接受并适应制度环境，走向组织趋同化的道路；在微观层面，合法性机制诱使个人或社会组织为了获得社会承认，主动采纳那些“合乎情理”的形式、结构和行为。“承认规则也是一个社会规则，它的‘社会性’有两重意义。第一，承认规则之所以存在且拥有内容，是因为且只是因为特定的社会事实。尤其是它的存在和内容是由以下事实决定：社群成员对特定的行为规律性持内在视角，并用它来评估属于他们的权限范围内的规范的有效性。第二，承认规则的社会性在于它提出了一种社群范围(group-wide)的标准。社群成员并非把承认规则视为一种特殊和个人化的规则，其他人不需要遵守，而是把它所提出的标准当作确定她们所在社群的法律的官方方式。”①

一方面，社会承认逻辑能够建立不同行为的区分和评价标准，是声誉机制产生的基础。例如，我们听到或者看到一些不良的社会行为或现象时，都会愤慨不已。其本质并不是我们的个人利益受到侵害，而是这些行为和现象违反了我们共同接受的规范或者

---

① [美]斯科特·夏皮罗：《合法性》，郑玉双、刘叶深译，中国法制出版社2016年版，第111页。

说是我们共同接受的社会期待。在许多情形下，效率并不是社会承认的基础，经济效率是客观的，不需要得到组织外人们的赞许和评价。但是，声誉则与效率不同，必须通过“社会承认”在“合乎情理”的基础上发生作用。符合社会承认逻辑的行为，是社会公众区分声誉高低的标准之一。另一方面，对社会承认的追求，迫使或诱使我们必须正视并受制于社会价值观念制度及其意义秩序。在现代信息社会，人们生活在“地球村”一样的一个“想象的共同体”里，在这样一个社会大系统里，人们会用同一个价值体系去判断、评价我们生活的环境。社会等级制度一旦被认可，不同阶级的人们便会共享同样的价值判断观念和体系。“社会中心制度”是爱德华·希尔斯提出的一个著名理论，他认为社会中心制度是社会人为创造的理性的自然的体系，蕴含着稳定的、共享的价值观念。社会中心制度也可以说是一种社会观念制度，是我们进行人际共识和社会判断的环境基础。正因如此，声誉机制可以说是在社会观念制度的基础之上建构起来并不断发展的。

制度学派对“合法性”理论的运用主要是侧重于强调被社会“认可”“接受”而产生的“权威—服从”关系。也就是说，一个组织所处的制度环境中的法律规定、社会期待、文化等观念制度将对组织的决策行为产生巨大的约束作用，而决策行为总是符合这一游戏规则的社会组织往往能够得到民众和政府的支持与认同。需要说明的是，迈耶的理论认为，组织的决策行为完全是“合法性”塑造的产物，组织自身无法主动进行选择，尽管本书借“合法性”理论对组织行为进行分析，但这并不意味着我们全盘认可迈耶的这一理论，事实上，本书所采用的合法性理论框架应理解为“合法性”通过一种“激励”(而非“强制”)的方式影响组织的行为选择。[①] 以此为背景,一个组织之所以能够顺畅地运转,并不必定由于其总能作出“最优”(first best)抉择,也可能是出于它被判断符合了其所处的制度环境的要求,因此,被承认、被接受;同样,“合法性”的下降则可能导致“合法性危机”,例如,若我们将政府视作一种特殊的组织,则该组织提升“合法性”最为典型的方式即是改革/革命,通过政治体制的变革,使其重新符合绝大多数社会公众的价值偏好并进而得到人们对政府权力及权威的自愿认同与遵从。而从行业协会的角度而言,由于其担任着政府—市场之间以及行业主体—消费主体间沟通、服务等中介职能,故其“合法性”高低涉及的评判主体即至少应包含政府、组织成员、消费群体。同时,有权对协会成立、运行、解散等进行约束的法律制度亦是影响行业协会“合法性”的重要因素。[②]

我们认为,“合法性”理论的杰出之处在于,它为人们在“理性不及”的刚性约束下,面临复杂的决策情境如何作出最终抉择,提供了一种合理的理论解释。具体而言,“理性选择”描述了一种理想化的情境:决策者通过完整的信息收集以及完全理性的利弊权衡,作出了“最优”的抉择结果;但现实中显然任意一个决策过程都

---

① Paul J. DiMaggio, Walter W. Powell, *The Iron Cage Revisited: Institutional Isomorphism and Collective Rationality in Organizational Fields*, American Sociological Review 48(2), 1983, pp. 147 – 160.

② 当然,前述各因素对于行业协会“合法性”高低的影响力度强弱并不是平均分配的,甚至不同时期、不同行业的行业协会体现出的前述各因素对其“合法性”高低的影响力亦不尽相同,这同样由于实践中各主体的精力、时间、信息收集能力等都是有限的,以社会公众为例,人们势必会更为关注于和自身切身权益息息相关的组织。后文将详细分析并比较,对食品领域的行业协会而言,不同因素对其“合法性”强弱产生了怎样的影响。

无法达到这一完美状态，那么，在不尽完满的现实决策情境中，决策者又是依据什么在众多选项中作出最终选择的呢？“合法性”理论显然认为是出于具体制度环境的约束令决策者在有限信息和有限理性的情况下作出了其自认“合理”（而非“最优”）的决策。而本书之所以诉诸“合法性”进路分析食品行业协会的决策行为亦是虑及此。

首先，复杂的决策情境令协会难以诉诸于“理性”作出最终抉择。由于食品的安全与否一方面紧紧关乎人们的身体健康与生活品质，另一方面又与食品企业的收益高低直接相关，且这一领域还与相应政府部门的绩效有着千丝万缕的关联。更为重要的是，食品企业、社会公众以及政府之间的价值偏好往往不尽相同，因此，面对以上种种复杂的关联脉络，一旦突发食品安全事故，行业协会根本无法在第一时间搜集全面的信息并逐一予以有效甄，别并通过“理性”作出最优选择。更何况，由于政府、行业与消费者三者间存在的诸多价值冲突，这就截断了行业协会“左右逢源”的可能，因此衡平成为协会最终的行为策略，而以考察组织于具体制度环境中如何寻求自身被各方“评价者”予以认同的“合法性”理论显然成为较为适宜的分析进路。

其次，行业协会的决策行为已然表现出“合法性”倾向。尽管决策情境错综复杂，但“食品安全”这一话题本身的敏感性决定了行业协会必须作出“正确”抉择，这就令协会在应对食品安全事件时，必须于“理性”之外，寻觅替代性机制未证成自身的正当性。此时，迎合有权评定其行为正确与否的“评价者”们的偏好显然成为题中之义。事实上，反观前文实证数据，我们已然能够发现丝缕“合法性机制”的痕迹：协会在回应食品事件时，无论政府行事公允与否仍事事遵从的被动态度显然不能简单归结为典型的“理性选择”，因为协会自然能意识到一旦这一行为被公众所知晓，将对其声誉乃至生存造成难以估量的负面影响。相较之下，这一行为选择显然呈现出行业协会认知中，行政权力对其组织运行“合法性”的重要影响作用，故其在行为决策时总是力求寻得行政机构对其行为的“认可”。

因此，我们认为，将食品行业协会的决策行为置于“合法性机制”的理论框架之下能够得到较为完满的解释。故而在接下来的论述中，我们将围绕合法性这种迥异于“理性选择”理论而强调具体制度环境中主体行为选择“被承认、被接受”为指标理论，展开对于行业协会决策行为背后制度成因的分析。在此，鉴于前文分析已有所提及，组织“合法性”的影响因素并非单一存在且一成不变，因此，结合当前食品领域具体情况看来，社会公众、政府、法律、组织成员对于食品行业协会“合法性”有着较为重要的影响，故此为了便于理论分析，本书依从高丙中先生的观点，[①]将合法性分解为社会（文化）合法性、法律合法性、政治合法性和行政合法性四个方面，以求在下文中更为深入地探究究竟哪些“观念制度”型塑了行业协会当下的行为偏好，力图通过分析行业协会行为选择的核心激励，为如何在食品安全领域形成有效的行业自律提供更为现实可行的思路。

二、政治合法性机制

依照高丙中的观点：“政治合法性涉及的是社团内在的方面，如社团的宗旨、社团活动的意图和意义；它表明某一社团或社团活

① 参见高丙中：《社会团体的合法性问题》，载《中国社会科学》2000 年第 2 期。

动符合某种政治规范,因而被判定是可以接受的。"①政治合法性机制一方面表现为国家政治生态环境对行业协会决策活动的塑造,另一方面则表现在协会会员对于行业协会策略活动的影响,此时,合法性机制常常需要协会主动有所作为以维护甚至谋求会员利益(诸如提供信息、帮助;必要时代表会员作出声明、解释甚至道歉等)方能具备合法性基础。应当说,在食品安全领域,政治合法性机制约束力的彰显更多的是依从于这一方面。究其根本,与会员间形成长期合作博弈关系是一个行业协会存在并发展的必要前提:协会需要依赖会员的人力、财力以维持正常运转,会员则通过加入协会以期形成规模效益,更为经济地获取"公共物品"等。甚至我们根本就不能将协会和其会员割裂开来,因为后者本身即是前者重要的有机组成部分。因此,作为行业协会,为了维护团体博弈的稳定,在作出策略抉择时生成于会员利益的政治合法性机制则成为一个不可忽视的考虑因素。

由是观之,在食品安全领域中,行业协会缺乏第一时间曝光"问题企业"的激励、放任诸多行业"潜规则"蔚然成荫,甚至在一些食品安全事件爆发之初竭力为涉案企业开脱也就不足为奇了。当食品企业成为食品行业协会会员组成中的重要部分,若消费者与会员企业间的利益出现冲突(诸如是否主动曝光会员企业涉案的食品安全事件),站在消费者而非会员企业一边对于协会而言即意味着其必须退出原本与会员间的博弈格局,而此时,消费者们的满意丝毫无力缓解行业协会即将面临的窘境:一旦会员企业作出集体放逐"背叛者"的决定而大规模退出协会,且不提行业协会接下来的运行会否因人力、物力的缺乏而捉襟见肘,而是若会员的退出

① 高丙中:《社会团体的合法性问题》,载《中国社会科学》2000年第2期。

数目过大导致协会人数未达法定标准，则行业协会将不得不面临解散的境地。① 这样高昂的团体博弈退出成本显然对任何一个行业协会都是“难以承受之重”。相应地，由于当今食品的“信任品”特征，②行业协会相较于社会大众拥有充裕的“私人信息”保障其便利地采取偏袒企业（特别是会员企业），对“潜规则”默不作声等策略而不被媒体、消费者发觉，即便事后问题企业、“潜规则”等被曝光，一句“不知情”或是“被蒙蔽”行业协会便可安全地将自己置身事外、不受指摘。于是，当退出成本高昂，而维持团体博弈格局收益显著的情形下，政治合法性对行业协会行为的影响力量不容小觑，人们很难在其中投入不信任的锲子以瓦解协会与其会员间某些不当的合作，从而使协会站在社会大众一边主动曝光食品安全内幕。

三、行政合法性机制

行政合法性即是行政部门对于行业协会的承认。具体到我国语境下，我们可以通过以下三方面更为形象地了解行政合法性的约束作用：

第一，基于行业协会与公权力机构频繁的互动，行政合法性逐渐渗透行业协会的日常活动中。根据 2016 年修订的《社会团体登记管理条例》，社会组织的成立需首先由其“业务主管机关”审查资

① 我国《社会团体登记管理条例》第 10 条规定：“成立社会团体，应当具备下列条件：（一）有 50 个以上的个人会员或者 30 个以上的单位会员；个人会员、单位会员混合组成的，会员总数不得少于 50 个；……”

吴元元：《信息基础、声誉机制与执法优化——食品安全治理新视野》，载《中国社会科学》2012 年第 6 期。

② 吴元元：《信息基础、声誉机制与执法优化——食品安全治理新视野》，载《中国社会科学》2012 年第 6 期。

格,审查合格后由"登记管理机关"注册登记;继而在其成立后的日常活动中,业务主管机关和登记管理机关需对其进行指导和监督;而当协会决定解散时,亦需由业务主管单位审查同意。凡此种种,注定了行业协会从决定成立之初至其最终解散,都无法摆脱与行政机构的博弈。

第二,政府部门在与行业协会的互动中较高的自由裁量权和策略性行动空间成为行业协会遵从行政合法性的核心激励。例如,我国对于社会组织能够多大程度上介入行业标准的制定,公权力机构对于合法成立的社会组织又应该或者可以让渡哪些权力并没有形成制度化、可操作的细则,也没有关于行业组织的专门立法,而这些方面往往又是社会团体能否顺利展开日常工作、为会员谋取更多利益的重要影响性因子。这自然赋予公权力机构在博弈过程中具有绝对的优势地位。特别地,在食品安全领域中,由于其紧紧关乎公民生存、健康而一度所有权力归政府所有,行业协会的大多数实质性权力(如标准制定权)必须经过政府明确或默示的授权,因此,这一领域的行业协会将具有更强的意愿遵从于行政合法性机制的约束。

第三,在食品安全领域中,制度环境决定了行政合法性能够较为容易地形成。由于食品行业协会面临的行政合法性评价主体较为稀少(一般是业务主管单位与登记管理机关),少量的评判参与主体保证了统一评判标准迅速形成的可能性,此两方面为食品安全领域行政合法性机制的快速成型打下了坚实基础。

应当说,出于以上三方面特性,行政合法性在行业协会抉择活动中占有最高的地位,而我们所收集的实证数据也明确地证明了这一方面:

首先,协会建立之初即竞相发出各种"信号"展示对行政合法性的遵从。协会不仅纷纷以"章程"为媒介,明确表示愿意受主管单位指导与监督，并将自身主要职能定位为“协助政府在食品行业开展统筹、规划、协调工作”；①更有甚者直接聘请前行政官员担任名誉会长等内部职务，以显示自身天然的行政合法性。协会通过在建立之初便不断发出强烈的“信号”展示自己对行政合法性机制的遵从，以期最大程度降低行政机构甄别其所辖协会是否遵从“游戏规则”的信息成本。

其次，在食品安全问题的处理中，协会成为行政机构亦步亦趋的“追随者”。正如前文所述，行政合法性的强大作用力是行业协会在应对食品安全事件时主动性不足的重要影响因子之一，为了获取合法性地位，协会在实际行动中势必将尽可能向行政机关的偏好靠拢，典型情形诸如上文所提及的，面对政府无正当理由隐瞒关键信息的行为行业协会亦选择沉默。如今，随着人们逐渐意识到行业协会在信息获取中的比较优势，协会尽快与政府“脱钩”被正式提上议程，中共中央办公厅、国务院办公厅于2015年7月正式了印发《行业协会商会与行政机关脱钩总体方案》。② 基于此，为了在“脱钩”后获得更多行政机关下放的权力与资源，行业协会更为紧密地追随行政机构的行动、最大限度地表现自己“忠诚”无疑将在这一阶段发挥到极致。

再次，对行政合法性的看重将促使行业协会按其所属行政区

---

① 载中国食品工业协会官网，http://www.cnfia.cn/html/main/col28/2012-11/12/20121112112114173898106_1.html，2015年4月21日访问。

② 佚名：《行业协会商会与行政机关脱钩方案已上报国务院》，载凤凰网，http://finance.ifeng.com/a/20150130/13469105_0.shtml；李泽伟：《北京30家“行会”今年试点与行政机关脱钩》，载搜狐网，http://news.sohu.com/20150414/n411222488.shtml；佚名：《中办国办印发〈行业协会商会与行政机关脱钩总体方案〉》，载人民网，http://politics.people.com.cn/n/2015/0708/c70731-27274750-3.html，2015年4月21日访问。

域回应食品事件。囿于行政合法性的强势约束力，耗费相当的资源以获得并巩固自身行政合法性对于行业协会而言必不可少。因此，若某个食品协会在其日常行为中不断涉及跨行业或跨地区，其所面临的行政单位将随之不断变化，而这也意味着它将不停地在新的博弈格局中争取其行政合法性地位。这大概即是行业协会在应对食品安全问题时普遍“区域性”特征明显的原因之一，否则，协会的每一次“跨领域”活动都将需要不断花费不菲的额外成本。

最后，行政合法性对协会行为的约束力高于政治合法性。作为追求行业利益最大化的自治组织，对于成员利益的维护可谓行业协会的本能。上文实证数据亦印证了协会在面临食品安全事故时确不乏对其成员明显，甚至恶劣的不端举动予以偏袒(如“三聚氰胺”事件爆发初期协会对三鹿集团的袒护①)。然而，即使如此，当行政机关明确表示某项食品存在问题后，除非存在确凿证据证明政府监测结果有误，否则，无论协会事前对于涉事企业有无袒护行为，一旦政府表明态度，协会亦会毫不犹豫地追随政府的脚步。

四、社会合法性机制

食品与食品安全是人类最基本的需要，期待安全、健康的食物不啻于一种人类“本能”，这也是食品安全问题一旦公布于众特别容易引起公愤的原因。因此，从上文实证数据中我们第一时间便归纳出“社会影响力”这一制约行业协会应对食品安全事件积极性的重要变量；与此同时，更为有趣的是，我们发现行业协会对回应

① 参见佚名：《三鹿毒奶粉事件全解析　即将揭开真相》，载齐鲁网，http://news.iqilu.com/other/20080918/50252_2.shtml，2015年4月21日访问。

媒体“误读”事件表现出了别样的热衷。[1] 在这些事件的回应中,行业协会甚至会刻意强调并突出媒体“误读”一事,而对事件其他问题呈回避之态。[2] 显然,鉴于媒体的报道是当今人们辨别食品安全与否的重要依据之一,协会对此类事件的澄清除力求“以正视听”、扭转行业形象之外,大概亦希望通过显示媒体的“双眼”亦会受到蒙蔽来一定程度消解人们对媒体话语的过度依赖,提升本行业在社会领域的认同度。

社会大众对安全、健康食品的期待使得社会合法性在这一领域具有了无可置疑的约束效力,那么,循此思路,由于希望在社会领域“被承认、被接受”,行业协会势必具有较强的激励从维护社会公众利益出发考量行业治理的方式和路径。但从前文我们梳理出的一些行业协会策略行为看来(对于政府决策的过分遵从、对于会员不当行为的维护、对于尽管社会影响力并不太大但频频发生的食品问题的漠然等),显然并不尽然符合公众对作为推动行业“持续健康发展”的行业协会的理解与期待,更令人困惑的是,组织行为与公众期待的这一冲突却也丝毫未妨碍行业协会在社会上公开且顺畅的运转。我们再次以震惊中外的三鹿奶粉“三聚氰胺事件”为例,三鹿奶粉安全问题爆发后,在2008年9月12日的凌晨,有媒

---

① 从本书筛选的案例来看,影响较大的案例共有2项(酒鬼酒塑化剂事件、速生鸡事件)属此类,而影响较小的案例中亦有2项(爆炸西瓜、茶叶农药残留)属此类,均得到了行业协会的回应。

② 如酒鬼酒“塑化剂”事件,多家行业协会在声称由于我国国家标准不清而不能对白酒中含有塑化剂是否有危害作评判后,均表示其工作已经结束,接下来只能交付于公权力机构予以管理,并在之后陆续发生的白酒含塑化剂事件中不再“发声”;同样地,在茶叶农药残留事件中,行业协会亦是不断强调农药“残留”和“超标”有区别。协会不约而同地聚焦于因我国缺乏茶叶农药残留限量标准而不能判定企业存在食品安全问题的讨论,对记者提出的样本中含有国家明令禁止使用的农药问题则未曾正面回应。

体直接爆料奶粉行业的行业协会——中国奶业协会试图转移公众视线，偏袒企业。该协会常务理事王丁棉接受记者采访时就“毒奶粉”事件的表态完全是偏袒企业的态度，他以协会的官方口吻解释“三聚氰胺”一般是来源于奶粉的包装材料，如铁罐、内部软包装等，还强调婴幼儿得肾结石的原因是多重的，并不一定是奶粉的原因，比如在婴儿体重不足，日常饮食喝水较少等特殊情况下，也会导致磷酸钙形成并直接沉积在婴幼儿肾脏。这种不言而喻的偏袒有失公允，引发了社会公众对奶业行业协会更为强烈的质疑和不满。

更令人遗憾的是，三鹿奶粉事件爆发后，中国奶业协会并没有发挥出行业协会应有的作用。或者说，在毒奶粉问题爆发后，中国奶业协会本应该做得更好。但社会公众既没有看到以中国奶业协会的名义给全国所有消费者的致歉信，也没有看到更好的行业自救的办法出台。中国奶粉行业在很长一段时间内在国内市场的占有率不足20%，奶粉行业的整体声誉下降。

2013年3月，中国乳制品工业协会在官网发布正式调查报告称：国产奶粉质量优于进口奶粉，同时在价格上，进口品牌基本是国产国内品牌的两倍。中国乳制品协会日前专门委托第三方专业的检测机构，采用随机抽样检验的方式，在北京及周边部分省会城市的奶粉市场上一共抽检25个品牌的一段婴儿配方乳粉样品。其中，13个国产国内品牌产品，3个国产的国外品牌产品，9个原装进口产品。检验指标包括主要营养指标、矿物质指标、污染物限量超标、微生物指标、真菌毒素限量超标等共20项。第三方抽样检测结果表明，包括国内生产的国内与国外品牌的16个国产品牌的奶粉全部符合国家标准要求，而且实际检测数值都是超标准的优良，而在9个原装进口产品中出现了3个不合格产品，其中一个产品甚至有两项指标不合格,分别是乳糖占碳水化合物比例和钙磷比,另两个产品均为钙磷比不合格。

中国乳制品工业协会理事长宋昆冈表示,不合格产品品牌的名称是国内市场上比较知名品牌,但是,由于乳制品工业协会不是执法部门,因此,不适宜对外直接公布企业名称和奶粉品牌。中国乳制品工业协会表示,三鹿奶粉事件发生四年多来,经过严格的、系统的清理整顿,完善立法标准,提升执法水平,增强管理能力,加快奶源基地建设,加大产品质量监督和抽样检测力度,中国乳业已经发生了非常大的变革,并进一步强调,我国目前执行的是婴幼乳粉的第四代标准,“在技术上是先进的,是世界上最严格的标准之一”。协会相关负责人表示,标准内许多指标“等同采用国际食品法典委员会 codex 标准,有些指标则是 codex 没有的,例如乳清蛋白要占蛋白总量的 60% ,提出了氨基酸模式,乳糖要占碳水化合物的 90% 等”。“凡在国内生产婴幼儿配方奶粉,无论国内外品牌都要执行这个标准,进入中国市场的外国产品同样要符合这个标准。”协会表示,2011 年、2012 年,国家质量监督检验检疫总局共抽检国产乳制品样品 128,240 个,产品合格率 99.74% ,其中婴幼儿乳粉样品 12,082 个,产品合格率 99.23% 。从实测数据看,产品质量稳定向好。[①] 这些事实表明:一方面,我国奶粉行业正在发生巨大的变革;另一方面,奶粉行业的相关行业协会也在试图重塑社会形象,增强社会公信力,以期获得社会承认。

上文在通过实证数据总结行业协会行为特征时,我们发现了

---

① 参见佚名:《乳协调查报告称国产奶粉质量优于进口奶粉》,载人民网,http://finance.people.com.cn/n/2013/0429/c70846-21323387.html,2020 年 5 月 20 日访问。

行政合法性是决定行业协会是否对食品事件作出积极回应的关键要素，甚至在一些社会公众表现出热切关注的事件中，行业协会仍更倾向于遵从行政机构作出的与社会利益并不一致的决策。囿于稀缺的时间与注意力资源，行业协会在追求自身合法性的过程中势必将有所权衡取舍，但问题在于，是什么令行业协会在食品企业、行政机关、社会公众之间最终决定部分放弃社会层面的认可，冒着承受社会公众“用脚投票”可能对整个行业造成毁灭性震荡的风险而相信这一决策是有限条件约束下最为有利可图的呢?

(一)“配角”式的自我定位

我们认为，行业协会更倾向于放弃社会合法性认同而对行政合法性机制作出回应，首要原因即为前面实证分析中的推论一所言，在面对食品安全治理时，行业协会始终认为政府才是处于首位的角色，因此，在应对食品事件时处处不敢逾越其兀自划定的权力位阶，并总是致力于与政府的态度保持一致。这种自我定位的形成一方面源自“食品”这一密切涉及民众切身利益的领域从古至今其治理权力皆归于公权机关所有的传统，使得当今即使强调行业自治，行业协会依旧认为政府才是这一领域当仁不让的“主角”，而作为“民间组织”的行业协会只是其中可有可无的一环；另一方面，脱胎于国有“官办”体制的历史渊源令行业协会形成了以政府态度为先的路径依赖，这从及至如今几乎所有食品行业协会章程“总则”部分仍争相旗帜鲜明地指出其业务上受政府部门的指导和监督管理中可见一斑，这一思维定式自然制约了行业协会敢于违逆政府意志发表意见的冲动——即使此时社会层面对于事件“真相”表达了迫切的关注。

(二)“社会认同”对行业协会的压力不足

即使不考虑协会自身的自我定位，仅从社会合法性本身出发，其对行业协会而言也并不构成足够的威慑效力。这并非否认社会合法性本身的约束力强度,而是指社会合法性的强约束力并未能“直接”作用于行业协会。究其根本,我们认为主要源于三方面的原因:其一,社会对于食品行业协会的行为并未形成统一的期待。这主要是因为我国食品行业协会普遍成立于20世纪80年代以后,甚至一些地方性协会于2000年以后才成立,短暂的存续时间使公众对于这一组织当为何种行为承担哪些责任等尚未形成稳定的共识。其二,在食品领域,推动社会合法性产生约束力的主体涵盖了社会上的每一个人,再加之食品的“安全”与否一定层面上是一种主观感受,庞大的评判主体与分散的评价标准自然极大程度削弱了社会合法性对于行业协会的作用强度。其三,由于我国“强政府”的历史传统和观念,人们更多将评判者的角色赋予政府,因而无论从行业协会自身,还是社会大众,都未将社会认同作为行业协会运行好坏重要的指标考量。

综上所言,出于行业协会对于自身“配角”式的定位以及社会认同压力并未对协会形成直接的约束力,行业协会在有限资源条件的约束下,自然对社会合法性的遵从激励相对较弱。事实上,在我国“官本位”的传统之下,面对食品安全问题,不仅仅行业协会,社会公众亦更倾向于将公权机关作为第一位的回应机构。从这一层面上而言,行业协会满足了行政合法性,也便一定程度满足或者说缓解了社会领域对协会的拷问。当然,从社会公众对行业协会行为的忽视亦可看出,当下而言,尽管加强行业自治被不断提及,但就食品安全领域来说,行业协会尚未在民众心目中确立其相应的“治理者”地位;虽然社会合法性出于其对于整个行业的威慑效应使协会回应食品事件时会一定程度考量社会认同度,但相较于行政、政治合法性而言,行业协会总体社会合法性程度较低且博取社会认同的激励不足。

五、法律合法性机制

尽管一个行业协会想要顺利地成立并运行必当耗费相当的资源以一定程度满足前三项合法性机制,不过,对决定一个行业协会能否成立、如何成立、当为什么、不当为什么的法律合法性的绝对遵从却是这一切的前提。因而,从这一层面上来说,协会对于政治合法性、行政合法性与社会合法性的遵从,是协会与会员、行政机构和社会大众多次博弈后“讨价还价”的结果,而法律合法性对协会的要求则是单方面、只能选择严格遵从、毫无商榷余地的。如此看来,以国家强制力为背书的法律合法性的约束力应当最强,但现实中似乎并非如此。最为典型的例子即是一些依赖于民俗习惯而成立的社会组织,社会合法性成为其存在与发展中主要甚至是唯一的合法性共识,法律合法性机制则一度成为其可有可无,并且事实上也难以达到的要求。[①]而在食品安全领域中,法律合法性的缺失主要体现在以下两个方面:

(一)法律阙如令行业协会“依法而治”存在先天性缺陷

与更多依靠意识形态、传统、共识等形成其约束力的社会、政治和行政合法性不同——这些意识形态、传统和共识的形成并不必定依赖于明确的记载、其甚至可自发形成,法律合法性机制的产生则必须首先存在明确的法律规定,只有依靠“纸面”的形式理性方能彰显其威慑效力。而反观针对食品行业协会的法律规定,只

① 如河北省一个行政村的“龙牌会”以及北京的一些民间花会,依赖民俗习惯而建立,具有坚实的社会合法性基础,但可能因为包含着一些政治或是经济风险(如“龙牌会”供奉的对象与当今政治意识形态的冲突)而难有政府机构愿意成为其业务主管单位,致使这些社会组织很难获得法律合法性。参见高丙中:《社会团体的合法性问题》,载《中国社会科学》2000 年第 2 期。

一项《社会团体登记管理条例》，不仅法律位阶较低，且内容仅对协会成立的前提、资质有一定要求，对成立后的权利、义务、责任的规定则颇为简略。我们认为，这一严重的“法律阙如”是致使法律合法性机制约束力不足的核心要素。并非协会成立之后故意挑战法律的权威，仅从社会、政治和行政的角度建立自身的合法性，而是因为“无法可依”，遂其只能从其他领域合法性机制中证成自身“被承认”的地位。

况且，亦是由于法律对于行业协会的权责规定太过粗略，行政机构才敢于对协会日常活动进行“堂而皇之”的干预，而面对益发强大的行政裁量权、行业协会自然只得沦为行政权力的追随者以求得行政机构的“认可”；类似地，因为法律对行业协会不当行为缺乏严厉的惩罚机制，协会才敢在会员企业不择手段地追求自身利益最大化时心存侥幸地进行袒护以证成自身的政治合法性地位。

当行业协会根本无法依靠法律规定为自身的策略行为谋得足够的“承认”，实际面对食品安全问题时，法律合法性机制常常沦为合法性机制出现摩擦时协会为平衡自身在各方的合法性地位而使用的“润滑剂”也就不足为奇了（诸如协会竭力为涉事企业“剖白”以彰显其政治合法性的同时，往往以法律规定不完善、呼吁健全相关行业标准以更好地保障食品安全等方式保住其社会合法性地位）。

（二）行业协会自身“规则之治”意识匮乏

首先，从我国各食品行业协会章程来看，针对食品安全治理，普遍缺乏完备的标准—追责—回应体系。这就意味着行业协会在应对食品安全事件时表现出典型的策略性行动特征。正如前文所言，协会的行为并非依据明确固定的“规则”展开，而是从能够影响其发展情况“评价者”的评判逻辑出发，相应地选择其行为方式。

其次,从行业协会对于被错误报道的食品事件的应对中,亦可看出其缺乏基本的法律意识。在这样一个食品领域的"多事之秋",对于我国食品品质的低信任不仅仅令消费者更容易相信负面信息报道,也成倍增加了信息澄清的成本,因此,可以说一旦出现信息误报,相应市场很可能将承受难以估量的损失,①而即使如此,行业协会面对被误报的食品事件,依旧更多从媒体报道、开办发布会等渠道入手澄清,而无一选择通过法律这一以国家权威与强制力为背书的渠道维护行业合法权益。②

当然,这种法律意识的匮乏最终仍应归结为我国相关法律规定过于简略——行业协会找不到合法依据建立自身的制度体系,也缺乏成本较低的便利渠道诉诸司法制度维护自身权益,更何况,在强大的行政合法性压力下,行业协会也并无足够激励和能力从政府手中谋得其维护"规则之治"所需的基本权利资源。

尽管如此,我们亦不应忽视法律合法性本身存在的巨大潜力,

① 如2011年发生于江苏的"爆炸西瓜"事件,尽管很快被证明媒体有危言耸听之嫌,但依旧牵连到其他地区,使无辜瓜农损失惨重,如重庆、四川地区别名为"爆炸瓜"的西瓜,因该事件而从"畅销品种"沦为滞销商品、无人问津。参见宋艳、侯青伶、安显韬:《膨大剂传言或让成都瓜农血本无归——危情10日!瓜农协会打响西瓜保卫战》,载四川新闻网,http://scnews. newssc. org/system/2011/06/02/013189556. shtml;佚名:《小西瓜卖不过大西瓜 今年西瓜价格上涨两成》,载重庆晨报:http://cqcbepaper. cqnews. net/cqcb/html/2011 - 05/17/content_1364077. htm,2016年3月29日访问。

② 从本书筛选的案例看来,无论是媒体误报事件,还是囿于我国缺乏国家标准而令相应食品是否属于问题产品存在争议但却被媒体直接报道为食品安全事件的情况来看,行业协会均未借助法律手段维护自身权益。类似地,面对政府误报的食品事件,协会尽管极为愤慨,亦未有诉诸法律渠道的先例,如2015年河北省食药监局撤销了其对于"辉山乳业"销售安全警示后,中国乳制品工业协会发措辞严厉地声明要求河北省药监局公开道歉,并称"这件事绝不仅是辉山一家企业的事,影响的是整个乳品行业",载央视网,http://jingji. cntv. cn/2015/10/02/ARTI1443743927275774. shtml,2015年10月4日访问。

作为唯一一个具有实质强制力的合法性机制，一旦将具体规定以法律的方式明文固定下来，其将成为激励或制约另外三方面合法性机制约束力的重要力量。正如上文所提到的，法律的阙如引发了行政合法性与政治合法性对于行业协会策略行为约束力的增强；那么，反之也自然成立。例如，当法律要求行业协会自由成立、行政机构只进行形式审批，且对于协会课以明确的权利内容，对干预协会日常活动的行政机构课以严厉的惩罚机制时，那么，行政合法性的约束力自然会相应降低。从这一层面来说，法律合法性机制一定程度上“塑造”了其他合法性机制的影响力大小和约束方式。

六、小结

透过“合法性”理论的分析工具，我们从政治合法性、行政合法性、社会合法性、法律合法性这四个截然不同却又紧密相关的视角，探析了我国行业协会面对食品安全问题时其行为选择和行为逻辑，并从理论上模拟了复杂决策情境下行业协会行为决策的博弈过程，从整体上看，我国食品行业协会的决策过程表现出一种深切的“官方认同”，这可以说是我国相较于国外一些第三部门发展较为成熟的国家，行业自律环境最大的不同，具体而言，我们认为，食品行业协会种种自律失范行为背后制度性成因主要体现在政府监管与行业协会权力配置错位、行业协会自律行为归责制度丧失、行业协会自律行为的社会监督机制匮乏、行业协会内部治理的机制失范四个方面。

（一）政府监管与行业协会权力配置错位

首先，行业协会准行政化现象突出，独立性缺失。从2016年修订的《社会团体登记管理条例》①可以看出，行业协会的成立、变更、注销、解散都需要经由其“业务主管机关”进行相关事项的审查判断是否“审查同意”，在协会日常活动中，也需要业务主管机关和登记管理机关进行“指导和监督”，在这样的制度安排下注定了行业协会从决定成立之初至其最终解散，都无法摆脱与行政机构的博弈。在行业协会整个“生命历程”中呈现与公权力机构频繁的互动局面，行政合法性已经深入渗透到了行业协会的全部活动，一些政府主管部门通过会议、学习班、电话、传真、内部网络等人际互动方式从思想上和行为上对行业协会的行为过程实施控制，②这不仅加重了行业协会的“准行政化”，并且过度追求“行政合法性”的行为决策还使得行业协会本身行为与活动的独立性备受质疑。

其次，政府监管权与行业自律权界限不清，行业协会自律权限不明。实际上，由于目前规范性法律文件涉及食品行业协会的权责规定都极为模糊，政府部门在与行业协会的互动中一直把控着较高的自由裁量权和策略性行动空间，当行政机构借由模糊的“监管权”对行业协会日常活动进行基于自身立场的行政性干预时，由于缺乏必要的法律规范提供法律合法性的支撑，行业协会只能选择作为政府机构的“附声筒”，力图满足自身对于行政合法性的急切需求。在法律、法规未能明确行政执法与行业自律之界限的当下，实践中大多数行业协会仅参与行业调查、统计、信息搜集、培训

① 详见《社会团体登记管理条例》第3条、第9条、第19条、第20条、第25条的规定。

② 参见刘玉能、高力克：《民间组织与治理：案例研究》，社会科学文献出版社2012年版，第282～290页。

等“软性”行业管理活动，①一些本应由行业协会行使、为行业自律提供最为关键的“牙齿”的权力却流于形式，在制度层面和社会治理实践中均未得到落实。标准制定权、产品认证权仰赖于行政机关“自由裁量”下并未公开的“转移或委托事项”的标准，声誉处罚权、内部规制权因行业协会独立性地位的缺失几近无效，集体抵制权因目前我国行业协会本源性的“结社失败”而缺乏必要的志愿结社性基础，②成员间的信任在附庸型垂直网络中无法有效生成，集体行动的实效性也因非志愿结社个体机会主义的横行而悬空。归根结底，现阶段公权力机构对于合法成立的社会组织应该或者可以让渡哪些权力并没有形成制度化、可操作的细则，也没有关于行业组织的专门立法，而这些方面往往又是社会团体能否顺利展开日常工作、为会员谋取更多利益的重要影响性因子。政府仍然垄断着大部分重要的职能资源，尤其是一些关键的行业治理职能。同时行业协会希望通过政府来获取相关的资源，结果导致行政权力机关与行业协会之间实际形成了“命令—服从”关系，进而加剧了行业协会的准行政化程度。③

（二）行业协会自律行为归责制度缺失

行业协会的自律行为从本质上来说是一种社会组织对于组织成员的自我约束机制，既然是约束机制，受约束者在个体利益的诱导下出于个体理性，就可能突破约束机制为自己谋取私利，这需要

---

① 参见宫宝芝、赵倩：《我国行业协会自律功能的缺失与拓展》，载《江苏大学学报（社会科学版）》2008 年第 5 期。

② 参见胡辉华、段珍雁：《论我国行业协会自律职能失效的根源》，载《暨南学报（哲学社会科学版）》2012 年第 7 期。

③ 参见彭小玲、蔡立辉：《貌离神合：市场中介组织行业自律的行政化现象研究》，载《行政论坛》2016 年第 3 期。

行业协会运用自身权力或者借助外力对突破约束者施加消极影响以恢复受损害的平衡。同理，作为约束者本身其行为亦可能因其实际控制者的利益而损害公共利益或第三方利益。但现阶段，无论是国家的相关法律、法规，还是食品行业协会自身的规章、管理规范，对于协会本身自律行为的责任制度规定都极为匮乏，①对于行业协会决议或者其他自律行为缺乏必要的约束机制，归责制度的缺失使得监督成本难以有效控制。

行业协会作为社会组织，从理论上来说，其权力来源主要是源自成员们的权利让与，通过意思表示一致达成有关契约以约束成员行为。但实际上，我国食品行业协会大多有程度不一的准行政化，有些全国性的食品行业协会甚至在人事、组织、行为过程都具有非常浓厚的行政化色彩，②而行政权本身具有的垄断属性，也使得协会治理上的事实寡头现象难以避免。③ 在这样一种“垂直化”的人际网络中，成员间信任本就异常脆弱，加之内部治理行为缺乏

① 例如，《广东省食品医药行业自律管理规范》在“评价监督”部分仅对“参加评价的机构和人员”的“玩忽职守、徇私舞弊、收受贿赂”的行为规定了相应责任，但对于协会成员或第三人因自律行为而利益受损的情形却未规定任何的救济措施。又如，在《江苏省行业协会条例》(2017 年修正)的第四章“协会职责”部分规定了行业协会的职责系“加强行业自律，制定行规行约、业内争议处理规则，建立规范行业和会员行为的机制，督促会员单位依法经营和管理；对违反协会章程和行规行约的行为，依据章程规定进行处理”；但在法律责任部分，却并未能明确行业协会在上述“法定职责”方面不作为或者作为不当之相应的法律后果。这使得行业协会的自律行为缺乏必要的外部约束力，一方面使可能受损的相对方之抗辩权力难以得到保障，另一方面自律行为本身之公正性在内部成员间难以得到保障，缺乏程序正义要件的自律规则在外部公众视野中易受到存在“暗箱操作”的质疑，难以获得足够的“社会合法性”支持。

② 参见彭小玲、蔡立辉：《貌离神合：市场中介组织行业自律的行政化现象研究》，载《行政论坛》2016 年第 3 期。

③ 参见鲁篱、赵尧：《行业协会去行政化的法治选择——基于代理成本的分析》，载《天府新论》2014 年第 5 期。

相应的责任制度加以约束,实际形成了我国行业协会“行业自律权力来源瑕疵,自律行为责任缺位”的尴尬处境,严重影响了行业协会自律——“权利义务相适应”的最终实现,也不利于行业协会的“社会认同”的获得。因为这不仅无法满足内部成员对协会的期待,内部成员间的公信力缺失也将致使其“社会合法性”的获取更加困难,毕竟连自身成员间的信任都难以维系,社会公众更加难以对其自律行为的公正性保持足够的信赖,进而其自律行为的“社会合法性”收益也大打折扣。

（三）行业协会自律行为的社会监督机制匮乏

行业协会难以获得足够的社会合法性,“社会认同”难以直接影响行业协会和市场主体的行为决策过程,这样互为因果的双重困境,其根本原因还是在于消费者与行业协会之间缺乏必要的有效沟通平台,食品行业内的信息在行业协会内形成闭合,没有与社会公众形成良性的信息交换机制,社会监督的制度性资源在食品行业协会内仍旧匮乏。首先,社会监督得以成立的基础性信息缺失。对于行业协会是否实际施行了行业自律的行为,实施了哪些行业自律的行为,在施行行业自律行为的过程中发现了哪些涉及食品安全的重要信息,这些都是涉及社会监督所需要的基础性信息,而目前这些信息都缺乏有效的信息共同平台,①一旦基础性的

① 以全国性的食品类协会中国肉类协会为例,截至2018年8月14日,其官方网站涉及向公众提供行业自律与商品安全监督与曝光的栏目有违法曝光和行业自律两个,其中,2017年至今“违法曝光”仅2项可查看内容,“行业自律”自2017年至今仅4项可查看内容,内容多为对相关政府部门、媒体公开的信息、资讯的转载或机构信息的介绍,并无可供公众参与监督的有关协会自律情况的信息。值得关注的是,“行业自律”栏目下提供的“中国肉类食品安全信用体系建设示范项目”供消费者(针对参与该项目企业)投诉与答疑的“中国肉类协会产品质量答疑网,http://www.qscccma.com”,经笔者多次尝试均无法打开。

信息匮乏,社会监督就成了"无米之炊",消费者群体对于行业协会的"社会认同"自然缺乏形成的基础性条件。其次,社会监督得以运行的保障性制度缺失。社会公众在缺乏必要的监督平台的同时,对于对行业协会自律行为实施监督的行为激励同样缺失。一般而言,对于行业协会自律行为的社会监督主体,一是普通消费者,二是接近行业协会或行业内部的从业人员。目前的法律规范对于公众对行业协会实行监督行为的投诉与举报受理主体并无任何规定,举报的答复制度、受理程序、举报人信息和利益保护制度、举报人奖励制度等都有待从制度上进行完善。

(四)行业协会内部治理的机制失范

目前食品行业协会在参与食品安全共治中表现出的治理无为、治理不力和治理无能等内部治理失范现象,追根溯源,其根本原因出在两个方面:

首先,行业协会内部治理结构不够完善。行业协会作为社会团体,其完整的机构组成至少应当包括权力机构、执行及经营机构、监督机构三个部分,而实践中,行业协会的这三个重要的部分在其机构设置和权力运行上均出现了不同程度的问题:一是权力机构的选举和权力运行过程中民主参与不够充分。会员大会作为协会最高权力机构,本应有权参与与自身利益和行业利益相关的所有重大事项,但实践中绝大多数行业协会仅规定每年召开一次会员大会,大多未规定会员有权根据一定程序申请召开会员大会的权利,这意味着会员大会(绝大多数会员)无法参与行业内重要的事宜讨论与决策,如中国食品药品企业质量安全促进会就明确在章程第 17 条规定,会员大会每届 5 年,如果要提前或延期换届,不仅需要理事会表决通过,而且还要报行业主管单位审查以及社团登记管理机关的批准。如此烦琐和严苛的临时会议召集规定,使会员大会的实质权力被理事会（执行机构）架空，作为社会组织的民主性基础被进一步削弱。二是执行机构的人员配备和从业人员素质均无法满足实施有效自律的条件。在针对S省内行业协会的调研过程中，我们发现食品协会工作人员的专业化程度普遍较低，专职工作人员的数量、服务质量都远远不能满足行业协会实施有效自律的条件。绝大多数食品类行业协会其秘书处专业人员数量都很少，而行业协会要全面地发挥作用，就必须面对三大职能的挑战，即服务会员、反映诉求和行业自律。因此，对很大一部分行业协会而言，在人手不足的情况下，仅仅是应对有“行政合法性”压力的行业基本信息搜集等日常工作就疲于分身，对开展有效的行业自律所需要的举报信息搜集、举报信息核查、举报信息反馈、实施具体惩处等事务自然是无法投入。另外，行业协会秘书处专职工作人员的经验、知识和技能水平直接关系执行机构和整个协会的管理、服务和组织能力，这些人员的专业水平、学历及综合素质等客观因素也限制了行业协会自律职能的发挥。三是监督机构的缺位。一方面，当协会众多制度和事宜的决策权实质上由执行机构得以掌控，在监督运行机制的安排上仅规定有会员的批评建议权和一年召开的会员大会，这种程度的监督无法满足社会组织民主性的要求。另一方面，在行业协会的权利运行过程中，对于行业行为实施的惩处、评选、评定等自我约束、自我管理的协会行为，由于现阶段大多数行业协会缺乏专门的自律部门，因此，针对这些行为的监督往往没有规定或者简单地规定由协会党委会、秘书处等原本具有其他专门化职能的内部机构①代为执行监督，但实际上相

① 例如，《广东省食品医药行业自律管理规范规定》第五章第2条第4款规定由“广东省食品医药行业协会党委”对评审过程实施全程监督。

较上述机构，由专门的监督部门对监督协会自律行为进行监督，在吸纳普通会员作为“监督人员”方面更具天然优势，更能保证协会运行的民主性基础。

其次，行业协会内部自律制度匮乏。目前食品类行业协会自律缺乏制度性资源提供必要保障，使行业自律行为缺乏基本的行为标准。而在国家法律制度层面缺乏明确规定的情况下，绝大多数行业协会内部也没有制定出针对自己行业特点的成文的自律规范，行业协会内部自律制度的匮乏实际上已经成为行业协会自律机制实现的结构性障碍。这种制度性资源的匮乏表现为三个方面：行为规范匮乏、自律规范制定程序缺位、规则执行和监督制度不足。其一，协会自律行为规范缺失。绝大多数的食品类行业协会没有制定出专门的自律行为规范，仅仅是在协会章程中规定对于违法违约的成员，行业协会将给予不同程度的处罚。这样的模糊性的规定缺乏明确化的权利、义务和责任安排，容易导致规则解释的任意化，而没有具体的“行为—处罚—救济”的明确安排也使得外部监督成为空谈，无法到达约束和惩治内部会员行为的效果。其二，自律规范制定程序缺位。自律规则的制定涉及社会组织合法性的问题，缺乏公开、透明、民主性制定程度的制度安排，使得行业协会的自律行为的威慑力和协会本身的公信力都倍受削弱。其三，规则执行和监督制度不足。目前我国食品类的行业协会大多没有建立起专门的自律案件处理机制，完整的自律案件处理过程至少应当包括评判主体、违规行为、制裁措施、制裁程序与救济程序，而目前协会普遍缺乏专门的自律案件的执行机构，对于自律案件的监督与救济也缺乏基本的配套制度。总体来说，行业协会内部对于内部自律行为的“规则供给”“规则执行”和“规则监督”都表现出明显的制度性资源缺位。

第五章　行业协会在食品安全治理中自律重构的改革进路

一、逻辑起点与理论基础：合法性理论与角色冲突理论框架下的行业自律重塑

（一）合法性理论框架下的行业自律之重塑进路

将行业协会的行为决策过程置于“合法性”的理论框架中，通过第四章的博弈分析可以明显地看出，在面临食品安全的治理的行为决策时，行业协会的最终倾向是采取“衡平”的行为策略，以求在复杂的决策情境中最大限度保全自身利益。而在“合法性”理论的框架下，行业协会作为复杂情境中的博弈者，其行为决策是由政府、协会成员、食品消费者这三方主要的策略互动参与人对其施加的影响力大小所决定的。其中，政府通过行政权力对其组织施加“行政合法性”的影响；协会成员作为协会中重要的有机组

成部分,其通过成员权力对协会组织施加“政治合法性”的影响;食品消费者、包括潜在的食品消费者作为社会公众中利益相关者,通过群体性社会影响力对行业协会组织施加“社会合法性”的影响。

在相关规范性法律文件存在疏漏而约束力不足的情况下,行业协会的行为决策实际上是由来自上述三种影响力路径的评判主体在影响力博弈中的影响力悬殊所左右的。如图5-1所示,我们认为,目前我国食品类行业协会在食品安全自律中所表现出的“对食品企业不当行为的维护”“对频发的食品安全小规模影响力事件的漠然”及“对自律治理积极性的匮乏”等自律失范的现象,其根本性原因是由于食品类行业协会对于“官方认同”与其背后的“行政合法性”的过分谋取,因而挤占了行业协会对于“社会认同”的追随程度,并且在一定程度上造成了协会内部“行政合法性”瑕疵,减弱了我国行业协会组织因历史原因本就先天不足的独立性和作为社会组织的志愿性①及民主性。

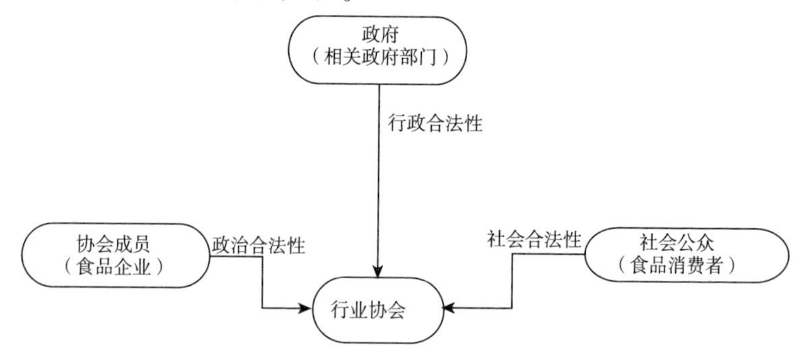

图5-1 “合法性”理论框架下目前我国食品类行业协会行为决策影响因素

① 参见胡辉华、段珍雁:《论我国行业协会自律职能失效的根源》,载《暨南学报(哲学社会科学版)》2012年第7期。

对于食品安全领域行业协会自律行为失范的重塑而言，其关键点就在于削弱“官方认同”对于行业协会行为决策过强的“行政合法性”影响，同时借助制度性工具强化和提升“社会认同”对于行业协会行为决策的影响和激励，维护协会必要的民主性和独立性，保障协会基本的“政治合法性”。而作为合法性理论框架中唯一具备“实质强制力”的合法性机制，“法律合法性”对于破除行业协会目前的自律失范困境具有极大的潜力。一旦行业协会相关的行为规范体系、责任归责体系、自律行为监督体系得以建立，规范性法律文件意义上的“自律行为标准—自律责任追究—监督回应”体系得以有效运行，不再缺位的“法律合法性”将能有效介入上述三方面合法性机制的影响力博弈之中，成为激励和制约其他三方合法性机制的重要力量。应当说，正是由于当前行业协会自律相关的规范性法律文件存在疏漏，导致了“法律合法性”机制未能在行业协会行为决策博弈中发挥应有的影响力，也没有对其他三方合法性机制产生必要的约束和激励，从而导致了如图5－1展示的“行政合法性”影响力过于强大，“社会合法性”无法有效影响行业协会自律行为的决策这样的“下沉式失衡”现象。

因此，以规范性法律文件的进一步细化为切入点的“法律合法性”建设就成为行业协会自律困境破局之关键。具体而言，要以规范性法律文件的方式形成“自律行为标准—自律责任追究—自律监督回应”的自律体系，第一，需要矫正政府与行业协会间的权力错配，完成协会自身的“去行政化”，行政权的主体、内容应该明确和受法律约束，为行业协会的自律行为开展让出行为空间，培育协会成长条件。第二，要以内部治理机制的重塑为契机，给出行业行为自律行为的行为规则，以“规则供给”、“规则执行”和“规则监督”为重点展开制度建设，完善对行业协会内部的治理机制完善。

第三,在“让空间”和“给标准”之外,还需要加强“社会监督机制”的建设,完成“社会认同”之于行业协会自律行为施加常态化“约束”的通道建设,具体包括打通监督路径和打造监督平台,同时构建起适当的社会监督激励机制。

制度性工具的强化和提升借由上述路径进行开展,以期对食品安全领域行业协会自律行为的失范提供矫正工具,以达到削弱“官方认同”过强影响,增强“社会认同”对于行业协会行为决策的影响和激励,维护协会必要的民主性和独立性,保障协会基本的“政治合法性”的目的,最终完成行业协会自律治理的改善,如图5－2所示,以达成“合法性”理论框架下行业协会行为决策影响因素“平衡”之矫正,来实现协会自律决策影响因素的博弈平衡。

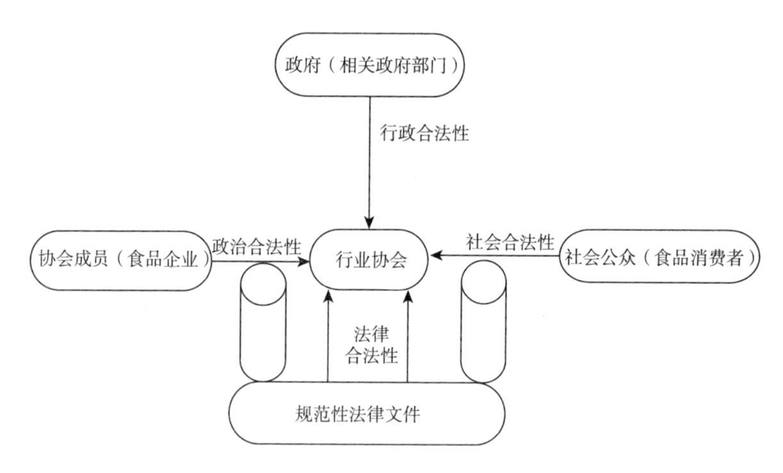

图5－2 “合法性”理论框架下我国食品类行业协会行为决策影响因素“平衡”之矫正

(二)角色冲突理论框架下的行业自律之重塑进路

角色冲突理论是用于解决个人或者组织在生活或者工作中“扮演同一角色由于角色的不同要求而引发的角色内矛盾冲突”,

或者“同时扮演多个角色而引起角色之间的矛盾冲突”现象的解释理论。[1] 行业协会作为组织个体，它在复杂的决策环境中，实际面临的是来自不同的互动对象对其抱持的不同的角色期望，而行业协会的决策过程也正是以满足重要的互动对象之角色期望以谋取自身“合法”存在的角色行为选择的博弈过程。

因此，源于研究角色的行为心理与行为模式的角色冲突理论可以很好地用来解释复杂博弈情境中的行业协会行为决策逻辑，现有的研究也已经开始尝试将角色冲突理论用以解释行业协会自律职能缺失的原因，[2]但研究通常止步于对协会自律的原因和行政化后果的揭示，[3]对于如何克服行业协会的角色冲突，如何沿着角色冲突理论的路径开展行业协会自律职能的重塑缺乏关注。

我们认为，借助社会心理学的分析工具，一方面，可以提供行业协会内部心理观察者的视角，为食品安全治理中自律失范提供新的解释路径，并借由角色协调理论的工具为自律失范的破局提供新的理论出路；另一方面，角色冲突视角的研究对于前文“合法性”理论框架下得出的自律重塑的改革路径可以提供理论的补充、完善和效验。

在社会角色理论框架下，个人或者组织的社会属性是通过他人的社会认同程度来影响行为主体的社会心理和行为的，对于食品行业协会而言，在社会关系的互动网络中，其主要的互动对象有政府、

---

① 参见林崇德、杨治良、黄希庭：《心理学大辞典》（上），上海教育出版社2003年版，第656～660页。

② 参见郭薇、常健：《行业协会参与社会管理的策略分析——基于行业协会促进行业自律的视角》，载《行政论坛》2012年第2期。

③ 参见彭小玲、蔡立辉：《貌离神合：市场中介组织行业自律的行政化现象研究》，载《行政论坛》2016年第3期。

行业(会员企业)和社会公众(食品消费者),这三方面的角色互动对象同时也是其角色期望的制定者和评判者。具体而言,政府及相关业务主管部门对于行业协会的角色期望主要是“政府的帮手”,希望协会可以协助政府履行好食品行业的治理职能。在调研中我们也发现,行业协会方对于此种期待业已达成共识,甚至有的行业协会工作人员认为协会就是政府机构的派生性组织。而行业成员对于协会的期望角色更多是“行业利益维护者”,希望协会可以提供更多的资源、服务,维护成员利益。普通社会公众对于食品类行业协会最经常的接触源自食品安全事故曝光时,其对于协会的期待角色更多的是“食品安全公共利益维护者”,希望行业协会能够对食品企业展开调查,及时回应社会公众的质疑和处理消费者的诉求,对涉事企业进行制裁,提供必要的食品安全信息,以保护食品消费者的利益。

当上述三方互动对象对于行业协会的角色期望同时提出了履行角色行为的要求时,角色间冲突就此产生。行业协会面对食品安全事件时出现的角色紧张、角色冲突乃至角色失败的结果也正是在这样的角色互动中发生的。如前述实证材料所展示的,本应作为重要的共治主体的行业协会,在食品安全治理过程中的屡屡缺席,甚至包庇、帮助掩饰食品安全事故,在面对社会公众质疑时,表现出的明显的被动性回应、空洞的姿态性回应、显著的区域性回应,以及随食品安全事件社会影响力的大小而进行选择性回应等角色行为失范的现象,这都与其在法律规范中的角色定位、①社会

---

① 如中共中央办公厅、国务院办公厅印发的《行业协会商会与行政机关脱钩总体方案》中规定“行业协会商会是我国经济建设和社会发展的重要力量”。《中华人民共和国食品安全法》第9条规定:“食品行业协会应当加强行业自律,按照章程建立健全行业规范和奖惩机制,提供食品安全信息、技术等服务,引导和督促食品生产经营者依法生产经营,推动行业诚信建设,宣传、普及食品安全知识。”

公众对其抱持的“食品安全公共利益维护者”的角色期待出现了明显的偏离。这正是角色紧张与角色冲突下行为主体行为失范的典型表现。

具体到当下我国食品行业协会的实际情况，当“行业利益维护者”的角色期待所对应的行为规范与“食品安全公共利益维护者”所对应的行为规范内容不相容时，行业协会往往倾向于保护行业利益，日常表现为以各种消极性应对的方式①回应公众和媒体的诘问。一方面，行业协会自身非常清楚目前的食品安全治理格局中行业协会“配角式”的角色定位，但由于自身基础较为薄弱，又与政府相关机构有着“附庸式”的紧密关联，即使很大程度上放弃对“食品安全公共利益维护者”之角色期望的回应，其自身现有利益并不会因此受到多大的冲击；另一方面，即使遭遇社会公众舆论压力，自身也可以安然地以“被问题企业蒙骗”“不知情”等理由将自己置身事外；即便事态严重化，“治理不力”的指摘也不会过多指向协会本身，协会只需要在事后与政府部门保持统一步调，扮演好追随者的角色，就能够免遭公众诘问。当“行业利益维护者”的角色期待所对应的行为规范与“政府的帮手”所对应的行为规范内容不相容时，行业协会往往倾向于服务政府管理职能需求，日常表现为当政府未对某一食品安全事件调查定性之前，行业协会可能会采取帮助澄清媒体误读，帮助掩饰涉事企业相关违规行为。② 但当政府官方正式表态后，行业协会往往毫不犹豫地追随政府的观点和立场。

---

① 消极性的回应方式在具体案件中体现在以下三个方面：对企业不当行为的维护；对社会影响力不高但频繁发生案件的漠然；对行业自律相关行为积极性的缺乏。

② 例如，三鹿“三聚氰胺”事件，行业协会的回应情况在政府官方表态前后，即经历了“为企业开脱——（政府确认检出问题产品后）公开道歉、筹集赔偿金——认为我国牛奶质量标准过低”的一系列行为过程。

当“食品安全公共利益维护者”的角色期待所对应的行为规范与“政府的帮手”所对应的行为规范内容不相容时，行业协会往往倾向于回应“政府的帮手”的角色期望。其日常表现为，当社会公众对于食品行业标准的期望趋于严格而政府当下质检标准低于公众期待时，行业协会几乎从未回应过公众期待并自觉通过自律行为提高行业内标准。① 消费者对于“食品安全公共利益维护者”的角色期待，实际包含了对其参与食品安全治理时独立性的期待，期待其既不苟同于政府，也不勾结于行业。② 显然，我国行业协会对于食品安全自律独立性的回应远远未能满足食品消费者的期望。

应当说，在我国的食品安全治理实践中，我国食品类行业协会在面对角色冲突困境时，已经作出了自己的行为选择，但也正是这种选择使得行业协会虽然暂时保全了自身的既得利益，却使得行业协会陷入了有而无用，用而无能的“自律失范”的新困境。我们认为，在社会角色理论的框架下，行业协会在面对角色冲突时采取了“角色合并基础上的角色选择法”以完成自身的角色取舍。角色选择是指从众多的角色中挣脱出来，把时间和精力专注于更具价值的角色身上的一种角色协调方法。③ 行业协会首先选择了“政府

---

① 与社会公众严格规范食品行业标准的期待相反的是，我国食品类行业协会的行为决策常出现疑似往更低食品生产标准“逃逸”的行业标准制定的现象，比如近期引发社会关注的“三文鱼标准”事件，中国水产流通与加工协会会同三文鱼分会成员单位青海民泽龙羊峡生态水殖有限公司、上海荷裕冷冻食品有限公司等13家单位成立标准起草组，该团体起草的《生食三文鱼团体标准》明确将虹鳟归入三文鱼的范围，由于与国内约定俗成的消费认识存在极大的出入，引发了消费者的质疑和反感，该行业协会的标准制定行为成了热议的焦点。参见王心禾：《“虹鳟是不是三文鱼”疑惑有待澄清》，载《检察日报》2018年8月13日，第4版。

② 参见郭薇、常健：《行业协会参与社会管理的策略分析——基于行业协会促进行业自律的视角》，载《行政论坛》2012年第2期。

③ See Good, *The Theory of Role Conflict*, American Society Review, 1955, p. 20.

的帮手”作为其最重要的社会角色，其次，将“食品安全公共利益维护者”“行业利益维护者”这两类角色对应的角色期待中与“政府的帮手”可以并存的部分，融合进入合并后的新角色。继而，行业协会只要做好政府的追随者，当与“行业利益维护者”期望不相容时，以“被迫者”的姿态向行业内部表明自身被迫接受政府管理的事实，当与“食品安全公共利益维护者”期望不相容时，继续附合政府的立场和观点，以“附庸者”配角式的姿态面向社会公众，即可保全其角色最基本的合法性，并无导致角色崩溃之可能。另外，值得关注的是，这里对于“政府的帮手”的期待回应，也仅仅是停留在回应基本的政府管理要求，是一种“命令—服从”式的准行政化式的干预，缺乏行会主动履行行业自律的激励机制，无法到达食品安全共治格局中的自律共治、多方共同监督的要求。

那么，面对行业协会以“角色合并基础上的角色选择法”已经做出的角色取舍现状，社会角色理论对失范的角色取舍是否存在某种矫正路径呢？用于缓解角色冲突的角色规范法理论[①]为行业协会角色取舍的矫正提供了思路，角色规范法提出当社会体系中的角色权力与责任都得以明确划分时，角色冲突就会减小到最低限度。它强调对社会角色之权力和责任的明确化，即角色的规范化，因此我们认为这可以有效地矫正行业协会角色取舍中的失范现象。具体而言，行业协会之所以敢于舍弃或者忽略“社会公众”对其的角色期望，敢于倚仗充裕的“私人信息”便利地采取偏袒企业（特别是会员企业）、对于行业“潜规则”默不作声等行为策略，其根本原因是在于“食品安全公共利益维护者”角色期待背后没有明

① 乐国安主编：《社会心理学》（第3版），中国人民大学出版社2017年版，第121～122页。

确的角色权力与责任规定，当社会角色的规范化缺失，协会即便是面对媒体曝光问题企业、行业潜规则之时，一句“不知情”或是“被蒙蔽”便可安全地将自己置身事外、不受指摘，以完成对“食品安全公共利益维护者”实际期望的回应。同样地，行政性权力之所以敢于肆意延伸至行业协会的组织机构内部，根本在于“政府的帮手”的角色权力，特别是由于角色义务没有明细化，这给予了行政权力机构过大的自由选择和决策空间，压缩了行业协会独立办会、民主办会的空间，因此，假若对协会规定明确的权力内容，对行政机构的权力范围加以明确约束，对干预协会日常活动的行政机构课以相应的法律后果，那么，角色间冲突就会得以缓解，“行业利益维护者”的角色期待才具备可实现性，社会角色取舍的失衡现象也因而得以矫正。

行业自律的常态化运行需要行业协会自律的主动性，主动性的基础在于发挥行业协会本身的主观能动机制，同时以社会监督机制加以制衡。现阶段行业协会单纯的以“政府的帮手”为主要角色，轻视“行业利益维护者”和“食品安全公共利益维护者”的失范的角色取舍，需要以“角色规范法”给予矫正，以匡正行业协会的独立性、民主性基础，维护行业协会作为社会组织的自主性，同时通过对“食品安全公共利益维护者”角色权力的赋权与角色责任的设定，保障社会监督机制的有效运行，通过增强具有法律强制力作保障的角色规范化完成行业协会社会角色取舍失范的再平衡。

（三）小结

至此，我们可以看出两种理论分析框架最终都指向了“规范性”的建设，无论是“合法性”理论路径下通过“法律合法性”介入对失衡现象之重塑的渴求，还是“角色冲突”理论路径下希望通过“角色规范法”对行业协会持有的角色丛中各社会角色之角色权力与角色责任的规范化,都异曲同工地指向了具有强制力的法律规范对于行业协会失范行为的矫正功能。不同的是,“合法性”理论重在揭示了行业协会过分谋求“官方认同”背后“行政合法性”对于“社会合法性”“政治合法性”空间的挤压,强调要运用“法律合法性”做到“让空间”“给标准”“建监督”三步走,将“自律行为标准—自律责任追究—监督回应”自律体系作为建设目标,通过建设和完善外部监督路径以促进和保障行业自律有效开展的改革路径。而在“角色冲突”理论框架下对行业协会自律失范之重塑路径的探寻,“角色规范法”的展开路径还关注到了不同社会角色本身的权力与责任的安排以及“行业利益维护者”角色本身对行业协会的角色期望,这是一种内部视角的改革路径。鉴于此,我们认为,上述两种理论路径对行业协会自律失范之重塑进路的探寻均具有很强理论指导价值,内外不同的观测视角实际共同揭示了食品安全治理中行业协会自律失范的内因和外因两个方面,因此,食品行业协会自律失范的改革进路应从外部监督重塑与内部治理优化两条路径同时展开。

二、行业协会在食品安全治理中自律重构的改革建议与对策

意欲对行业协会在食品安全治理中的自律失范现象提出矫正与重塑的改革性建议,首先,需要明确导致食品行业协会自律失范的最核心的原因是什么,以及具体改革措施的所追求的改革目标是什么?我们认为,我国食品行业协会自律失范的核心问题在于:行业协会对“官方认同”的过分谋求挤压了协会对“社会认同”的追随程度。为了解决这一问题,我们从外部环境的重塑与内部环境的优化两条路径同时出发。

(一)行业自律外部环境的重塑

在外部环境的重塑方面,核心目标为:加强“社会认同”对于行业协会行为决策的影响。以打通和完善外部监督路径为切入点,打通“社会认同”对于行业协会行为决策的影响通道,以“自律规则及归责制度建设”为强力保障增强“社会认同”对于行业协会行为决策的影响力强度。具体而言,分为三个步骤:第一,正确处置政府监管与行业协会自治之间的权力配置。逐步完成“去行政化”改革目标,约束行政权力的权限范围,并设定违法干预对应的法律责任以防止行政权力的过分僭越,从而让出行业自律权的活动空间,创造和培育社会组织的有利成长环境。第二,完善行业协会在食品安全治理中的内部治理机制。以“规则供给、规则执行、规则监督”为三个重要着力点,为外部监督的最终实现提供可供监管的自律行为规范。明确自律规则的执行机构和执行责任人,为自律失范责任的实现提供支撑。完善自律规则的监督与救济机制,增加内部监督视角为自律规则的有效执行和公平执行提供保障。第三,强化行业协会在食品安全治理中自律行为的社会监管机制。行业协会对于已经规范化的自律义务的执行情况需要接受社会公众的监督,行业规则的制定情况、执行情况需要通过专门的监督平台按公示程序进行公示,信息公开的不及时、不真实等违规情形需要课以相应的法律后果,并且对于积极参与行业自律监督的社会公众应当提供适当的物质和精神鼓励,从而进一步增强社会公众参与行业自律行为监督的行为激励。以上三个部分从整体上可以概括为“让空间、立标准、强监督”的“三步走”的行业自律外部环境重塑进路。

1. 正确处置政府监管与行业协会自治之间的权力配置

(1)进一步落实行业协会的去行政化,明确行业协会独立的治理主体地位

值此行业协会与行政机构"脱钩"之际,行业协会和行政机构都应该共同发力,抓住历史机遇积极落实完成行业协会内部人事、财务、组织的去行政化,进一步增强行业协会日常活动的自主性和独立性,主要从机构分离、职能分离、资产财务分离、人员管理分离等方面给予重点关注。更重要的是,严格禁止行政权介入食品行业协会的组织内部,杜绝上级行政机关对行业协会内部职务的指派或者变相指派,保障食品行业协会能够严格依照协会章程实现提名权、选举权的落实,实现自主办会、独立办会的行业协会改革目标。

(2)明确界定行政权力的权力界限,对不当干预设置追责机制

行业协会与行政机构职能分离的实现,还需要法律明确限定食品类行业协会的主管机关行政权力之权限,并且对这种权限施加必要的法律约束,以行政权主体权力内容法定化的方式,将相关的行政职权固定下来,并对行政权力违规干预行业协会自主办会的行为以刚性的追责机制加以约束。

一方面,权力界限的明确化可以杜绝原则化、模糊性的监管规范,防止权力滥用并减少权力"寻租"的空间。另一方面,对不当干预、违规干预设置相应的法律责任及完整的追责程序,对相关责任人直接追究其个人责任,经由法律解释和权力博弈可以在一定程度上缓解多部门的监管模式。

(3)明确政府对行业协会的支持职责、形成权力"让渡"的制度化、细则化

鉴于现阶段,行政机构之于行业协会行为选择策略中压倒性的影响力优势,而"去行政"的"脱钩"改革不可能一蹴而就,行政机

构之于行业协会的影响不可能也不应当被彻底地消除，相反，借助行政权力之于行业协会的强大影响作用，在一定程度上可以防止行业协会从准行政化的一个极端走向自身反竞争的另一个极端。因此，行业协会在脱钩后其自律工作的开展仍然需要行政机构的支持和指导，并伴随对违规的自律行为的及时查处和矫正。另一方面，政府的支持和指导也不能完全脱离法治框架，"政府支持"的职责化可以减少行政权力"寻租"的空间，政府对于协会自律工作的指导和支持以职责的形式固定下来，特别是对于权力让渡的程序、让渡的标准，应该经过公开透明的程序接受公众监督。鉴于《行业协会商会综合监管办法(试行)》①明确规定了"协会商会的信息公开制度"和"信用"记录制度，其中要求"协会商会及时向社会公开登记事项、章程……政府转移或委托事项……""登记管理机关、行业管理部门按规定建立健全信用记录，将协会商会注册登记、政府委托事项、信用承诺、违法违规行为等……信用记录……通过信用中国网站公开……"而笔者通过检索"信用中国"网站公开的"行业协会商会信息公示"栏目下"公开事项"，其中仅有"收费信息"的公示，②对于食品行业协会独立性最为重要的"政府转移或委托事项"的信息，无论具体的食品协会官网还是"信用中国"网站，均没有进行公开。鉴于此，权力"让渡"的制度化、细则化仍需要继续落实和跟进，哪些"非职责"性的权力可以让渡，如何让渡，

① 2016年12月19日开始实施的《行业协会商会综合监管办法(试行)》第24条、第26条。

② 2016年12月19日，国家发展和改革委员会、民政部、中央组织部、中央直属机关工委、中央国家机关工委、外交部、财政部、人力资源社会保障部、国务院国资委、国家机关事务管理局(发改经体〔2016〕2657号)发布，载信用中国，https://www.creditchina.gov.cn/xinxigongshi/?navPage=4,2018年8月10日访问。

让渡给哪个行业协会,这些具体的操作性问题都亟待法律规范完成制度化建设,才能切实保证去行政化的实效性。

2. 构建科学的行业协会综合监管机制①

作为社会主义市场经济体制中最重要的经济性非营利社会组织,行业协会商会是企业创建的互益性联合体。行业协会商会是重要的市场经济中介组织,他们通过信息交流、行业标准建立等方式,向成员提供优质的公共服务,解决成员企业面临的共同难题,是推动多元化治理制度建设的关键环节。原有的双重管理体制严重束缚了行业协会商会的发展,限制了其社会治理功能的充分发挥,为激发行业协会商会在社会治理中的独立性与积极性,建立政府与社会组织之间良性的合作伙伴关系,以“五分离、五规范”为核心内容的行业协会商会脱钩改革可谓正当其时。

脱钩工作以取消行业主管部门、行业协会商会直接登记为标志,在改革路径上呈现出中央统一决策与地方分散实验交互反馈的渐进式特色,在推进脱钩工作的同时,同样也非常重视脱钩后行业协会商会的管理体制改革问题。在地方实践经验充分积累基础上,有关行业协会商会改革的进程在党的十八大召开后明显驶入“快车道”,2013 年第十二届全国人大第一次会议通过的《国务院机构改革和职能转变方案》,在中央层面再次重申行业协会商会与行政机关脱钩是建设现代社会组织体制的重要组成部分,并就脱钩之后行业协会商会的监管体系建设作出了明确部署。② 2015 年

① 虽然本部分内容主要是针对正在推进的行业协会综合监管机制进行阐释,并未特定指向食品行业协会,但是从我们调研的情况来看,相关问题揭示及对策同样适用于食品行业协会。

② 即“建立健全统一登记、各司其职、协调配合、分级负责、依法监管的社会组织管理体制”。

中共中央办公厅、国务院办公厅印发《行业协会商会与行政机关脱钩总体方案》，提出了脱钩改革的路线图①与时间表，并对脱钩后行业协会商会综合监管体系的构建作出了更为细致的规定。② 在此指导下，全国性行业协会商会先后于2015年11月、2016年6月、2017年1月开展了三批脱钩试点。2016年，全国各省份相继出台省级政会脱钩实施方案或建立联合工作组，自2017年始开始大力推动辖区内政会脱钩工作的落实。③ 随着脱钩工作的深化，为应对脱钩后行业协会商会的社会管理问题，国家发改委等十部门于2016年出台《行业协会商会综合监管办法(试行)》，从完善法人治理机制、加强资产与财务监管、加强服务及业务监管、加强纳税和收费监管、加强信用体系建设和社会监督、加强党建工作和执纪监督、强化监督问责机制等七个方面，首次明确了脱钩后行业协会商会的基本监管架构。2019年国家发展改革委、民政部、中央组织部等十部门近日联合印发了《关于全面推开行业协会商会与行政机关脱钩改革的实施意见》，进一步将行业协会商会综合监管的重点集中在登记管理、资产监管、收费管理、行业指导与管理、信用监管五个具体环节。

(1)脱钩改革前后行业协会监管体制的区别

脱钩改革后，我国行业协会商会监管体制发生了重大转型，具体体现在如下方面：

第一，在监管思想方面，从“监护式”监管转变为合规性监管。

---

① 即行业协会商会与行政机关在机构、职能、资产、人事、党建与外事等做到“五分离、五规范”。

② 包括加强立法、完善政府综合监管、完善信用体系与信息公开制度、完善内部治理四个方面。

③ 目前，在795家全国性行业协会商会中，已脱钩422家，拟脱钩373家。

改革前,行业主管部门有权对行业协会商会在业务内容进行全方位管理,并且行业主管部门的财政经费是大部分行业协会商会经费的主要来源,内部管理人员在很多时候也需要接受行业主管部门的安排。这种类似于"监护人"般对人财物事无巨细的监管方式,是导致我国行业协会商会被看作"二政府""政府附庸"的主要原因。监管体制改革后,为激发行业协会商会活力,促进其发挥独立性与自主性,合规性监管就成为今后综合监管体制的主导思想。所谓合规性监管包括两方面的含义,一方面,放松对行业协会商会准入资质与活动领域的限制,业务活动不再接受行业主管部门指令,行业协会商会有权独立从事合乎法律法规的业务行为;另一方面,各行政机关对行业协会商会的监管工作也必须依法开展,监管职权与监管程序需要有法律法规的明确规定。

第二,在监管主体方面,从民政部门与行业主管部门的双重监管,转变为多行政机关参与的立体监管。改革前的"双重管理体制"决定了我国行业协会商会的监管主体由民政部门与行业主管部门构成,前者主要负责登记审查,后者则负责具体业务指导与管理(同时也分担一定的登记审查职责),其余行政机关或者是因为法律规定职权限制的原因,或是因为单纯的"多一事不如少一事",在行业协会商会管理过程中参与程度较低。改革后,直接登记制度的实施将行业协会商会登记审查的职责赋予民政部门,在取消行业主管部门的同时,明确规定了税务、财政、公安等行政机关在综合监管体制中的具体职责与权限。行业协会商会参与的社会活动领域众多,单纯的登记管理无法达到理想的管理目标,取消行业主管部门、确立合规性监管思想,必然要求建立多行政机关共同参与的全方位监管体系,各部门各司其职,依据法律法规的授权与程序,履行对行业协会商会的监管职责。

第三,在监管内容方面,从以往的资格审查为主,转变为着重税收、资产、筹资、信息披露等环节。① 在旧的双重管理体制下,尽管行业主管部门拥有对行业协会商会全面管理的职权,但在实际执行中,行业主管部门对行业协会商会日常活动疏于管理的情形屡见不鲜。因此,双重管理体制下的资格审查就成为行业协会商会管理的重要抓手,而这在客观上导致了"严进宽出"的监管效果,既不利于发挥行业协会商会参与社会治理的潜力,也不利于对行业协会商会管理目标的实现。改革后,较大程度上放松了对行业协会商会成立资质的要求,同时加强对行业协会商会在税收、资产使用与管理、信息公开与信用评价等环节的管理,有助于实现"宽进严出"的监管效果。

第四,在监管手段方面,从以往的实质审查与行政审批为主,转变为多种监管手段并用。在以往的"双重管理体制"下,行业协会商会的成立门槛较高,业务活动需要接受行业主管部门的直接管理。因此,行政机关对行业协会商会的管理手段主要由两种方式构成,一是业务活动的实质性审查,二是成立登记的行政审批。脱钩改革后,成立登记采取了接近于"准则制"(符合法定条件的行业协会即可获准登记成立)的制度模式,集中体现行政机关部门意志的行政审批制监管手段不再成为监管的主要手段,行业协会商会的综合监管开始越来越多地依赖于信息公开、信用评价等相对间接的监管手段。

第五,在监管过程方面,从事前监管为主转变为事中与事后监

① 有关改革前后监管体制改变的归纳,部分参见郁建兴、沈永东、周俊:《从双重管理到合规性监管——全面深化改革时代行业协会商会监管体制的重构》,载《浙江大学学报(人文社会科学版)》2014 年第 4 期。

管为主。从前文论述可以看出,改革后的行业协会商会综合监管体制,具有取消行业主管部门对行业协会商会的直接管理、放松行业协会商会的成立登记、各行政机关监管依法依规、注重运用间接调控的监管手段的基本特点。改革后,行业协会商会无论是成立还是业务活动,行政机关事前介入的程度都大幅弱化,新的监管体制更侧重于对其活动的运行与实际后果的管理,改革后对行业协会商会的监管过程,在重心上已经从以往的注重事前监管,转变为注重事中与事后监管。

第六,在党建方面,高度重视党建在综合监管体系中的引领作用。改革前,行业协会商会内部党建工作一直被忽视,实践中不少行业协会商会(尤其是民间自发成立的草根组织)既没有成立党组织,更没有定期开展党组织生活,而这将不利于实现行业协会商会建设过程中党的领导作用。改革后的各行业协会商会均高度重视这一问题,将行业协会商会脱钩后的党建工作作为综合监管体制中的首要问题,要求"在脱钩改革中同步健全党的组织、同步加强党务工作力量、同步完善党建工作体制、同步推进党的工作,全面增强党对行业协会商会的领导,确保脱钩过程中党的工作不间断、党组织作用不削弱"。

(2)脱钩改革后行业协会商会监管存在的问题及原因分析

综合各地各部门反映情况看,目前脱钩改革后行业协会商会监管存在的问题与成因主要体现在行政主管部门职能定位问题、行业协会商会社会职能与代表性问题、治理结构监管问题和直接登记制实施后监管执法的有效性问题四个方面。

①行业主管部门职能定位问题

脱钩改革前,除广东省、上海市、深圳市等部分改革试点地区外,行业协会商会的日常活动管理均由行业主管部门负责,行业协会商会的人财物与行业主管部门存在千丝万缕的联系,实践中,不同地区与部门的业务主管机关对行业协会商会管理的程度与力度也有所不同,设立登记审查、年度报告审查是以往行业主管部门进行日常活动管理常用的方法。

脱钩改革后,随着"五分离、五规范"工作的开展,行业主管部门如何准确定位就成为综合监管体系改革工作需要首先解决的问题。目前在实践中存在的主要问题在于:

第一,脱钩是否意味着脱责,部分行业主管部门对此心存疑惑。有的业务主管行政机关认为,既然行业协会商会监管体制改革的目标,在于建设"依法设立、自主办会、服务为本、治理规范、行为自律的社会组织",那么,行业主管部门的主要职责,就应该在于尽快实现与其主管的行业协会商会之间的"分离"工作。机构、职能、资产、人员管理以及党建和外事等事项分离后,行业协会商会就应当纳入"综合监管体系",与行业主管部门的法定职责就没有什么直接联系了。改革前可以通过行政指令决定行业协会商会的业务开展,脱钩后行业协会商会就应当归口到民政部门管理,业务指导等重要职责也就自然的不再由行业主管部门承担。

第二,在脱钩不脱管的要求下,行业主管部门应当采取何种手段进行管理,管理的重点应当在哪些领域,这也是当前各业务主管行政机关较为疑惑的话题。改革前,行业主管部门对行业协会商会的管理可以通过人财物直接控制的方式实现,此外,由于行业主管部门在行业协会商会成立过程中承担有一定的审核成立资质的职责,因此,行业主管部门也可以通过严把成立登记关口的方式,加强对行业协会商会成立的控制。脱钩改革后,随着行业主管部门与行业协会商会"五分离"的实现以及直接登记制度的落地,以往常用的管理手段在新的监管体系下发挥作用的余地就非常有限，行业管理部门需要结合行业协会商会综合监管机制的改革目标，对自身职能进行重新定位，把握新形势下行业协会商会监管的重点领域，探索总结有效的监管手段。

第三，在改革后的监管体系下，行业主管部门如何处理对行业协会商会帮扶与对其进行有效监管之间的关系，这是行业主管部门有效参与综合监管体系建立的另一个重要问题。部分行业主管机关并未充分意识到对行业协会商会帮扶与监管工作彼此之间的紧密联系，认为既然是扶持发展，就理所应当的需要放松管理力度。实践中，在这一领域存在如下两种较为典型的问题：一是忽视行业协会商会的合理诉求，脱钩后即对行业协会商会不闻不问，任其"自生自灭"；二是虽然大力开展购买公共服务方式，向行业协会商会积极提供财政支持，但在如何明确购买公共服务的种类、经费方面缺乏统筹规划，在确定实施项目的行业协会商会过程中程序不够严格规范，在实施效果方面缺乏针对性的考核指标依据，而易导致"只管项目立项，忽视项目经营"的后果。

②行业协会商会社会职能与代表性问题

准确界定行业协会商会应当履行的社会职能，是脱钩改革后监管机制建立的基础。正如学者指出那样，只有明确行业协会商会职能，才能有效做到"五分离、五规范"，"未厘清政会职能界限，机构、人事、财务脱钩不但不能实现，反而会造成行业协会商会配合政府正常履行部分管理职能的混乱。在人事、财务、机构脱钩情境下要求职能脱钩，事实上陷入了某种程序错误。"①虽然有关行业协会商会社会职能的文献汗牛充栋，但具体到政策文件层面，这一问

① 吴昊岱：《行业协会商会与行政机关脱钩：政策执行与政策特征》，载《治理研究》2018年第4期。

题却一直没有一个较为清晰的答案,我们应当"依据什么原则来界定行业协会的固有功能以与公共功能相区分,被清晰界定的公共功能又应以何种形式交给行业协会来履行,此类问题都没有被充分讨论过。而这恰恰应成为讨论行业协会公共治理功能的出发点"。①

脱钩改革将最终促使行业协会商会回归民间属性,遵循"会员逻辑"(行业协会以维护会员利益为思考的起点与归宿)代表成员维护行业整体利益。一个能够充分整合、代表自身成员整体利益的行业协会商会,更有可能构建有效的内部治理机制。但另一个方面我们也要注意到,虽然以行业整体利益为出发点的社会组织,其行为失范的可能性也会显著降低,行政合法性和社会合法性程度更高,组织的代表性问题与监管制度息息相关。但在"一业多会"的竞争性格局下,部分行业协会商会有可能为了加强组织内部凝聚力而过度强化"会员逻辑"(片面强调自身会员利益而不顾及行业整体利益与社会公共利益),而使此类组织代表利益碎片化、局部化(同行业内不同的行业协会由于会员差异,导致其代表利益并不能体现行业的整体利益),一方面使其在行业共有利益方面代表不足,另一方面又使其在成员利益(尤其是精英成员)方面代表过度。② 因此,要从根源上杜绝行业协会怠于履行自律职能,"护犊子、拉偏架"等失范行为,就需要针对行业协会这一天然倾向做出针对性的综合监管制度设计。

③治理结构监管问题

社会组织的内部治理结构决定了其自律监管的可能性与有效

① 周俊、宋晓清:《行业协会的公共治理功能及其再造——以杭州市和温州市行业协会为例》,载《浙江大学学报(人文社会科学版)》2011 年第 6 期。

② 参见郁建兴、何宾:《"一业一会"还是"一业多会"?——基于行业协会集体物品供给的比较研究》,载《浙江大学学报(人文社会科学版)》2013 年第 3 期。

性。在双重管理体制下,行业协会有可能依附于行政部门的权力与资源而沦为“二政府”。脱钩之后,“断奶期”的行业协会为了自身生存与发展,又可能不得不倒向组织中的精英成员,此时如果缺乏针对性的内部治理结构建设,在组织内部极易滋生权力的集权化与非民主化,“甚至蜕变为‘寡头治理’,导致其治理合法性和权威性的丧失”。① 然而,监事会可能虚设,章程可能是一纸空文,行业协会内部真实的权力运作具有隐蔽性特征,绝不是简单的机构设置与章程制定就可以解决。如果仅仅依赖行政机关的外部监管,那么,执法机关若要获知相关信息,必然面临着高昂的信息成本。另外,组织内精英成员往往与政府部门有更广泛的利益联结,中小成员有理由担心政府部门监管的中立性,而为了在组织内立足不得不“三缄其口”,这就进一步加剧了内部治理监管信息成本高昂的难题。

④直接登记制实施后监管执法的有效性问题

脱钩工作完成后的行业协会商会综合监管体系建设,既需要各职能部门履行法定监管职责,又需要各部门之间的通力合作。从我们调研情况看,部分地区存在脱钩完成后监管缺位的问题,有些地区还比较严重。例如,部分地区在脱钩完成后,原行业主管部门将脱钩理解为脱管,将对行业协会商会的监管工作全部推给民政部门,这也是部分地区行业协会商会改革后形成“脱钩即脱管”局面的直接原因。

首先,民政部门的执法资源无法应对行业协会商会的综合监管要求。按照直接登记制改革方案设计,民政部门身兼二职,既是

① 宋晓清:《谨防行业协会商会与行政机关脱钩过程中的三种风险》,载《中国社会组织》2015 年第 21 期。

行业协会商会的注册部门，也是其主管部门，但我国民政部门的现有执法资源，难以胜任相应的监管重任。据统计，我国民政部门的各级登记管理机关“合计只有3000余名工作人员，平均下来省级不到9人，地市级不到3人，县级不到1人，很多地方甚至无法满足《行政处罚法》规定的至少2名以上执法人员的办案要求”。民政部门既要负责制定社会组织领域各项政策，又要履行对超过60万家社会组织的登记、管理和执法等工作，现有执法资源与之完全无法匹配。① 这其实也是我国推动综合监管机制建立的重要原因之一。但是，民政部门多年来在社会组织管理方面积累的专业知识与技能是其他行政机关无法比拟的，若一方面民政部门急于将行业协会商会“纳入综合监管”，另一方面其他职能部门囿于专业知识与技能的限制一时难以“接招”，行业协会商会脱钩之后也会很容易陷入“脱钩即脱管”的窘境。

其次，民政部门的法定职责与综合监管机制并不匹配。民政部门的法定职责依据主要源于《社会团体登记管理条例》，具体包括行业协会商会的成立、变更、注销登记，实施年度检查，对行业协会商会违反《社会团体登记管理条例》的行为进行监督检查。行业协会商会履行社会职能过程中，具体的行为方式受到“职责法定”基本原则的约束，而民政部门所拥有的监管权力也无法满足综合监管机制的需要。以行业协会商会综合监管工作开展较早、成效较为突出的深圳市为例。深圳市民政局对于行业协会商会的年报检查工作主要通过“第三方初审，民政局复审”的形式开展，行业协会商会在规定期限内通过网报形式填写年报检查表格，由深圳市

① 参见卢向东：《“控制—功能”关系视角下行业协会商会脱钩改革》，载《国家行政学院学报》2017年第5期。

社会组织总会予以初审,之后再由民政局统一予以复核。年报检查除包括年度登记与备案事项变更、内部治理结构等内容外,还涉及年度财会报告、现金流动情况、涉外活动、政府职能转移与购买公共服务等内容。对于备案事项变更、内部治理结构等内容,民政局可以依照《社会团体登记管理条例》以及地方立法予以审查,但对于年度财会报告、现金流动情况、涉外活动、政府职能转移与购买公共服务等内容,民政局很难依据现有法定职责进行实质性监督。再如,"异常名录"制度是深圳市行业协会商会综合监管一个重要手段,对于存在不按规定报送年度报告,未召开会员(会员代表)大会、理事会、监事会的行业协会,民政部门将其载入活动异常名录,并纳入信用监管体系。但在实践中,计入异常名录的行业协会相当部分属于实际上已经停止履行相应职能的"僵尸协会",既联系不上有关负责人,异常名录通知书寄出后也无法实际送达。[①] 对于如何处理此类行业协会,当地民政部门颇有疑虑,如果直接予以注销,则无论是《社会团体登记管理条例》还是地方立法,都未对此职权以及职权行使的具体程序作出具体规定。

(3)行业协会商会综合监管制度的比较研究

①美国

美国联邦层面并无针对行业协会商会等社会组织的国家法律。1964 年,美国律师协会(American Bar Association,ABA)商法部非营利组织委员会拟定了《非营利法人示范法》(Model Nonprofit Corporation Act,MNCA),该示范法分别于 1987 年、2008 年进行过两次修订,目前通用的是2008 年修订版。该示范法的目的,在于向

---

① 2018 年深圳市民政局共发出480 余份异常名录通知书,其中有280 余份因为无法投递而被退回。

州立法机关提供立法建议的示范文本，但最终取得法律地位还需要各州议会的批准。由于该法条文科学，目前，美国 50 个州中有 37 个州不同程度地接受了该示范法文本，其中阿肯萨斯、印第安纳、密西西比等八个州几乎全盘将该示范法文本直接转化为州立法。未直接采纳该示范法的其他州，则主要以公司法调整行业协会商会等非营利社会组织。①

《非营利法人示范法》第六章至第十四章构成了文本的核心，内容包括成员与成员资格、成员大会与投票、董事与执行官、章程和章程细则修改、合并、财产出售、分配、解散等事项，有关行政机关的权责仅州务卿的备案与签发组织存续证明等寥寥数条。从法律立法理念与具体文本来看，该示范法侧重于为非营利组织的内部治理提供成熟的制度范本。

但如果仅从示范法主要关注行业协会等非营利法人的内部治理机制就由此得出“美国缺乏对行业协会商会行为的监管”这一结论却并不准确。美国对行业协会商会的监管重在强化事中与事后监管，仅在注册准入方面相当宽松，通过《国内税收法典》《非营利组织会计准则》等立法，严格监管非营利组织的税收减免与财务经营情况，以确保行业协会商会保持代表行业利益的非营利性本色。在注册管理方面，注册成立行业协会商会与注册成立公司基本相同，仅需申明注册的是营利还是非营利组织即可。② 但如果要获得

---

① Michael E. Malamut, *Issues of Concern to Parliamentarians Raised by the 2008 Revision of the Model Nonprofit Corporation Act*: http://www.michaelmalamut.com/articles/2009Q1_-_2008_Model_Nonprofit_Corporation_Act.pdf，2019 年 7 月 23 日访问。

② 参见张仁峰：《美国行业协会考察与借鉴》，载《宏观经济管理》2005 年第 9 期。

相应的税收减免优惠，行业协会商会则必须通过美国税务局设立的“组织性检验”。①

在财务监管方面，为便于利益相关者更好地了解组织内部资产运营情况，防范行业协会商会在该领域的失范行为，美国财务会计准则委员会（Financial Accounting Standards Board，FASB）在2016年8月发布了针对行业协会商会等非营利社会组织财务会计事务的新准则，“新准则在净资产分类、费用、投资回报、经营现金流列报、流动性和可用性信息披露等5个方面作出变更，这些变更极大地改善了民间非营利组织披露财务信息的方式方法，提高了财务报告的透明度”。②

另外，美国在相关监管领域格外重视信息工具的使用。例如，《非营利法人示范法》第十六章针对行业协会商会的信息披露义务进行了非常详尽的规定，行业协会商会需要留存的档案涉及章程、决议、所有成员会议的会议记录和近三年成员会议批准的所有决议、近三年向成员普遍发布的所有书面通讯信息与近三年的财务说明等。除此之外，行业协会商会还需要向州务卿提交年度报告，向成员提交财务说明。而在税收方面，美国国内税务局也格外重视信息工具的运用，行业协会商会需要向其提交的年度报告，内容

① 范丽珠等：《海外国家和地区行业协会发展模式研究》，载《云南大学学报（社会科学版）》2007年第3期。审查内容包括：审查的主要内容包括：①组织已成立、组织文件符合规定，且以非营利为目的；②其经营主要为达到规定的非经营目的，所有收入全部用于与组织宗旨相关的事业；③不得为个人谋取利益；④组织解散时将全部财产转交其他同类机构或政府；⑤净收益不能用于分配；⑥不参加限制性政治活动。另外，行业协会商会等互益性组织在税收优惠方面相较于公益性社会组织将受到更严格审查，优惠力度也更小，参见薛薇：《美国科技类非营利组织税收政策及启示》，载《国际税收》2019年第5期。

② 姚宏、孔阁霞：《美国民间非营利组织会计准则的新发展及其借鉴》，载《财会通讯》2017年第25期。

非常详尽具体,包括年度收支明细;管理人员和5个薪酬最高员工工资与福利;直接间接涉及的内部人员交易;资助和其他主要活动;筹资、会计、法律费用等内容。所有材料任何人均可公开查阅。[①]

②德国

德国属于典型的大陆法系国家,其政会关系一般被概括为“法团主义”,[②]与美国的“自由主义/多元主义”相区别。需要特别指出的是,德国法律制度中严格区分了商会与行业协会,对两者采取了不同的法律规制手段。一般来讲,德国的商会由特别法予以调整,属公法主体,监管较严,行业协会则由民事法律调整,属私法主体,监管力度与美国相若。

德国商会的法律地位等问题的法律依据为德国《工商会法》以及《关于工商会法规定的联邦法的实施法》。德国商会称为德国工商总会(DIHT),是82个独立的德国工商会(IHK)的行政联合机构,[③]根据《德国工商会法》第6条的规定,德国境内企业均依法履行强制入会义务。[④] 商会的设立需经联邦州政府批准并受其监管,

---

① 参见刘承涛、王倩:《美国非营利组织信息披露制度的实现路径及启示》,载《黑龙江省政法管理干部学院学报》2015年第5期。

② 法团主义是“一种利益代表系统,在这个系统中,各构成单位被组织进一个为数不多的具有唯一性、强制性、非竞争的、有层级秩序的且功能分化的结构安排之中,它们获得国家的承认或特许(如果不是由国家创建的话)并且被赋予在其各自领域中具有审议代表的垄断地位,作为交换,它们在组织管理者选择、需求表达和组织支持方面的受到国家的某些控制”,参见卢向东:《“控制—功能”关系视角下行业协会商会脱钩改革》,载《国家行政学院学报》2017年第5期。

③ http://biz.ce.cn/main/gdsh/guoji/201110/09/t20111009_22745765.shtml,2019年7月3日访问。

④ 参见《德国工商会法》(1956年12月18日),载中国社会组织公共服务平台,http://www.chinanpo.gov.cn/1631/16581/nextnewsindex.html,2019年7月3日访问。

属公法法人，是德国公共管理机构的一员，其具体的公共管理职能包括培训条件登记、培训合同登记管理、企业的注册管理、发放原产地证书等。①

德国商会属于典型的伞状结构，具有强制入会与公法人主体资格的德国工商总会居于顶端，工商大会、工业联邦联合会等行业联合会（其会员为行业协会而非企业）构成第二层级。② 地方性商会则按地理区域设置，按"一地一会"原则由政府批准成立。③

行业协会则有所不同，行业协会依据德国联邦《宪法》、《民法典》以及《社团法》建立。德国商会与行业协会在国家治理中的角色与德国作为后发国家的经济发展国策相匹配，"德国是从以行政强制为特征的统制经济转入市场经济的，政府的作用对其社会市场经济模式的形成产生了重大影响"，行业协会自发成立，与政府之间的关系更多体现出合作性特征，其作为企业构成的利益集团，代表企业界参与政治和经济决策过程。④

③日本

日本的政会关系一般被认为属于英美模式与法德模式之间的"混合模式"。日本的商会与行业协会，在主体资格上均属于私法团体，在这一点与英美类似。但在实际的经济活动中，行业协会商会与政府关系紧密，共同推动了日本经济的高速发展，形成"政府

---

① 参见范丽珠等：《海外国家和地区行业协会发展模式研究》，载《云南大学学报（社会科学版）》2007年第3期。

② 参见张新文、谢焕文：《西方发达国家行业协会的角色功能及运行机制》，载《广西民族学院学报（哲学社会科学版）》2004年第5期。

③ 参见浦文昌：《行业协会商会参与国家治理的顶层设计与配套改革——建设中国特色商会组织的比较研究》，载《中共浙江省委党校学报》2016年第2期。

④ 参见庞晓鹏、刘凤军：《发达国家行业协会发展模式及其比较》，载《国家行政学院学报》2004年第3期。

企业密切合作、财政提供支持的行业协会模式”。[①]《中间法人法》出台前,行业协会商会的成立必须经过政府经济主管部门(原通产省,现经济产业部)的核准,行业协会商会的活动界限也由其决定。[②]

《中间法人法》改变了这种严格的许可认证主义,对行业协会商会等介于公益目的法人与介于纯粹营利的公司中间状态的社会组织采准则主义(取消行业主管部门的事前核准,满足法定条件即可获准登记成立)。2006 年 5 月,日本社会组织法律进行了重大改革,颁行了《关于一般社团法人及一般财团法人的法律》《关于公益社团法人以及公益财团法人的认定等的法律》《关于一般社团法人及一般财团法人的法律和关于公益社团法人及公益财团法人的认定等的法律的实施所伴随的完善相关法律的法律》三部法律,《中间法人法》也随之被废止。行业协会商会属于《关于一般社团法人及一般财团法人的法律》调整范围,在成立上采取准则主义,无需行政机关审批核准,同时,该法还强调了行业协会商会的独立性,“行政机关就法人的业务、运营,一律不进行监督”。[③] 行政部门负责管理的对象主要是根据《关于公益社团法人以及公益财团法人的认定等的法律》成立的公益法人。

在监管方面,日本改变了以往的“业务主管 + 登记管理”的双重管理体制,从内阁到地方设立“公益认可委员会”,专门负责行业

---

① 庞晓鹏、刘凤军:《发达国家行业协会发展模式及其比较》,载《国家行政学院学报》2004 年第 3 期。

② 参见庞晓鹏、刘凤军:《发达国家行业协会发展模式及其比较》,载《国家行政学院学报》2004 年第 3 期。

③ 周江洪:《日本非营利法人制度改革及其对我国的启示》,载《浙江学刊》2008 年第 6 期。

协会商会等非营利组织的监督管理，在监督手段上，主要在年度报告、税收等方面采取事后监管为主的监督思维，来促进行业协会商会的独立发展。[①]

④比较与启示

从以上制度比较我们可以看出，全球行业协会商会的现有模式大致可以划分为三种：一是以英美为代表的多元主义模式；二是以法德为代表的法团主义模式；三是以日本为代表的混合模式。通过三种模式比较，我们可以得出如下结论：

第一，从政会关系来说，英美法系国家与大陆法系国家有较大不同，德国与法国严格区分商会与行业协会，对其采取不同的监督管理方式，英美法系国家以及混合模式的日本，则将行业协会商会均视作私法主体。采取区分立法模式的好处在于，其有助于构建横纵联合的行业协会商会网络，并通过以行业协会为成员的联合会整合行业利益，来避免自由主义模式下行业协会过于强调会员逻辑所导致的代表性过度与不足的问题。

第二，在准入审查方面，无论是何种模式，当今世界法治发达国家对于行业协会商会（大陆法系的商会属公法人，由主管部门按照特别法设立）的准入审查均采取了准则制或与之类似的制度，而以往采取许可主义的国家（如日本），为促进社会组织发展，也废除了双重管理体制，只要行业协会商会符合法定条件即可获准登记。我国有关直接登记的制度探索也与这一世界潮流吻合。

第三，在监管主体方面，我国目前有关综合监管体系的建立主要是从行政机关行使监督职权方面着眼，而美国、德国以及我国台

① 参见王光荣：《日本非营利组织管理制度改革及其启示》，载《东北亚学刊》2014年第2期。

湾地区，行业协会商会行为引发的纠纷，尤其是组织与成员间的纠纷，最终都可以通过司法判决的方式得以解决，法院是这些国家与地区构建综合监管体系的重要一员。将司法部门纳入综合监管体系的必要性与合理性后文将予以阐述。

第四，在监管方式上，除法德两国属公法人的商会外，国家对于行业协会商会的监管均采取以事后监督为主的监管思路，重点从税收与非市场行为两个方面予以规制。这也体现出此类国家在制度设计上"权—责"的均衡。行业协会商会作为互益性组织符合特定条件可以享受税收优惠，但税收部门将严格审查其收入的来源与使用目的，确保行业协会的非营利性；行业协会商会有权组织成员就行业整体利益采取集体行动，但反垄断部门又格外重视其集体行动对市场竞争秩序的影响，从而遏制行业协会商会从事非市场行为的冲动。

第五，在监管手段上，信息公开等监管手段被广泛采用，这一点在美国相关制度中体现得尤其明显，不同行政机关对行业协会商会的监督均格外重视信息披露机制的建设，与我国重视信用评价方式不同的是，美国等国在行业协会商会行为信息披露方面更为具体，范围也更为宽广。

综上，可以看出，无论是大陆法系还是英美法系，在行业协会综合监管问题上都缺乏与我国国情直接对应的制度设计。首先，两大法系一般均将行业协会视为私法主体，除在注册登记与成立方面有相应的特别法之外，有关行业协会商会的日常行为监督并没有针对性设计专门的监管体系，而是将之与其他社会组织（如日本）甚至公司（如美国）等同，采取统一适用的法律规制方案。其次，从两大法系中涉及行业协会商会行为监管的内容来看，法律规制的重点并不在于行业协会商会的注册与成立，而在于税收与反垄断两个领域，其中税收领域是监督管理的重点，这与此类国家给予行业协会商会组织相当大的税收优惠政策有很大关系。换句话说，行业协会商会因为此类国家税法规定享有优越的税收优惠利益，而为避免行业协会商会滥用这一优惠地位，此类国家的税务机关依据税法对其税收减免资格与条件将进行严格审查。但需要指出的是，这种税收方面的严格监管，原因并不在于行业协会商会主体的特殊性，而在于税收制度对于国家财政的重要性——不仅行业协会商会，其他享有税收减免资格的社会主体，同样要接受相同程度的税务监督，承担相同的税法责任。对行业协会商会反垄断行为的监督也是同样的道理，各国反垄断法并没有特别针对行业协会商会涉及特殊的反垄断监督制度，而是将之与其他市场主体一视同仁，依法予以监督，但由于行业协会商会的反垄断行为对市场竞争秩序破坏性更大，在认定上更为困难，因此，有关的反垄断案件在执法与司法领域表现得更为典型与突出。

（4）行业协会商会综合监管体制的制度设计和创新

①对行业协会商会综合监管体制的总体考虑

行业协会商会综合监管体制改革应当以党的十九届四中全会精神为指导，将有关改革作为“国家治理体系和治理能力现代化”的重要环节，在“放管服”指导下推动的综合监管体制改革，是完善国家行政体制、优化政府职责体系的必然要求。通过脱钩工作的展开、综合监管体制的建立以及完善共建共治共享的社会治理制度，最终形成党委领导、政府负责、民主协商、社会协同、公众参与、法治保障、科技支撑的社会治理体系，建设人人有责、人人尽责、人人享有的社会治理共同体。

在这一指导思想下，行业协会商会综合监管体制的改革应当体现改变行业协会商会监管的整体思路，从以往的主体监管过渡到行为监管,进一步推动行业协会商会的去行政化、去垄断化,建立平等合作的政会关系的总体考虑。

对行业协会商会的机构监管,是指脱钩改革前由行业协会商会对口业务主管行政部门负责监管行业协会商会的准入(登记管理环节还包括民政部门的监管)、行业协会商会履行社会职能具体行为进行监管。由行业主管部门负责对行业协会商会日常工作的监督管理,这种旧的监管体系可以看作一种横向的、一对一的监管模式。

行为监管则是破除以往按照行业划分监管领域的做法,监督对象不再是行业协会商会本身,而是其具体的行为。对具有相同功能、属于相同法律关系的行业协会商会行为,按照同一规则由同一监管部门监管。从以往经验来看,相同行业协会商会行为不按照同一原则统一监管,是造成监管空白、脱钩即脱管、监管薄弱的重要原因。树立行为监管的理念是有效规制行业协会商会行为,维护社会组织健康发展的重要基石。

在行为监管理念下,监管体系将从一对一的模式,转变为一对多(特定行政机关按职责监督所有行业协会商会在职责范围行为)、多对多(多个行政机关按照各自职责对所有行业协会商会行为的综合监管)的模式,行为监管既可以是横向的(特定行业的主管行政机关针对该行业内行业协会商会的行为监管),也可以是纵向的,例如国家市场监督管理总局对所有行业协会商会可能实施的限制竞争行为进行依法监督。

②优化脱钩改革后对行业协会商会的行为监管

首先,行为监管的对象。行业协会商会具体行为涉及国民经济各个部门,在具体表现上也因行业与部门的不同而有较大差异,我们将不同行业的行业协会商会行为的共性加以提炼,将综合监管的对象概括为行业协会商会的自律行为、行业协会商会的服务行为、行业协会商会的协调行为、行业协会商会的维权行为四中行为。

所谓自律行为，是指行业协会商会通过行规行约规范成员行为未保证本行业健康发展秩序的一项职能，其主要包括两个方面：一是制定自律规章制度对会员的行为和市场结构进行约束；二是对会员执行自律规章制度的情况进行制约，以防止违背自律规章制度的行为出现。

所谓服务行为，包括广义与狭义两个层面，狭义的行业协会商会服务行为是指其通过对会员提供信息、咨询方面的服务，为会员提供公共产品，最终实现企业利润的最大化，具体表现形式包括对会员的培训服务、组织会员开展会展服务、对会员进行技术服务等。广义的服务则还包括行业协会通过履行自身社会职能为政府与社会服务。

所谓协调行为，是指行业协会商会通过内部纠纷解决机制来协调会员之间的利益冲突，化解会员间矛盾纠纷，维护会员合法权益，保证行业协会商会的团结稳定的职能。另外，行业协会商会还有权代表会员，就行业整体利益事项与政府部门进行沟通协调，为行业发展谋求更为宽松有利的外部环境。

所谓维权行为，则是指行业协会商会组织会员开展集体行动，代表会员维护涉及行业整体的利益纠纷的活动，例如，组织会员开展集体诉讼，以及组织会员应对国外政府发起的反倾销调查等。

其次，行为监管的优越性与可能存在的问题。与以往行业主管部门主导的机构监管相比，多部门配合连动的行为监管具有如下优越性：

第一，行为监管有助于调整监管重心，从以事前监管为主，转变为事中与事后监管为重心，有利于解放行业协会商会活力，构建健康的政社关系。在以往机构监管体系下，行业协会商会的日常业务活动需要接受行业主管部门的事前审查，行业协会商会很难自主从事与行业自治有关的社会活动，行业主管部门对于行业协会管得太死，束缚了行业协会的自主发展，使其无法充分发挥社会组织在社会事务中应有的社会功能。另一方面，对行业协会商会采取机构监管模式，会使行业协会商会无论是在人员构成还是业务领域方面都严重依赖于行业主管部门的主观意志，这也是以往行业协会商会自主性不强的根本原因。因此要改变行业协会商会存在的“二政府”倾向，必须首先从管理模式上入手，通过制度设计在行业主管部门意志与行业协会商会自主意志之间建立隔离制度，进而构建平等、合作、互利的现代政社关系。行为监管正是实现这一目标的有效方式。

第二，脱钩改革后对行业协会商会的行为监管模式与“监管型国家”的理念相匹配，符合国内外有关制度发展的有益经验，有助于推动行业协会商会综合监管体系的合规化建设。无论是前文所提到的美国、德国、日本等国，还是我国行业协会商会综合监管探索工作取得较大成绩的深圳与上海，都更为注重对行业协会具体行为的事中与事后监管，这也在很大程度上符合“监管型”国家的定位。[1] 因此，我国行业协会商会综合监管体制的未来发展，应当以在行为监管的实施中，融入“合规性监管”的思路，即行业协会加强行业自律，开展有效的自我监督；对行业协会商会活动行为实施

---

① 政府监管以维护有效竞争以及降低社会风险为目标；监管方式以间接手段取代直接干预；政府的角色主要是裁判员而非运动员，参见刘鹏：《比较公共行政视野下的监管型国家建设》，载《中国人民大学学报》2009 年第 5 期。

清单化管理,法不禁止则可为;登记主管部门以及公安、财政、市场监督、税务等监管主体应当依法开展各项监管工作,“履行好消极意义上的监管规制角色”。[①]

第三,行为监管是脱钩工作完成后,综合监管体系建立的内在要求。根据《关于全面推开行业协会商会与行政机关脱钩改革的实施意见》的要求,要不断完善专业化、协同化、社会化监督管理机制,构建民政、财政、税务、审计、价格、市场监管等部门各司其职、信息共享、协同配合、分级负责、依法监管的行业协会商会综合监管体系,就必须转变以往的机构监管模式,转而以行业协会商会具体行为为对象,在明确各部门法定职责的前提下,对行业协会商会进行有效监管。在机构监管模式中,由于各行业协会商会存在特定的行业主管部门,因此,除登记部门依法予以登记管理外,其他行政机关对于行业协会商会的监管要么于法无据,要么存在明显的监管职能重叠,因此财政、税务、审计等负责纵向监管的行政机关出于以上原因不想管、不能管,行业主管部门则因为缺乏有关专业的管理知识与信息,很难履行有效的监管职责。脱钩工作完成后,由于行为监管的体系尚未建立,在地方上出现了较为明显的“脱钩即脱管”的现象,一方面,行业协会商会脱钩后,有关监管事项实际上被推向民政部门;另一方面,民政部门由于执法资源与法定职权的限制,无力应对如此繁重的监管任务。尽管部分地区通过向第三方购买公共服务等方式分化民政部门的监管压力,但监管能力与监管对象之间的巨大差异使得“脱钩即脱管”的现象无法从根本上予以杜绝。在行为监管的综合监管体系下,行业主管部

① 郁建兴等:《从双重管理到合规性监管——全面深化改革时代行业协会商会监管体制的重构》,载《浙江大学学报(人文社会科学版)》2014年第4期。

门负责横向管理行业协会商会在特定行业开展的社会行为，而财政、税务、审计、价格、市场监管等部门则依据各自法定职责，在纵向上对相应事项履行监管职责，这种纵横交错的监管体系有助于克服“脱钩即脱管”的突出问题，明确各部门监管职责，将行业协会商会的行为全方位纳入事中、事后监督中。

当然，以行为监管为核心的综合监管体系建立也存在一定的现实难题，主要体现在该模式下可能造成的监管职责交叉与监管领域重复。行为监管的综合监管体系最终将形成纵横交错的监管网络：行业主管部门横向上对主管行业内行业协会商会行为的监管，以及财政、税务、审计、价格、市场监管等部门在纵向上对相应行为的监管。这种监管网络虽然有助于保证对行业协会商会监管的全面性与有效性，但由于行业协会商会行为的特殊性，在某些情形下将导致不同行政机关监管交叉与重叠。以行业协会商会主持或者参与制定行业标准为例，特定行业的行业协会制定行业标准必然以该行业特有的技术特点为基准，其主持或参与行业标准的权力，在大多数情况下也来源与该行业主管部门的授权或者委托，因此，对于该行业标准的制定过程与结果，行业主管部门都拥有相应的监管职责。但在另一方面，国家标准委员会作为我国监督管理国家标准的行政机关，负有下达国家标准计划，批准发布国家标准，审议并发布标准化政策、管理制度、规划、公告等重要文件的法定职责，同时也有权协调、指导和监督行业、地方、团体、企业标准工作。因此，行业协会商会制定行业标准的行为，也自然地落入到了国家标准委员会的监督视野。监督交叉与重复带来的直接难题就是，如何处理两个或者多个均有监管职责的行政机关在综合监管机制中的角色与地位，若都推诿卸责，则可能重回“脱钩即脱管”的老路，若均积极行使职责，则可能导致较为严重的行政机关之间的权力冲突。由此可以看出,监督交叉与重复是行为监管几乎无法避免的必然后果,在制度设计上需要针对这一情形拟定专门预案,一方面明确职责,避免各方的推诿卸责,另一方面制定权力冲突的解决程序,以利于各行政机关及时沟通协调,明确各自在监管工作的职责范围与工作主次,有效实现综合监管机制的制度目标。

③促进行业协会商会综合监管的有效实现

针对目前脱钩工作中行业协会商会监管领域存在的诸多问题,为促进相应综合监管机制的有效实现,可以考虑从如下方面进行针对性的制度设计:

首先,针对行业协会商会不同的行为采取相应的监管手段。如前所述,行业协会商会的行为主要包括自律、服务、协调、维权四种类型,不同行为类型可能带来的负面后果也有较大差异,因此相应的监管手段也应因行为性质而有所区别。

第一,对自律行为的监管。自律行为可能存在的负面功能主要与行业协会商会内部治理结构有关,由于缺乏合理的民主程序设置,导致行业协会商会代表性不足,成为部分精英成员获取不当社会资源的工具。因此,相应的监管目的应当以保证行业协会代表性、构建合理的内部议事程序、保障中小成员合法权益为目标。在监管具体实施中,可以考虑以民政部门为主导的监管方式,通过登记过程中对行业协会章程与行规行约的审查,把好行业协会准入门槛,确保其议事程序的民主性与广泛代表性,同时,通过年报检查工作,监督行业协会落实章程的实际情况。另外,针对部分行业协会滥用自律管理权力,侵犯成员权益引发纠纷情况,由于根据我国目前立法与司法实践,无法进入司法审查程序,我们建议可以考虑在该行业协会商会归口的行业主管部门(无行业主管部门或者难以确定行业主管部门的,则以民政部门作为管理主体)内设置相应的申诉机制。这是制度设计的理由在于,行业协会商会的内部治理结构是确保其充分代表成员整体利益、履行行业自律的前提条件,若仅从行政执法角度入手规范其内部治理结构,由于行业协会商会的封闭性,执法机关将面临较高的信息成本制约,执法效果也因此将受到很大影响。从我国当前司法实践看,法院对于行业协会商会成员与组织之间的纠纷(这种纠纷绝大部分都涉及行业协会章程、细则等内部治理结构问题)均采取了回避态度,导致有关矛盾无法进入司法审查的视野。实际上,对行业协会商会内部治理结构信息最为了解的正是组织的成员,由其成员承担有关的“执法信息成本”显然是一种更为有效率的制度安排,若相关纠纷可以通过行业主管部门申诉形式予以审查,则成员为了支持其主张必然需要提供充分的证据信息,这一举措大大地节约了对内部治理进行监管的信息成本。进一步而言,行业协会商会的成员依赖于所属组织提供的“俱乐部物品”,一般都会尽可能避免与组织之间的直接冲突,尽量内部消化有关矛盾,因此,若成员与组织的冲突公开化,往往也意味着成员利益与组织利益间存在不可调和的矛盾,这也将成为行业协会内部治理结构是否严重失衡的重要“警示指标”。此时,恰恰正是公权力机关介入监管的最佳时间。

第二,对服务行为的监管。行业协会服务行为包括对内的会员服务,以及通过政府购买公共服务方式的对外服务两方面内容。对于其内部服务而言,需要监管的重点在于部分行业协会可能借提供会员服务为名不当收取过高的费用。根据目前各地实践经验来看,对于行业协会乱收费的问题可以由民政部门依职权予以管理,其监管手段主要通过主动核查与接举报核查相结合的方式实现。在对外服务方面,需要监管的重点一方面在于政府购买公共服务过程中可能与行业协会商会合谋进行权力寻租,另一方面则在于如何保障行业协会商会提供公共服务的绩效。因此,在这一领域,监管主体可以考虑以审计部门为主,将购买公共服务纳入政府财政支出审计,要求相关公共服务的购买必须通过公开招投标方式进行,遵循《政府采购法》的有关规定。另外,对于行业协会提供公共服务的绩效评估,也建议采取以第三方评估为主的方式,评估内容至少应当包括服务数量、服务成效、服务对象和相关方满意度、组织制度建设、财务管理、项目管理能力、专业人员情况等指标,对政府将部分公共服务交由社会力量生产并向其支付费用的行为过程、以此种方式提供的公共服务效率和效果,以及由此产生的经济效益、社会效益等外部效应进行综合评判和科学衡量,以促进政府购买服务的可持续发展。

对服务行为的监管需要注重的另一个方面,是对承担行政审批中介服务的行业协会商会的综合监管。环节多、耗时长、收费乱、垄断性强等问题是目前部分从事中介服务的行业协会商会的突出问题,另外,在以往双重管理体制下,行政机关主管的行业协会商会与主管部门之间存在利益关联,而这种利益关联不但扰乱了市场秩序,还有可能成为腐败滋生的土壤。脱钩工作全面推开后,行业协会商会与以往行业主管部门之间的利益关联问题得到了很大程度缓解,因此,今后对此类行业协会商会的监管,需要重点从清理此类中介服务事项、破除垄断、改变行业主管部门监管方式三方面入手。具体来说,在清理服务事项方面,国务院审改办应会同发展改革委、民政部、财政部、法制办等有关部门,针对审批部门提供的拟保留事项进行审查清理,对行政审批受理条件的中介服务事项实行清单管理,明确项目名称、设置依据、服务时限,其中实行政府定价或作为行政事业性收费管理的项目,应同时明确收费依据和收费标准。除法律、行政法规、国务院决定和部门规章按照行政许可法有关行政许可条件要求规定的中介服务事项外，审批部门不得以任何形式要求申请人委托中介服务机构开展服务，也不得要求申请人提供相关中介服务材料。在破除垄断方面，主要通过降低准入门槛、允许不同行业协会商会等社会组织参与竞争的方式，防止行政垄断的出现。一方面，需要放宽中介服务机构准入条件，仅以法律、行政法规、国务院决定明确规定的资质资格许可为准，取消其他的资格准入限制，取消各业务主管部门设定的区域性、行业性或部门间中介服务机构执业的限制。中介服务清单化管理以及与行业主管部门脱钩并不意味着行业主管部门无所作为，相反，为了防止降低准入门槛带来的中介服务机构众多、服务参差不齐的弊端，行业主管部门应当通过以下方式进一步改进、深化对相关中介服务行业协会商会的监管，即通过制定完善中介服务的规范和标准，指导监督本行业中介服务的行业协会商会建立服务承诺、限时办结、执业公示、一次性告知、执业记录等制度，细化服务项目、优化服务流程、提高服务质量；会同价格部门、市场监督部门等机关，规范中介服务机构及从业人员执业行为，建立惩戒和淘汰机制，严格查处违规收费、出具虚假证明或报告、谋取不正当利益、扰乱市场秩序等违法违规行为；会同民政部门完善中介服务机构信用体系和考核评价机制，将相关信用状况和考评结果定期向社会公示。

第三，对协调行为的监管。行业协会商会的协调行为主要涉及两个方面：一是协调内部成员之间的关系，例如制定行业标准、协调成员产品价格等，二是协调行业协会商会与社会公众以及政府之间的关系。相比较而言，行业协会商会协调成员内部关系更容易引发负面效果，该负面效果集中体现为由此产生的限制竞争倾向。“所谓行业协会就是竞争者的集合，他们分享共同利益，并为面临的共同问题寻求共同的解决方案。无论是单独的个体还是作为一个群体,行业协会的成员都如同坐在反垄断的火药桶上,(反垄断部门的工作)就是确保他们不要玩火。”①行业协会是非市场行为孕育的温床。2013 年,我国国家工商总局公布了该年度立案处理的 12 起行业内经营者的垄断协议案件,其中有 9 件是由行业协会推动达成的。从后果来说,行业协会商会组织实施的非市场行为对市场秩序的破坏性比一般经营者更大。一般市场经营者间的卡特尔协议可以适用集体行动的分析范式,而该协议要得以有效维持必须满足比较苛刻的条件,否则很容易自行瓦解。而行业协会的存在客观上为行业内竞争者提供了一个交换有关商业与竞争信息的论坛,这种论坛以行业协会定期举办的年会以及会议前后非正式的探讨为代表,行业协会成员可以就市场、产品、消费者以及价格等竞争要素展开充分交流,更为充分地披露成员间的私人信息,并将行业协会组织掌握的市场信息内化为共有知识,由此更容易在成员间形成正式的协议;行业协会组织的信息优势以及专业技术优势,有助于组织及时发现违反协议信息(可观察)并对此加以正确解码(可验证),进而行使处罚权对违反者予以更为有效、及时的制裁;行业协会与社会外部环境的相对隔离可以保障以上行为的私密性,即便有个别被处罚者心有不平,但考虑到组织内重复博弈蕴涵的长期社会交换收益,一般也会采取隐忍而非告发的应对策略。正因为以上两点原因,行业协会历来是各国反垄

① Anne K. Bingaman, “*Antitrust Division U. S. Dep' t of Justice. Address at the Annual Symposium of the Trade Association and Antitrust Law Committee of the D. C. Bar Ass' n. Recent Enforcement Actions by the Antitrust Division Against Trade Associations*”, http://www. justice. gov/atr/public/speeches/222995. pdf, July 16, 2009.

断法规制的重点关注对象,对其采取的规制手段,也与一般市场经营者有所区别。行业协会的垄断行为在实践中通常表现为诸如价格卡特尔、信息交换、集体抵制、标准与认证、市场壁垒等具体形态,并不仅仅限于“价格行为”。[①] 因此,在这一领域,行为监管的实施主体应当以反垄断执法机构(市场监督管理局)为主,同时需要得到价格管理部门与标准化管理部门的协助,实施纵向的综合监管。在对行业协会商会的非市场行为监管方面,一方面,需要完善现有的非强制性“指引文件”,制定针对行业协会商会价格卡特尔、信息交换、集体抵制、标准与认证、市场壁垒等多不同行为的反垄断指引;另一方面,鉴于我国《反垄断法》的规定还较为原则化,需要结合行业协会商会的自身特点与行为的特殊性,在立法上对如下问题加以明确,即对行业协会商会限制竞争行为的认定、行为的法律后果尤其是民事责任的承担、反垄断诉讼中举证责任的分配等。此外,行业协会商会要协调自身成员的集体行动,必然在日常活动中采取订立公约、集体抵制等组织内“执法”手段,因此,有关行业协会商会反垄断执法的宽恕制度、部分特殊行业协会(如体育协会、保险业协会)的豁免制度同样值得关注。

第四,对维权行为的监管。行业协会商会代表成员维护行业整体利益是行业协会商会的一项重要社会职能,从实践来看,无论是温州打火机协会组织会员应对欧盟反倾销调查,还是永康市电动车汽油机滑板车行业协会针对侵权行为采取的跨省维权行动,对于维护企业合法权益都起到了很好的经济效益与社会效果,也得到了相关行政部门有关领导的充分肯定。但是我们也发现,部

① 鲁篱:《行业协会限制竞争法律规制研究》,北京大学出版社2009年版,第15~18页。

分行业协会的维权行为也存在一定的负面效应，没有充分考虑行业利益与社会公共利益、个体企业利益与行业整体利益之间的辩证统一关系，在维权方法上选择失当，既无助于创造统一、规范、有序的行业竞争环境，还可能影响社会稳定，损害行业的整体声誉。在这方面，我们认为，对于维权行为的监管目标，在于保证行业协会商会维权方式的合法性，以行业主管部门为主体，积极引导行业协会商会通过司法途径等合法途径维护行业权益，必要时可以以行业主管部门作为沟通中介，通过联席会议等形式解决行业协会与其他行政部门、社会公众之间的矛盾冲突。

其次，推动组建行业协会商会总会，深化社会组织的自我监管。对行业协会商会进行外部“再组织”，构建纵横交错结构的行业协会商会关系。如前文所述，深圳与温州行业协会商会综合监管的经验表明，为解决“一业多会”格局下行业协会商会的代表利益碎片化问题，强化社会组织的自我监督，可以考虑借鉴德国与法国的商会监管模式，通过建立行业协会商会总会的形式，将其定位为介于政府与行业协会商会之间、履行自律监管职责的中介与枢纽。在具体制度设计上可采取两种路径：一是采取深圳模式，以各地民政局为主导，推动一定行政区划范围内（一般以省级行政区划为宜，部分行业协会商会发展较快速地区可以在市一级成立总会）的行业协会商会组建行业协会商会总会，总会不接收个体企业与自然人，其成员均为各地合法成立的行业协会商会组织。二是采取温州模式，重新发掘工商联系统的制度潜力，将其转型为与行业协会商会总会职能类似的行业联合会性质组织。

无论采取何种模式，最终形成的行业协会商会总会（或行业联合总会）在综合监管中的社会职能，均主要体现为自律职能与沟通职能两种类型。在自律方面，可以将目前主要由各地民政系统承担或主持的行业协会商会年报工作与评级工作,以政府职能承接的形式,交由行业协会商会总会履行,由其发挥对成员情况熟悉、社会资源丰富的优势,来负责行业协会商会年报的初审、资质评级、异常行为监督与公开。在沟通方面,可以通过行业协会商会总会对成员的内部服务与自律活动,树立总会在成员组织中的威信与公信力,积极引导行业协会商会通过总会平台,与行业主管部门、民政部门等行政机关进行信息交流,避免行业协会商会与政府交流的"交流无门",以及"交流无序"。

再次,明确监管重叠的处理程序。在监管程序上,明确综合监管机制下不同主管部门的管辖范围,尤其需要规定案件移交的具体程序,解决不同行政机关之间发生管辖争议案件如何处理的问题。如前文所述,我国民政部门面临较为突出的执法资源不足难题,这也是民政部门积极推动将行业协会商会纳入综合监管的重要原因。但是,这一背景下的综合监管较易陷入"综合监管,谁也不管"的怪圈,各职能部门出于"多一事不如少一事"的心态,对于监管事项能推则推,这一现象在部门管辖范围存在争议的时候尤其明显。如果不解决相应问题,很可能导致围绕综合监管体制设计的举报机制、信息平台机制、信用评价机制目的落空,因此,这也是优化综合监管体制的核心问题。我们认为,针对这一问题,重点在于规定完备、细致的案件移交程序,要求各职能部门均设置针对行业协会商会的监管案件受理平台,对于举报、投诉均应当首先予以受理。受理的行政部门应当在规定时限内,指派执法人员对有关情况进行初步核实,若发现有关事项涉及不同部门之间的管辖,应当制备书面的执法案卷,载明查明的案件事实与有关法律依据,以正式公文形式在规定时限内予以移交,必要时还可以以召开联席会议的形式,明确具体的案件主办机关。在部门间就管辖问题产生争议无法达成一致意见时，各部门必须在规定时限内将有关事项上报共同的上一级主管行政机关进行决断，对于上一级主管行政机关的决定，下属行政机关必须在规定时限内予以执行。上一级主管部门也可以组建不同部门组成的联合执法小组。最初受理举报投诉的行政机关，必须在规定时限内将案件受理情况告知举报投诉人，如涉及管辖问题，则需要在规定时限内告知举报投诉人案件移交与处理情况。同时，加强对案件移转的纪检监督，对于违反移交程序、违反时限规定、推诿卸责、怠于履职的有关人员依程序问责。此外，不能让举报投诉人承担案件管辖争议的不利后果，对于部门间“踢皮球”造成社会公众投诉无门后果的案件，应当对各部门有关责任人从重处理。

又次，辩证看待行业主管部门在综合监管中的作用。行业协会商会综合监管体系机制建设中，行业主管部门角色与职能是一个无法回避的话题，因此，对有关问题的解决应当防止“一刀切”，而应当采取辩证的方式来加以处理，既要避免重回以往以行业主管部门履行主要监管职责的“机构监管”的老路，又要避免脱钩即脱管现象的发生。

从政府监管层面来看，虽然脱钩后的行业协会在“人”“财”“物”等方面与原行政单位彻底分离，不再作为行政单位的组成部分存在，行政隶属关系也发生了改变，但是，在一些具体的业务指导、行业规范、政策扶持、年审备案等方面仍需政府部门积极作为。尤其是登记管理机关、行业管理部门和相关职能部门，要落实“谁主管，谁负责”的原则，切实加强事中事后监管。也就是说，脱钩不是脱服务、脱管理，更不是“甩包袱”“脱干净”。在行政隶属关系上的“脱钩”，并不意味着业务指导关系上的“脱管”。行业主管部门在综合监管体系中的具体职能，我们认为，可以从如下方面得到体现:第一,通过发布行为指引的方式,引导行业协会商会组织成员进行社会活动。第二,明确行业主管部门在行业协会商会的成立与退出程序中的职责,对于行业协会商会提交的成立文件,可由行业主管部门进行前置审查,并提出相应的整改建议,对于进入异常活动名录、名存实亡的行业协会商会,行业主管部门可以会同民政部门予以注销登记。第三,行业主管部门作为沟通平台,应组织行业协会与其他行政部门与社会公众进行协商交流,以此来化解因沟通不畅带来的矛盾冲突。第四,在出现重叠交叉情形时,可由行业主管部门作为牵头部门,建立联席会议机制来解决监管工作的管辖争议。

最后,强化行业协会在食品安全治理中自律行为的社会监督机制。在矫正政府与行业协会的权力错配时,应以去行政化为切入口,让出自律行为空间,以内部治理机制完善为重点,给出自律行为标准之后,便是建立社会监督机制。综上,主要有三个方面的内容需要加大建设力度:

第一,是消费者信息沟通平台的建设。目前最新的行业协会商会的综合监管办法①已经对协会的信息公开制度提出了要求,要求其接受会员和社会的监督。鉴于此,直观化的网络信息平台的建设显得尤其重要。通过周期性的信息公开,透明化地呈现给消费者行业协会在行业自律中做了什么,究竟如何做的?有哪些企业存在不自律的行为,具体表现如何?它们又受到了怎样的行业内惩处?而不是像现在这样"敷衍性"的连社会监督得以启动的基

① 2016年12月19日开始实施的《行业协会商会综合监管办法(试行)》第26条、第28条。

础性信息都严重缺漏的信息平台。[1] 相应地,也可以参照行业协会向会员公开信息的要求,[2]要求行业协会向社会公众按期公开行业自律活动的开展情况,特别是惩处性行业自律的开展情况,对于考察年度内没有行业内惩处案例的也要求以“惩处案例为零”的形式在其官方网站或者全国信用信息共享平台作出按期向公众公开行业自律情况的说明,并对行业协会不履行或者延迟履行信息公开义务设置相应的处罚措施,必要时以行政权力施加影响敦促其履行义务。

第二,是社会公众对于行业协会自律失范行为举报平台及举报机制的建设。社会公众对于食品企业自律行为的外部监督可以通过行业协会内部渠道向行业自律部门检举,也可以直接向相关行政机构举报,但是对于行业协会自身的自律不作为或者作为失当,社会公众作为享有监督权的主体却未能找到有效的途径、获得必要的激励。因此,针对社会公众对行业协会自律失范行为的举报平台及举报机制的建设才是真正需要打通的社会公众之于“行业协会”自律权力、自律责任实施有效监督的关键的“最后一公里”。而社会公众对于行业协会自身自律不作为、自律作为不当的

---

① 目前,我国绝大多数食品行业协会平台网站都没有可供社会公众监督的涉及行业内惩处等行业自律的有用信息,以全国性的食品类协会中国肉类协会为例,截至2018年8月14日,其官方网站涉及向公众提供行业自律与商品安全监督与曝光的栏目有违法曝光和行业自律2个,其中,2017年至今“违法曝光”仅2项可查看内容,“行业自律”自2017年至今仅4项可查看内容,内容多为对相关政府部门,媒体公开的信息、资讯的转载或机构信息的简单介绍,并无可供公众参与监督的有关协会自律情况的信息。值得关注的是,“行业自律”栏目下提供的“中国肉类食品安全信用体系建设示范项目”供消费者(针对参与该项目企业)投诉与答疑的“中国肉类协会产品质量答疑网,http://www.qscccma.com”,经笔者多次尝试均无法打开。

② 2016年12月19日开始实施的《行业协会商会综合监管办法(试行)》第28条。

监督是建立在前述自律信息公开基础上的，因此，协会自律失范行为举报平台的建设也宜与信息公开平台实现一体化，可选择的做法是将举报系统嵌入信息共享平台内部，使社会公众可以通过对自由私人信息与公开信息的评判为行业协会自律失范行为的监督提供资源。另外，同政府主导的社会监督机制相仿，社会公众对于行业协会自律行为的监督也同样缺乏天然的强激励机制，因此必要的物质奖励制度，并配备合理的举报信息“受理—审查—回复”制度以及完备的“举报人信息与利益保护制度”是完善和加强社会监督机制的必要任务。

第三，是构建食品安全领域食品行业协会对食品安全事件的强制回应制度。2015 年修订的《食品安全法》[1]对“食品行业协会”加强行业自律提出了明确的要求。在其第 9 条明确提出，食品行业协会应该“提供食品安全信息、技术等服务”，引导和督促食品生产经营者依法生产经营。而食品安全事件的强制回应制度的建立，其目的就在于以法律规范的强制力改变现阶段食品行业协会对于食品安全事件“不回应”、“被动性回应”、“形式性回应”和“附合性回应”的自律失范现象。这也与《食品安全法》关于加强行业自律的价值内涵完全契合。

借由专门的规范性法律文件或专门的法律条款的形式来建立食品安全事件的强制回应制度，旨在加强食品行业协会的行业自律监督功能。其主要内容包括要求食品行业协会对涉及本协会内任一成员的食品安全事件必须以书面形式公开发布正式回应文

① 参见《食品安全法》第 9 条第 1 款：食品行业协会应当加强行业自律，按照章程建立健全行业规范和奖惩机制，提供食品安全信息、技术等服务，引导和督促食品生产经营者依法生产经营，推动行业诚信建设，宣传、普及食品安全知识。

件；全国性的食品行业协会、省级及跨省的区域性的行业协会对于发生在本区域内食品安全事件，无论是否有会员企业涉及该事件，都应当以书面形式公开发布正式回应文件，以回应消费者所关注和关心的食品安全相关问题；在强制回应制度的回应期限方面，应该以及时回应、充分回应、实质性回应为原则，同时充分考虑食品安全事件的调查难度，以“及时回应”原则为优先，从而加快实质性调查进度，具体而言，可以考虑食品安全新闻的新闻议题的传播特点，设置24小时以内强制回应的回应期限；同时要求食品行业协会需要在调查结束后及时向消费者公布相关认定结论和处理结果，并且以专门栏目的形式永久性的在其官方网站公示，以供社会公众监督。

(二)行业自律内部环境的优化

在内部环境的优化方面，核心目标是提升行业协会内部激励与处罚的效度。行业协会自律行为是否开展，是否规范化开展，这些都是行业协会的自律作为与否的考量维度，而针对这些问题通过外部环境的重塑，增加监督路径可以促成行业自律情况的改善。但行业自律开展的效果，行业协会权力运行的效度却还需要协会内部环境的优化作其必要保障，通过协会内部激励与处罚效度的提升，以预防和解决行业协会权力运行的失效，保障行业自律的质与效。

1. 完善行业协会在食品安全治理中的内部治理机制

(1)自律规则的供给制度建设

目前绝大多数的食品类行业协会没有制定出专门的自律行为规范，而仅仅在协会章程中规定对违法违约的成员由行业协会给予处罚。这样的规定过于模糊，缺乏明确化的权利、义务和责任安排，容易导致规则解释的任意化，例如，作为全国性的大型食品类行业协会的“中国乳制品工业协会”，关于行业自律规则的制度供给在其官方公开资料中，也仅在其协会章程的第14条[1]作了简短的原则性的规定——“会员如有严重违反本章程行为的，经理事会或常务理事会表决通过，予以除名”，而对于“严重违反本章程行为”的部分章程并未作出任何明确。与之类似，作为我国水产品生产、加工、流通领域重要的食品类行业协会——“中国水产流通与加工协会”，在行业自律规则的制度供给方面，其官方公开资料中也仅是由其行业协会章程中的第13条[2]作出了极为简短、概括性的规定“会员如有严重违反本章程行为的，经理事会或常务理事会表决通过，予以除名”。因此可以看出，实践中行业协会对于自律规则的设立没有给予足够的重视，现行的行业自律规范对于“违规行为”的认定标准、认定程序以及“违规行为”的处罚措施等也缺乏必要的制度供给。应当说，缺乏具体的、具有可操作性的“行为—处罚—救济”的规则安排，“外部监督”的设置与实现终将沦为空谈，借由行业自律规范长效化地约束和惩治内部会员行为的效果目标，当然也难以真正实现。

行之有效的行业自律规则应当给出明确的行为标准，这也是“外部监督”得以实现的前提。因此，行业自律规章的制定需要考量自律规章的可操作性，其要求有充分的民主参与，充分的意见整合。行业标准和行为规范的制定不宜过高或者过低，但需要保持规章体系基本的完整性，而这恰恰是我过食品类行业协会急需加强的部分。完整的自律规则供给应该包括自律惩戒主体、违

---

① 载中国乳制品工业协会官网，http://www. cdia. org. cn/about. php? id =5，2019年2月21日访问。

② 载中国水产流通与加工协会官网，http://www. cappma. org/xiehuigaikuang_index. php? big_class_id =1&small_class_id =34，2019年2月21日访问。

规行为、惩戒方式、惩戒程序、救济制度等结构性内容，[1]并且还应受到比例原则、正当程序原则等基本法律原则的限制。此外，一些全国性中介服务类行业协会的自律经验也提供了一定的参考，譬如中国资产评估协会[2]在自律管理方面的自律规则建设经验就是有一定的借鉴价值，其中，中评协制定了“执业行为自律惩戒办法”“会员诚信档案暂行办法”“申诉管理办法”等自律规则，建立了行业自律惩戒的行为标准、申诉办法以及可供公众查询的会员诚信档案制度。这些具体化的措施，也可以为食品行业协会自律规则的落实提供参考和助益。

（2）自律规则的执行机制建设

规则的有效执行是保证行业协会充分发挥自律职能的关键，自律工作的内容庞杂，涉及违规审查、违规惩戒到纠纷协调等多个方面，而行会成员的不自律行为又带有隐蔽性和破坏性，需要不时地协调、走访、暗查和处理，这就涉及专门的自律机构和专门人员的问题。[3] 目前，我国食品行业协会普遍缺乏专门的自律案件的执行机构，对于自律案件的监督与救济也缺乏基本的配套制度。因此，需要加强行业组织内部自律部门的建设，对此可行的选择是以自律办公室或者自律委员会的形式建立内部的自律部门，并以设置专门专业人员岗位的形式使自律工作专门化、专业化，而为了应对经费紧张以及人员不足的情况，可以考虑将安排企业代表于自

---

① 参见余凌云：《行业协会的自律机制——以中国安全防范产品行业协会为个案研究对象》，载《清华法律评论》编委会编，白麟主编：《清华法律评论》（2007年第二卷第一辑），清华大学出版社2009年版。

② 参见中国资产评估协会官网，http://www.cas.org.cn/。

③ 参见郭薇、常健：《行业协会参与社会管理的策略分析——基于行业协会促进行业自律的视角》，载《行政论坛》2012年第2期。

律办公室轮岗,这样亦可以通过企业代表了解会员的情况,以减少信息不对称所带来的消极影响。①

(3)自律规则的监督制度建设

自律规则的监督制度是自律规则有效实施的重要保障,这里的自律规则监督制度主要是指行业协会针对会员不自律行为的处理不当时,利益相关者对不当惩处行为的救济制度以及第三人向行业协会自律部门进行检举、举报的相应处理制度。对于遭受不当惩处的行业协会成员,应该保障其基本的申诉、辩护等抗辩性权利,如若是受到"行政权力"让渡而来的协会权力惩处的,那么还应当允许协会成员乃至协会外利益相关方拥有协会内申诉、复议和司法诉讼等抗辩权利。对于自律案件中涉及食品安全科学领域的,需要具备专门知识、专门资质的人员参与的如食材鉴定、微生物分析鉴定等自律案件,行业协会应当充分考虑中立的第三方专业鉴定、认定机构的专业意见以确保自律案件处理的公平性和公正性。总之,合理可行的惩处抗辩程序和救济规则的建立是行业协会的自律机构确保其自律规则的公正性的重要前提。除此之外,对行业协会成员不自律行为的举报,食品类行业协会自律部门应该建立相应的"举报接收—审查—回复"制度,对举报审查的期限、回复的期限作出具体的规定,以保证自下而上的自律规则监督体系的畅通。

2. 坚持服务为本,着力提高会员服务水平

行业协会是通过自身提供的优质的会员服务,来吸引会员的加入,会员在行业协会可以得到专业的售卖信息、专业的培训服务、政策信息等,并且对于行业协会会员而言,加入优质的具备良

① 参见郭薇、常健:《行业协会参与社会管理的策略分析——基于行业协会促进行业自律的视角》,载《行政论坛》2012年第2期。

好声誉的行业协会也是一种资质和能力的彰显，理论上，相关企业加入具有社会合法性基础的行业协会，会产生对外部消费者认为该企业具有资质证明的效果和产品质量证明的双重效果。

而对协会会员企业而言，会员之所以愿意通过协会章程、协会内部约定让渡自身的部分权利，使行业协会具备了由让渡而来的行业处罚权，标准制定权等一系列对协会会员行为具有约束力的管理性权力，究其根本，会员企业之所以自愿让渡部分的管理权限，是因为对大部分以营利为目的"经济人"的会员企业而言，他们认为加入行业协会给他们带来的总收益可以大过于他们为此付出的总成本。这些成本包括让渡出的管理权限及其作用下的生产成本增长、直接缴纳的会费以及参与协会活动的时间成本等。这意味着排除行业协会"准行政化"模式下，由于攀附行政权力所产生的附加收益，行业协会唯一可以吸引会员入会的路径即是提升自身的服务质量和服务效率来增加会员企业的总收益。

当然，增加会员企业的收益，并非意味着脱钩后的行业协会要变成食品安全违规企业的庇护伞和遮羞布，"为会员企业服务"的服务本位更不是遇到食品安全事件"屡屡缺席，整体噤声，包庇、帮助掩饰等行为决策"的诡辩词。应当说，作为食品行业协会，应当为协会会员提供最为优质、高效的服务，同时，及时清理市场违规行为，及时排除恶性竞争和扰乱市场秩序的不正当竞争行为，维护行业整体声誉，保护行业内其他正当经营者的合法权益。提高行业的整体商品和服务水平，同样是基于服务会员理念下的基本要求和行业可持续发展理念下的应有之义。不论该违规行为发生在食品的生产、销售还是售后环节，都应该坚持遵守相关章程和处罚规定，对于违反食品安全规定的涉事会员企业，协会应当秉承严格依规办事、及时发现、及时处理、依法公开的原则。对于会员企业出现的自律失范行为，协会应当主动发声、坚决抵制，主动回应，及时处理，肃清相关违法行为。只有当行业协会在一次次的食品安全事故处理中，以实际行动证明其在"食品安全共治"模式下，严格自律的能力和决心时，其社会公众期待的社会角色"食品安全自律者"的形象才能逐渐树立。也只有当"食品安全自律者"的角色得到"社会认同"，会员期待的资质证明的效果和产品质量证明的双重效果才能真正实现，行业协会的服务价值才能真正得以升级。

3. 优化协会内部治理结构，提高协会代表性

代表性是作为社会组织的行业协会自身公信力和政治合法性的基础因素和重要来源，我国目前食品类行业协会存在代表性不足，协会内部决策的民主监督机制不够顺畅等问题，主要表现为：会员的覆盖面不足；会员大会的实质权力被理事会架空；作为社会组织的民主性基础弱化；存在被大企业实际操控的隐患。在组织决策监督方面，也存在着会员的批评建议权和监督权力度不足，未能到达社会组织民主性要求的情况。因此，我们认为，应该从提升会员的覆盖面入手，提高协会的代表性，广泛吸收行业内活跃的中小企业，在不增加会费负担的情况下以优质服务质量充分吸引有发展潜力的小微企业参与行业治理，并为普通会员在行业协会的监督部门、自律部门设置专门的岗位，以轮岗的形式鼓励协会成员参与协会决策监督、协会自律治理，夯实行业协会的民主性和志愿性基础，增加行业协会公信力建设。与此同时，行业协会应该更加注意协调与大企业会员之间的关系，一方面，要充分重视大企业，特别是行业龙头企业的协会带动作用，研究表明，商会规模、商会活跃度、商会凝聚力都显现出了明显

的龙头企业和大企业效应；[①]另一方面，还要防止行业协会被大企业操纵丧失代表性。为此，有两个方案值得参考：一个是在协会决策机构和执行机构加入普通会员代表行使表决权，同时增加日常决策的透明度，接受协会会员的监督；另一个是提供一定的协会副会长职务通过"一人一票制"的民主选举产生，并取消额外的会费要求，以鼓励普通会员参与协会治理，提高普通会员对协会的归属感和认同度，提升整个行业协会的会员活跃程度。

4. 优化内部激励手段，加强自律激励效果

自律激励机制的有效展开有利于积累行业协会的行业认同度，增强行业协会的社会影响力，因此，优化内部激励手段，加强行业自律激励效果的研究成为行业协会公信力建设的应有之义。自律激励有效实现的关键在于"奖惩分明"，它要求对于为集体利益做出贡献的内部成员提供集体收益之外的额外奖励，而对于破坏集体声誉、损害集体利益或者在集体行动中"搭便车"的成员给予额外的惩罚。

对于正向激励的效果的提升，需要结合企业不同的需求提供不同类型的激励内容。通常来说，企业选择加入行业协会所期待获得的收益期望包括声誉收益期望、效绩收益期望、政策及身份收益期望。[②] 因此，正向激励手段的选择和优化也应当从以上三个方面进行考量。

(1)声誉型激励。声誉型激励的主要目的是回应会员企业对于声誉期望的需求，主要通过"评优"、"评奖"、"评级"和"授牌"等形式在行业协会内部展开。在此期间配合官方网站、传统新闻媒体及网络新媒体等多媒介渠道对自律守法的企业展开正向的宣传

① 参见黄冬娅、张华：《民营企业家如何组织起来？——基于广东工商联系统商会组织的分析》，载《社会学研究》2018年第4期。

② 参见郭薇、常健：《行业协会参与社会管理的策略分析——基于行业协会促进行业自律的视角》，载《行政论坛》2012年第2期。

和表扬。另外,声誉型激励的效果的好坏与食品行业协会自身公信力的大小直接相关,行业协会自身公信力越强,其声誉型激励的效果越佳。因此,采用声誉型激励措施之前需要充分考量行业协会自身公信力的情况,避免出现"全员获奖""交钱领奖""消极参评"等影响协会健康发展的状况。此外,如果声誉激励的对象卷入负面的食品安全事件之中,那么,食品行业协会也极可能遭受声誉严重受损的牵连。因此,声誉激励的使用在食品行业协会内部需要更为谨慎适用,在坚持"公平、公正、公开"的激励选择原则的同时,应注意保留相关的参评材料,重视程序正义本身的价值,保持协会自身行为的独立性和公正性,尽量减少自身行为的可责难性。

(2)政策型激励。政策型激励的主要目的是回应会员企业对于政策及身份收益期望的需求。具体而言,食品行业协会可以在会员企业中评选出示范性企业,在制定本行业产品质量标准、安全生产标准、节能减排标准、用工标准等团体标准时,对评选出的具有示范性企业身份的会员企业给予政策性倾斜,帮助会员企业在行业内树立行业地位。需要格外注意的是,在行业标准的制定过程中必须严格遵守《团体标准管理规定》的最新规定,不得制定技术要求低于强制性标准的团体标准。此外,食品行业协会的团体标准如果涉及消费者权益的,还应当向社会公开征求意见,并对反馈意见进行处理协调。需要格外注意的是,食品行业协会制定的团体标准往往同消费者日常生活息息相关,因此,应该格外注意向社会公众公开征求意见和反馈公众意见的工作,避免出现类似中国水产流通与加工协会三文鱼分会发布的《生食三文鱼》团体标准过程中,出现的消费者集体抵制的现象。[1] 食品行业协会在选择政

---

① 参见邓海建:《将虹鳟鱼归入生食三文鱼岂能由行业内定》,载《中国联合商报》2018年8月20日,第3版。

策型激励措施的时候要坚持以事实为依据，依法制定严于强制性标准、有利于消费者权益保护的团体标准，这样才能加强自身的公信力，取信于人，止谤于口。

（3）绩效型激励。政策型激励的主要目的是回应会员企业对于绩效收益期望的需求。常见的绩效型激励可以分为物质性激励和服务性激励两种类型。前者主要通过对自律表现优秀的协会成员给予一定的物质利益作为奖励，即使奖金或者奖品价值有限，但由于附带了精神奖励的价值内涵，其物质性激励效果并不单一。后者主要表现为食品行业协会利用自身的社会资源网络，为自律表现优秀的会员企业提供商业合作的居间服务，利用自身的宣传优势向社会公众和潜在的合作商宣传、推荐特定会员企业的先进技术、先进工艺和质优产品。

总之，对自律企业的正向激励来说，上述措施往往无法满足企业的需求，因此，食品行业协会可以选择性地交叉适用，但必须要充分考虑协会自身的公信力情况以及激励对象的具体需求情况来酌情、审慎选择。

另外，对于不遵守行业自律规则的企业，对其采取的惩戒措施也可以进一步优化和完善。对于企业不自律的具体惩戒措施，行业协会通常采取行业内处罚方式包括：行业内部通报、罚款、扣除保证金、开除会籍等，[①]另一种处罚方式是借助政府机构或者新闻媒体对行会成员进行制裁，一般是对拒不改正的企业建议监管部门予以警告、停业整顿、吊销营业执照等，或借由新闻媒体进行曝光，进行声誉制裁。实际上，我国食品行业协会绝大多数并没有建立类似金融行业协会一样的保证金制度，罚款和开除会籍的方式

① 参见鲁篱：《行业协会经济自治权研究》，法律出版社2003年版，第194～209页。

实践中也较少采用，在目前采取的最多的惩处方式仍仅限于行业内通报，并且是面向社会公众非公开的形式。而对于媒体曝光，由于考虑到行业整体的声誉和会员企业的经营情况，包括当地地方政府的舆论压力情况，因此，在实践中极少被采用。而建议监管部门给予行政处罚，前提必须是该自律违规行为已经触犯了相关的法律、法规，而这并不能视为协会自治职能的体现。

为优化内部负向激励手段，加强激励的效度，以下的制裁措施可供参考：

一是完善自律强制披露机制。借由法律规定强制性地按期公开自律失范的企业名单和自律失范的具体情形，并将其纳入企业信用信息网络查询平台，将行业协会自律的信息与银行、工商、税务、消费者投诉纳入同一查询系统，通过声誉罚和负面信息曝光概率的扩大提高自律激励的效度。

二是参照金融行会的自律规范，建立自律保证金制度。设立专门的自律保证金基金账户，通过入会协议中的明确约定，达成企业自律行为的入会前控制，一旦企业违反明确禁止性的自律规定，将罚没相应的保证金。

三是探索建立违约金诉讼惩罚制度。协会可以通过在协议中明确约定违反行业自律规范的违约金金额的方式，通过违约之诉追究企业不履行自律的法律责任。这一点主要是针对行业自律标准高于相关监管标准的情形，因此需要注意的是，最好在相应的违约金条款之外的入会协议中明确约定行业协会经由全体会员授权享有对违约金的违约请求权，以便解决违约之诉诉讼主体地位的争议。①

---

① 参见梁远航、齐琳琳：《我国保险行业协会自律的反思与完善》，载《财经科学》2009年第6期。

三、小结

为回应前述揭示我国食品行业协会行业自律的诸多失范行为，并提供具体的对策建议，我们继续沿着“合法性”的理论框架探寻我国食品安全治理中行业协会自律失范的解决之道，通过“合法性”理论的逐层分析，将问题的关键指向了行业协会过分谋求“官方认同”的失范行为，并揭示出这背后“行政合法性”对于“社会合法性”“政治合法性”空间的影响，继而推导出需要运用具有强制执行效果的“法律合法性”对失衡的合法性行为决策模型重新型塑，以“让空间”“给标准”“建监督”三步走的方式逐步建立“自律行为标准—自律责任追究—监督回应”的自律监督体系，通过建设和完善外部监督路径，可以反过来促进和保障行业协会自律的规范运行。通过外部环境的重塑，行业协会自律行为是否开展，是否规范化开展，都将被拉进公众监督的视野，而监督路径开拓又反过来促成了行业自律情况的改善。但这仅能保证行业协会的自律为与不为的维度，因此，若要保证行业自律的“质与效”，不但需要外部监督路径的开拓，行业协会自身公信力的建设才能最终保障行业自律运行质量与效率，保障行业权力运行“行而有效”。“角色冲突”理论框架下对行业协会自律失范之重塑路径的探寻留意到了不同社会角色本身的权力与责任的安排，关注到了“行业利益维护者”角色本身对行业协会的角色期望，进而提出加强行业协会公信力的建设可以提升行业协会的“行业认同”与“社会认同”，这是一种内部视角的改革路径，即通过行业协会服务水平的提升、行业代表性的提高，内部治理结构的优化，激励手段的优化，以增强行业协会本身的民主性和代表性，克服行业协会权力运行的失效，以提高行业自律的“质与效”。

上述理论路径的展开如图 5 – 3 所示，分别以内外不同的观测视角同时展开分析，揭示了食品安全治理中行业协会自律失范的内因与外因，并针对政府监管与行业协会权力配置错位、行业协会自律行为归责制度缺失、行业协会自律行为的社会监督机制匮乏、行业协会内部治理的机制失范四大具体问题提出了相应的解决对策，并有机地融进了内外两条自律重构的改革进路中，希望通过建立在实证研究基础上的对行业协会在食品安全治理过程中自律异化现象的分析，客观呈现我国行业协会于食品安全治理中的真实图景，并希望本课题研究所提出的优化思路和对策建议能够为我国食品安全共治治理模式的完善提供助益。

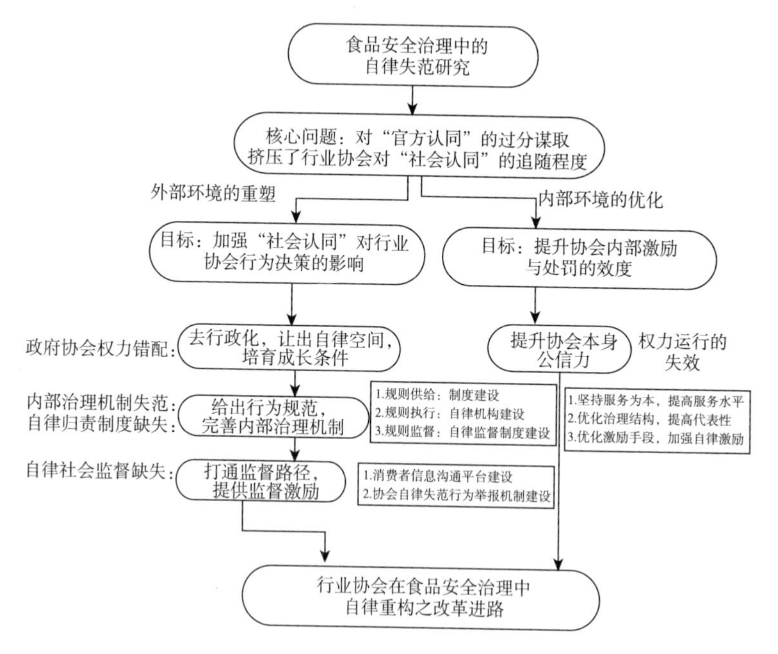

图 5 – 3　行业协会在食品安全治理中自律重构的改革进路

后　记

本书是我在行业协会方面的第四本专著，书稿的主体内容是我主持的 2015 年国家哲学社会科学项目“食品安全治理的行业失范及矫正”结项成果，但由于近年来我国行业协会与政府脱钩改革的实践进展很快，因此，在结项成果基础上，增加了对近几年我国行业协会改革的理论思考。

本书是我与学生的合作成果。我负责整体提纲的拟定，全书的最后修改和定稿，以及第一章、第二章、第四章、第五章的撰写；马力路遥负责第一章、第二章、第三章、第四章的撰写；余嘉勉协助本人参与全书的文字修订和行文规范，同时参与第一章、第二章和第四章的撰写；李季刚参与第五章的撰写。特别需要指出的是，除上述作者外，重庆工商大学的凌潇副教授参与了第五章有关行业协会综合监管体制改革的撰写，博士生程瀚参与了书稿的校对工作。在此，对上述参与者的努力和贡献深表感谢！

自读博以来，对我国行业协会自治路径和机制优化的关注一直是本人多年来孜孜不倦的学术旨趣，本人在这个领域业已承担了三项国家哲学社会科学课题，出版专著三本，在 CSSCI 期刊上公开发表论文几十篇，但我国行业协会的实践始终不断在提供新的思考和挑战，同时也为理论的深化提供了丰富的素材，我目前正主持国家哲学社会科学重大研究专项"社会主义核心价值观融入社会组织的法治建设和行业行规体系建设"的课题研究，行业协会也将是其中一个非常重要的部分。我想借助这个项目深化对包括行业协会在内的社会组织方面的理论思考，并且对下一次的理论研究我充满期待。

鲁　篱

2020 年 10 月

西南财经大学法学院 **光华法学文丛**

- 契约正义论　胡启忠　著
- 刑法科学主义初论　文海林　著
- 经济宪法学导论
  ——转型中国经济权与权力之博弈　吴　越　著
- 中国农民工非正式的利益抗争
  ——基于讨薪现象的法社会学分析　王伦刚　著
- 公司经理权问题研究　杜　军　著
- 论保险代位权制度的建构
  ——以权利法定代位的制度选择为中心　黄丽娟　著
- 我国民间金融规范化的法律规制　高晋康　唐清利　等　著
- 修正金融刑法适用研究：
  立法·理论·实务　胡启忠　石　奎　等　著
- 银行监管权边界问题研究　熊　伟　著
- 金融控股公司内部治理机制研究　梁远航　著
- 城市住宅区业主自治运行实效研究
  ——基于个体决策的视角　陈　丹　著
- 遵从·背离·弥合
  ——我国中央与地方财政关系的重构　马　骁　唐清利　等　著
- 中国农民专业合作社运行的民间规则研究
  ——基于四川省的法律社会学调查　王伦刚　著
- 公私权模糊领域的合作治理研究　唐清利　著
- 民法法典化的历史追究：
  侧重于民族统一与复兴的视角展开　吴治繁　著
- 疑罪新论　金　钟　著
- 中国相互制保险公司治理的法律规制
  ——基于公司治理主体权利视角　方国春　著
- 民间金融协同规制论　林越坚　著
- 执法经济学：以转型时期的中国法治为研究对象　戴治勇　著
- 公私权模糊领域的合作治理研究　唐清利　著

- 土地利用制度变化条件下乡村社会治理的法律机制研究　何 真 等 著
- 我国地方政府间竞争失范法律治理机制研究　刘弘阳 著
- 法人代表权限制的效力规则研究——基于案例统计和两大法系的比较法研究　吴 越 等 著
- 非法集资刑法应对的理论与实践研究　胡启忠 等 著
- 我国食品安全治理的信任机制研究　马力路遥 著
- 民法埋藏物发现制度研究　赖虹宇 著
- 预防与纠错：刑事司法的理念　熊谋林 著
- 食品安全治理中的自律失范研究——基于近十年我国重大食品安全事件实证分析　鲁 篱 等 著